Paul Lahninger

Widerstand als Motivation

Herausforderungen konstruktiv nutzen in Moderation, Training, Teamentwicklung, Coaching, Beratung und Schule

Ökotopia Verlag, Münster

Impressum

Autor	Paul Lahninger
Herausgeber	AGB-Arbeitsgemeinschaft für Gruppenberatung, Wien
Titelgestaltung	Atelier Seidel – Verlagsgrafik, Neuötting
Illustrationen	Paul Lahninger
Fotos	Paul Lahninger, Reinhold Rabenstein, Helga Gumplmaier, Robert Graf, Mauro Bazzanella Die Fotos stehen in keinem Bezug zu den zitierten Fallbeispielen!
Satz	art applied, Druckvorstufe Hennes Wegmann, Münster

3. Auflage 2012

DER AUTOR

PAUL LAHNINGER, Moderator, Teamtrainer, Autor, Psychotherapeut, Ausbildungsleiter für Train-the-Trainer-Lehrgänge und Führungskräfteseminare www.topseminare.at im Ausbildungsinstitut AGB – einem Trainernetzwerk mit 25 Jahren Methodenkompetenz www.agb-seminare.at

Publikationen

- Bestseller für Teamentwicklung und qualifizierte Aus- und Weiterbildung: **leiten · präsentieren · moderieren**, Ökotopia Verlag, 4. Aufl., Münster 2003
- 3 Topthemen als DVD-Seminar-Kollektion: **Konflikte lösen • Motivation fördern • Selbstwert stärken**, Bergisch-Gladbach 2005

Reich beschenkt!

Abenteuer und Herausforderung, Ermutigung und Erfolg, Kritik und offener Austausch ... die ganze Vielfalt des Lebens begegnet mir in meiner Arbeit.
Unterstützung wie auch Konflikte brachten mich in vielen guten Jahren weiter auf meinem Weg als Lehrbeauftragter, Moderator, Unternehmer und Projektleiter, unterwegs Menschen zu verstehen und zu begleiten, so wie ich selbst Verständnis bekomme und begleitet werde, beschenkt und herausgefordert auch durch meine Frau Maria und durch unsere Kinder Katharina und Johannes - wundervoll beschenkt.
Ich freue mich, wenn Gedanken dieses Werkes auch für Sie ein Geschenk sind.

Ich bedanke mich

Viele haben zu diesem Werk beigetragen, einige kann ich hier erwähnen.
Ich bedanke mich für Ermutigung und freundschaftlichen Austausch, für inhaltliche Auseinandersetzung und Unterstützung bei sprachlicher Feinarbeit:
Hilde Adam, Lektorat Ökotopia Verlag · Nadja Fritzsche, Wien · Dr. Eva Scala, AGB, Raaba/Graz

Ideen und Beiträge erhielt ich auch von: Reinhold Rabenstein · Mag. Peter Laninschegg · Robert Graf · Mag. Katrin Haugeneder · Judith Kirchmayr-Kreczi · Mag. Hermine Steinbach-Buchinger · Toni Wimmer
Dem Team des Trainernetzwerkes www.agb-seminare.at danke ich für methodischen Austausch, für Vorbilder und für die Tradition einer wertschätzenden und kreativen Form zu leiten.

Bei Schreibarbeit unterstützt haben mich: Heidi Voggenberger · Doris Grünberger · Daniele Hettegger und Susanne Schaidreiter mit dem Team des Schreibbüros ATZ Pro Mente Salzburg

Viele Kooperationspartner begleiten und fördern mich seit vielen Jahren. Besonders intensiv und fruchtbar erlebe ich die Zusammenarbeit mit: Wifi Salzburg, Dr. Renate Woerle · Baustoffring-Akademie Kaarst, Marie Therese Junkers · Bundesfinanz-Akademie Wien, Mag. Karl Wappel und Mag. Hans Zank

Inhalt

VORWORT

SCHWIERIGKEITEN IN CHANCEN VERWANDELN

In jeder Leitungsaufgabe hat die Beachtung von Widerständen, Störungen, Demotivationen hohe Priorität: Wenn Bedürfnisse auftauchen, die dem Ziel der Zusammenarbeit widersprechen, entsteht oft Spannung, manchmal auch Kampfstimmung, Beteiligte werden lustlos, irritiert, verärgert, angespannt, sodass Energien verloren gehen.

Viele dieser Spannungen lassen sich vermeiden oder rasch abfangen, manchmal braucht es auch intensive Auseinandersetzung.

Das Klären von Motivationen, die Beachtung der aktuell wirksamen Bedürfnisse in der Kooperation, die Aufarbeitung von Störungen – der DIALOG über das, was hier und jetzt bewegt und mit Energie versorgt – all das kann LÖSEN, öffnen, in Fluss bringen.

Oft erkennen wir dabei, dass das, was uns als Widerstand begegnet, eine Quelle der Motivation sein kann.

Vertrauensvoll führen

Ausgewogener Selbstwert ist die Grundlage für Selbstvertrauen, innere Klarheit, Authentizität und Wertschätzung. Aus dieser Qualität gelingt hilfreiche Abgrenzung und Vertrauen in Lösungskompetenz. Vertrauen stärkt Autonomie: Leitbild ist, so zu führen, dass sich der Handlungsspielraum und die Entscheidungsfreiheit der Beteiligten vergrößert.

Konkrete Unterstützung nutzen

5 Bausteine unterstützen Sie in Führungskompetenz, in Selbstverständnis und Lösungsorientierung.

Vielseitige Erfahrung, auf persönliche Weise dargestellt, lädt ein zu intensiver, eigener Reflexion. Ziel dieser Selbstreflexion ist Weiterentwicklung von umfassender Kompetenz für herausfordernde Situationen in der herzlichen Bewusstheit, in Ihrer individuellen Eigenart wirksam zu sein.

Ich, du, Sie ...

Als Leserin und Leser werden Sie natürlich mit „Sie" angesprochen. In Seminaren, Workshops und Moderationen lade ich fast immer auf das Du-Wort ein. So verwende ich in den Arbeitsblättern für den unmittelbaren Gebrauch in Gruppen und Teams das „Du" als Anrede.

Aus meiner persönlichen Reflexion spreche ich gerne in Ich-Form und lade Sie ein, sich auch mit dieser persönlichen Perspektive zu identifizieren, so wie es für Sie stimmt.

Ich wünsche Ihnen viel Spaß, sich in den Beispielen und Übungen dieses Buches selbst zu entdecken, auf verschiedenste Aspekte von Motivation und Widerstand hinzuschauen – im eigenen Innenleben wie in der Arbeit mit Menschen – und sich selbst wahrzunehmen in Verständnis und Wertschätzung.

Paul Lahninger

BAUSTEIN 1

AUCH WIDERSTAND IST MOTIVATION

Mindestens 2 Seelen wohnen in jeder Brust.

(frei nach J. W. Goethe)

Indem Sie Motivationskonflikte achtsam wahrnehmen, vertiefen Sie Ihre Einsicht in die Entwicklung von Motivation und Ihr Verständnis über die Bedeutung von Widerständen.

Widerstand macht Sinn

Bilder zur Arbeit mit Motivation und Widerstand

Motivationen sind autonom

Die Qualität kraftvoller Motivation

Widerstand ist Information

Achtsamer Umgang mit dem Bedürfnis des Widerstandes

Die klare Leitungsrolle gibt Halt

Rollen klären und deklarieren

WIDERSTAND MACHT SINN

Bilder zur Arbeit mit Motivation und Widerstand

Sie sind Gastgeber-In ...

Sie bieten Getränke und Speisen an, Sie laden zum Tanz. Ihre Gäste nehmen viele Ihrer Angebote an, manche lehnen dankend ab – Punkt.

Und jetzt beginnt das Spiel: Sie sind gekränkt und lassen das nicht einfach so zu, dass Ihr Angebot abgelehnt wird. Sie werben, nötigen, „motivieren". Sie machen sich Gedanken, ob Sie nicht gut genug gekocht haben oder ob die Gäste sich vielleicht nicht trauen noch mehr zu nehmen. – Vielleicht sind die Gäste im Widerstand?

Das Wort „Widerstand"

Neben der politischen Bedeutung des Wortes wird seit Sigmund Freud auch ein psychologisches Phänomen mit Widerstand bezeichnet: Eine Person möchte etwas über sich erfahren, ein Symptom heilen, sich verändern und da taucht ein innerer Impuls auf, der dieses Lernen zu verhindern sucht. Dieser Impuls schützt z.B. vor dem Bewusstwerden eines traumatischen, schmerzhaften Ereignisses in der Kindheit oder vor dem Eingeständnis eigener Schwächen, deren Wahrnehmung das Ego als Kränkung empfinden würde. Es kann auch sein, dass Krankheit der „elegantere", jedenfalls leichter tolerierbare Ausweg aus einem Dilemma ist, z.B. weil ein Widerstand mich daran hindert mir einzugestehen, dass ich mich chronisch überarbeite, mir zu hohe Ziele stecke.

Jeder dieser Widerstände hat eine Schutzfunktion, sorgt in gewisser Weise für mich, möchte Schmerz oder Angst vor Neuem vermeiden. Dies führt dann jedoch leider oft dazu, dass ein Problem oder ein Symptom erhalten bleibt. Obwohl ein Widerstand also Sinn macht und mich schützen will, wird er zum Verhinderer, erschwert oder boykottiert das Erreichen eines bewussten Ziels. [1] ■

In Anlehnung an diese psychotherapeutische Bedeutung von Widerstand sprechen Leitende, Coaches und Moderator-Innen kommunikativer Prozesse von Widerstand, wenn Personen Engagement zurücknehmen oder verweigern.

Widerstand wird so als Gegenteil von Motivation und Beteiligung angesehen.

Die Herausforderung besteht darin, nicht vorschnell von „Widerstand" zu sprechen, wo es um eine einfache Botschaft geht: „Danke, ich habe genug!"

Diese Botschaft werde ich – um bei dem einleitenden Beispiel zu bleiben – als Gastgeber-In nur dann ernst nehmen, wenn ich meinen Gästen zutraue, dass sie sich nehmen, solange sie noch Appetit haben, und ehrlich mitteilen, wenn etwas nicht ihren Geschmack trifft.

Schade, wenn ich den Geschmack der Gäste nicht getroffen habe, aber kein Grund für eine Kränkung oder psychotherapeutische Analyse. Bemerkenswert, dass es eine Gastgeberkultur gibt, in der ein Gast sich nicht eigenverantwortlich abgrenzen darf. (Es bleibt fast nur die Möglichkeit, Besuche zu vermeiden!)

In diesem Sinne verstehe ich als Leiter-In jeden Widerstand als eine ernst zu nehmende Botschaft, vielleicht als Auftrag zur Korrektur: Ich überprüfe, ob ich zu viel oder zu schnell angeboten habe, z.B. weil ich für die Betroffenen zu viel Problemanalyse oder Krisenintervention betrieben habe.

Manche Widerstände beinhalten etwas komplexere Botschaften. – Davon handelt dieses Buch.

1 siehe: Stumm G, Pritz A: Wörterbuch der Psychotherapie, Wien 2000, S. 776 - 778

„Widerstand“ ist eine Bewertung

Die Worte „Motivation" und „Widerstand" werden üblicherweise als Bewertung gebraucht. Beide Begriffe machen nur Sinn, wenn wir sie in Bezug auf ein Ziel betrachten: So wie ich nur dann vom „richtigen" und „falschen" Weg sprechen kann, wenn ich ein konkretes Ziel habe.

▶ Wir beschreiben mit dem Wort Motivation Energien, die das Erreichen eines Zieles unterstützen, mit Widerstand entgegengesetzte Energien:

„Widerstand" bezeichnet eine Energie, die als behindernd wahrgenommen wird. Jedes Bedürfnis kann Widerstand hervorrufen, Widerstand „motivieren": Obwohl wir üblicherweise Widerstand als Nicht-Wollen wahrnehmen, ist auch Widerstand Energie.[1]

„Motivation" bedeutet Energiebereitstellung.

Tatsächlich wirkt in jedem Menschen immer eine Fülle von unterschiedlichen Motivationen, die oft auch widersprüchlich sind.

Im Idealfall (ideal im Sinne eines konkreten Zieles) stützen verschiedene Motivationen die Energieversorgung der Aktivität und direkt gegensteuernde Motivationen werden für eine gewisse Zeit beiseite geschoben.

So gelingt Kooperation in einem Team, indem ...

- ❑ sich das persönliche *Durchsetzungsstreben* Einzelner dem Teamziel unterordnet.
- ❑ *Selbstdarstellungswünsche* Einzelner dann befriedigt werden, wenn es gerade zur Arbeit passt (z.B. wenn Ergebnisse präsentiert werden).
- ❑ der *Führungsanspruch* von dominanten Mitgliedern produktiv genützt wird.
- ❑ *Konkurrenz* in Leistungseifer ausgelebt wird.
- ❑ *Freude am Flirten* in Zwischengesprächen zu persönlichen Erfahrungen Erfolg hat und
- ❑ der Team-Erfolg von den meisten als *persönlicher Erfolg* verstanden wird ...

Der Nutzen des Teams bündelt verschiedene Motivationen Einzelner, all diese tragen zum Gelingen bei.

Dazu passt das Bild von Schlittenhunden, die zwar nicht aus eigenem Antrieb wirklich in dieselbe Richtung ziehen wollen, aber, weil sie (zu einem Team) zusammengespannt sind, wird aus ihrem Bewegungsdrang eine gemeinsame Bewegung.

Zieht jetzt einer im Gespann in eine andere als die angepeilte Richtung, dann ist er sehr wohl aktiv, aber er ist „im Widerstand!"

Statt die Peitsche zu nehmen, können wir auch hinsehen: Wohin zieht er denn? Was will er dort drüben? Denn:

Auch Widerstände sind Motivationen!

1 In der Physik ist Widerstand ein wichtiger Begriff, um das Zusammenspiel von mechanischen Kräften und elektrischer Energie zu verstehen.

Auch üblicherweise zielorientierte Bedürfnisse, wie z.B. das Erfolgsstreben, können in bestimmten Konstellationen Widerstand motivieren.

In der Praxis setzen Führungspersonen in unterschiedlichsten Situationen dem Widerstand fast reflexartig Energien entgegen: Sie werben für das Ziel, versuchen der betroffenen Person den Widerstand auszureden, werten diesen ab, bekämpfen ihn. Zum Beispiel:
Auf die Äußerung **„Mir passt das so nicht ...!"** kontert die Führung: **„Aber du solltest doch ...!"**

Dem Widerstand Widerstand entgegensetzen?

Stellen Sie sich vor, Ihr Gegenüber ballt die Faust.
Wie schaffen Sie es, diese zu öffnen?
Welche Impulse kommen Ihnen?

Es mag noch so verständlich sein, wenn Sie ebenfalls die Faust ballen oder mit festem Griff versuchen, die Finger der Faust zu öffnen: Es wird mühsam sein und oft erfolglos.

Wesentlich leichter ist, die Faust des Gegenübers sanft zu berühren, vielleicht beruhigend zu streicheln, bis sie sich entspannt und öffnet.

Probieren Sie es aus!

Weil die Tendenz einem Widerstand Widerstand entgegenzusetzen so weit verbreitet ist, möchte ich nachdrücklich auf die Alternative hinweisen:

- **MIT** dem Widerstand zu arbeiten, ihn zu beachten, zu würdigen, ist oft erstaunlich effektiv.
  Manchmal führt ein Umweg besser zum Ziel: Das kann eine Sequenz von wenigen Sätzen im Gespräch sein oder eine intensive Aufarbeitung.
- Aber auch und gerade dann, wenn ich mich abgrenze, d.h. das gemeinsam vereinbarte Ziel schützen möchte und dem Widerstand keinen Raum geben will, ist es besonders hilfreich, diesen dennoch als berechtigt anzuerkennen:
  „Ich schätze dich und verstehe dein Anliegen. Hier und jetzt bitte ich dich dieses draußen zu lassen und am vereinbarten Ziel mitzuarbeiten!"

Widerstandsarbeit als Ausflug in die Seelenlandschaft

Die Zuwendung „zum Anderen" setzt Energien frei für „das Eine"

„Das Eine", das ist das aktuell anerkannte Ziel.

„Das Andere", das ist ein weiteres Bedürfnis, das sich gerade zu Wort meldet. Und dieses *Andere* wird meist als Widerstand beschrieben.

Es gibt Situationen, da reicht eine kleine Zuwendung zum Widerstandsbedürfnis, um Energien für das ursprüngliche Ziel freizusetzen. Dazu zwei Praxisbeispiele:

Praxisbeispiel

Präsentieren müssen?

Als Moderator eines Prozesses der Organisations-Entwicklung gab ein Kollege den Auftrag in Kleingruppen Vorschläge zu erarbeiten und diese dann zu präsentieren. Eine Gruppe zögerte, die Arbeit zu beginnen, und fragte den Moderator, ob sie unbedingt präsentieren müssten. Spontan sagte dieser: „Nein, Sie können sich auch auf andere Gruppen aufteilen, um dort beizutragen." Die Mitglieder der Kleingruppe wirkten deutlich erleichtert, besprachen sich kurz, begannen engagiert zu arbeiten und präsentierten.

Es scheint, dass die „Erlaubnis" des Moderators zur Nicht-Präsentation die Energien der Beteiligten befreit hatte.

Dass dasselbe Phänomen auch in der eigenen Selbstorganisation wirksam werden kann, erzählte ein Teilnehmer eines Trainings.

Praxisbeispiel

5-Minuten-Präsentation

Ein mit Rhetorik unerfahrener Teilnehmer eines Trainings, der den Auftrag bekam eine 5-Minuten-Präsentation vorzubereiten, fühlte sich überfordert; wie blockiert ließ er die Arbeit liegen und ging spazieren. Er nahm seine Unsicherheit ernst und beschloss für sich, nicht zu präsentieren. Nach dieser Entscheidung ging er erleichtert weiter. Kurz darauf kamen ihm Ideen zur Präsentation, die er erfolgreich umsetzte. Ganz erstaunt erzählte er nach seiner gelungenen Präsentation, dass seine Entscheidung nicht zu präsentieren diese erst für ihn ermöglicht hatte.

Diese Wirkungsweise wird in der paradoxen Intervention gezielt angestrebt.
(➠ Baustein 2, Interventionstechniken)

Widerstandsarbeit anerkennt die Bedeutung der hemmenden oder blockierenden Impulse. Diese treten oft als Verteidigungsmanöver oder als Rettungsaktion auf. Dass diese uns bei der Erreichung eines bewusst gewählten Zieles behindern können, wird klar, wenn wir uns das Gefüge der Motivationen als komplexes System vorstellen.

Motivationen – ein wirbliger Pool

Es gibt Zeiten, da spüren wir fließende Energie ohne Ambivalenzen. Vielleicht fühlen wir uns wie im Fluss – oder wie auf einem galoppierenden Pferd – in Einheit mit seinen Bewegungen. Manchmal gibt es Zeiten, da gleicht unser Innenleben einem Team, in dem verschiedene Stimmen jeweils etwas anderes wollen und Entscheidungen aushandeln müssen.[1]

Die Fülle dieser Kräfte ist meist unbewusst oder wenig beachtet:
Dafür passt das Bild eines Bootes, das von einer Gruppe Delphine gezogen wird.

Das Boot steht für die eigene Aktivität. Die Delphine sind die eigenen Bedürfnisse und Impulse. Sie können unter Wasser – unbewusst – bleiben oder sich an der Oberfläche zeigen – ins Bewusstsein treten. Sie können hochspringen, auf sich aufmerksam machen und in alle Richtungen auseinanderstreben – wenn sich meine unterschiedlichen Bedürfnisse widersprechen. In dieser Ambivalenz (zwischen einer Initiative und dem entgegengesetzten Impuls) setzt die Bewertung ein: Der eine Impuls wird als Motivation beschrieben, der andere als Widerstand.

Ich kann mehrere Impulse, die in dieselbe Richtung ziehen, für mich einspannen, um kräftig weiterzukommen. Die anderen – nicht genutzten Delphine – wollen beachtet werden, sonst wirbeln sie das Wasser auf, stoßen mich an oder beginnen unter Wasser mich irgendwohin zu lenken – und ich wundere mich, warum mir ein Vorsatz nicht gelingt, oder warum ich etwas tue, für das ich mich gar nicht bewusst entschieden habe.

Vielleicht denken wir uns in dieses Bild noch die Bewegungen des Wassers als Gefühlswelt – wogend bewegt oder ruhig und klar. Die Form des Bootes steht für Fitness und geistige Konstitution. Der Wind schafft mehr oder weniger günstige äußere Bedingungen. Bei starkem Gegenwind heißt es aufkreuzen!

1 vgl. von Thun, Friedemann: Miteinander reden 3. Das innere Team und situationsgerechte Kommunikation, Hamburg, 8. Aufl. 2001

Die Fülle der Impulse ordnen

Um Ziele zu erreichen, braucht es eine innere Instanz, die Ordnung ins System bringt und mit all den beteiligten Kräften in gutem Kontakt ist. Ein Kapitän macht sich das Meer der eigenen Innenwelt mit all den unterschiedlichen Regungen vertraut, hört allen Stimmen bewusst zu und würdigt jeden Impuls als einen in sich sinnvollen Teil.

Interessant ist, die Eigenart einzelner Delphine (Bedürfnisse/Impulse) kennen zu lernen: Ziehen spontane Kurzstreckensprinter oder sind es eher strenge Kämpfer, die fordern durchzuhalten, andere ungern zum Zuge kommen lassen und dem System keine Ruhe lassen?

Fahren letztere ständig mit dem Boot ab, so werden andere Delphine im Geheimen Widerstand leisten. Schlimmstenfalls beschädigen sie das Boot, wenn ihnen der Dauerstress zu viel wird. Normalerweise lassen sie sich gut zureden und verzichten dann auf weitere Störaktionen. Meistens sind die „Widerständler" auch bereit zu warten, wenn sicher ist, dass sie später dran kommen. Ein umsichtiger Kapitän weiß, wie er die unterschiedlichen Kräfte „auf die Reihe" bekommt.

Nicht immer muss der Kapitän dabei den Kurs bestimmen. Das Zusammenspiel der Kräfte kann sich auch ganz harmonisch, wie von selbst einspielen.

Die Eigenart vieler Kapitäne ist es jedoch, immer kontrollieren zu wollen. Sie können es schlecht zulassen, dass sie bewegt werden, ohne zu wissen wohin. Der Wunsch nach Kontrolle und die Angst vor Imageverlust, wenn sie nicht Chef des Bootes sind, können sich ungünstig auswirken. Anstatt sich auf die Suche nach den verborgenen Kräften zu machen, erfinden solche Kapitäne dann Erklärungen, warum sie dorthin wollten, wohin sie bewegt werden. – Das heißt: **Wir versuchen uns selbst etwas vorzumachen.**

Praxisbeispiel

Rauchentwöhnungsversuch

Ein langjähriger Raucher entscheidet sich mit dem Rauchen aufzuhören.

Die Widerstände gegen diesen Entzug (Aufrechterhalten der Gewohnheit, Vermeidung des Entzugsstresses) wollen nur Gutes: Wohlbefinden und Entspannung. Als die Widerstände sich nach einigen Tagen durchsetzen und der Raucher wieder zur Zigarette greift, beruhigt er sich mit dem Gedanken, dass er jetzt nur mehr ein gelegentlicher Genussraucher sein werde.

Wenige Tage später jedoch raucht er so viel wie zuvor.

Praxisbeispiel

Überfordernde Jobsuche

Ein Schulabgänger entscheidet sich alles zu tun, um Arbeit zu finden.

Nach den ersten Schwierigkeiten verstärken sich die Angst vor Misserfolg und die unangenehme Unsicherheit bei Vorstellungsgesprächen.
(Die Bedürfnisse dieser Widerstände sind Wunsch nach Erfolg und Sicherheit – also Bedürfnisse, die auf anderer Ebene die Arbeitssuche motivieren!)

Der Jugendliche kommt mit diesen Gefühlen nicht zurecht und verschiebt die Arbeitssuche auf unbestimmte Zeit mit der Rechtfertigung, er habe zu Hause gerade sehr viel zu tun.

Das Abweichen vom ursprünglichen Ziel wird oft beschönigt. Hilfreich kann in solchen Motivations-Konflikten sein, mit den einzelnen Stimmen im eigenen Inneren „zu verhandeln" und Lösungen zu suchen, die ihnen entgegenkommen. Ich kann mir diese Impulse als Teammitglieder vorstellen, die ich moderiere.

So erkenne und verstehe ich meine widersprüchlichen Bedürfnisse. – Dies ist die beste Voraussetzung, um ein reales Team in Motivationsfragen zu begleiten.[1]

Motivationen sind wie lebende Wesen,
sie entwickeln sich und führen ihr Eigenleben.

1 siehe: „Mein Inneres Team", Baustein 5, Führungskompetenz trainieren (S. 183)

MOTIVATIONEN SIND AUTONOM

Motivieren – gibt es so etwas?

siehe Paul Lahninger: Motivation fördern, Vortrag auf DVD, Bergisch Gladbach 2005

Leitende fühlen sich oft verantwortlich für die Motivation der Beteiligten, fragen sich, wie sie motivieren können.

Hier einige prägnante Thesen zu dieser wichtigen Frage:

Wir können andere Menschen nicht motivieren. Motivation ist ein autonomer, innerer Vorgang, den wir von außen nicht steuern können. – Enttäuscht Sie diese These?

Die gute Nachricht: Alles, was wir tun, wirkt sich auf die Motivation der Beteiligten aus, insbesondere unsere Einstellung.

So ist die Frage bedeutsam, welche Haltung Motivationsentwicklung fördert und welche Haltung Widerstände weckt.

Praxisbeispiel

Mein Menschenbild wirkt sich aus

Zwei Trainer arbeiteten mehrmals parallel mit derselben Methodik und demselben Manuskript, oft auch mit denselben Worten. Der eine kam bestens an, beim anderen traten häufig Widerstände auf.

In der Auseinandersetzung im Trainerteam wurde schließlich deutlich, dass der nicht erfolgreiche Trainer die Zielgruppe (Arbeitssuchende) innerlich ablehnte. Diese Einstellung wurde offensichtlich spürbar, ohne dass sein Verhalten sichtbar anders gewesen wäre. Die Einstellung zählt!

Kontraproduktiv wirkt gerade die Vorstellung, ich als Autorität müsse andere motivieren, müsse die Nicht-Wollenden bewegen, sie mit Zuckerbrot und Peitsche zur Leistung bringen.

Grundthese: Eigenverantwortung

Es zeigt sich, dass Leitende die Entfaltung von Motivation unterstützen, wenn sie auf diese vertrauen. Wir stärken Menschen, indem wir ihnen vertrauen. Folgende Haltung bewährt sich bestens, um wirksam zu leiten und zu führen: Erfolgssuche und Leistungsfreude sind biologisch grundgelegt. Arbeit ist so natürlich wie Erholung. Menschen möchten sich anstrengen, lernen, Erfolg haben, etwas leisten.
Arbeitslosigkeit – nichts zu tun zu haben – ist für gesunde Menschen STRESS, innere Anspannung, und kann gleichermaßen zu Burn-out führen wie übermäßiges Engagement.
Leo Prothmann, ein Salzburger Psychotherapeut, sagt in seinem Vortrag im April 2003 in Wels: „Verhinderte Entwicklung bedeutet Frustration. Ungelebtes Leben führt zu Krankheit."
Die Aufgabe der Führung ist, dieser inneren Leistungsbereitschaft, die in jedem Menschen grundgelegt ist, Raum zu geben, Rahmenbedingungen zu unterstützen, die die persönlichen Quellen von Motivation fließen lassen.
Wesentliche, nachhaltige **Quellen für Motivation** sind Selbstachtung in Eigenverantwortung und Wert-Orientierung am Sinn und Nutzen der konkreten Aufgabe.

Werte geben ganz persönliche Orientierung für das eigene Engagement: Menschen haben das Bedürfnis etwas Sinn-volles, Wert-volles zu tun, das Bedürfnis Aufgaben kompetent zu bewältigen, Ziele zu erreichen, Projekte abzuschließen, Leistung zu erbringen und Herausforderungen zu meistern. Angemessen herausfordernde Berufssituationen regen an, die eigene Wertorientierung weiterzuentwickeln.[1]

Je besser die Orientierung an Werten gelingt, umso wahrscheinlicher sind wir bei der Sache, mobilisieren unsere Kräfte, entfalten Selbstvertrauen und Eigenverantwortung.

1 Zum Motivationsgrad einer Organisation siehe auch: Charlotte Goldstein, Führungskonzepte für soziale Dienstleister, Walhalla 2000, S 63 ff

„Ich bin ganz bei der Sache!"

Die Qualität fließender Motivation ist ein wohltuendes Erleben der entschiedenen Zuwendung zu einer konkreten Aufgabe:
„Ich bin ganz bei der Sache!" [1]

Vielen Menschen scheint auch Stress als ein Zeichen von hoher Motivation. Im Folgenden eine kritische These, insbesondere für die eigene Selbstorganisation und als Grundlage für förderndes Führen.

Stress als Widerstand

Stress im Sinne von Zeitdruck, Hektik, Überforderung bedeutet: Wir geben einer Aufgabe nicht die Zeit, die sie braucht, wir haben einen Konflikt mit den Prioritäten unserer Wert-Orientierung, z.B. indem wir mehrere Dinge gleichzeitig erledigen wollen.

Diese Form von Stress kann auch als Widerstand betrachtet werden:

Wenn jemand (oder das System, in dem er oder sie tätig ist) einer Aufgabe nicht die Zeit gibt, die diese braucht, fehlt die volle Entschiedenheit – das „Schneller, schneller, ich sollte schon fertig sein" wendet sich gegen das, was ich gerade tue, ist sozusagen eine Abwendung (z.B. schon hin zum Nächsten) statt der notwendigen Zuwendung.

Zielorientierung ist somit Bündelung von Energien – Fokussieren.

In dieser konzentrierten Zuwendung ist das Ausklammern oder Verschieben anderer Bedürfnisse selbstverständlich: Disziplin, die von innen kommt, setzt Prioritäten. Letztlich bedeutet jedes Entscheiden, dass ich Prioritäten setze.

Abläufe bewusst zu organisieren, fördert die innere Zuwendung. Wenn die Zeit zum Feind wird, gehen Energien verloren.

Eine Menge kleiner Aufgaben

Angenommen, ich habe eine Menge kleiner Aufgaben, die dringend und wichtig genug sind, um mir zu sagen: „Das muss ich erledigen."

Zugleich denke ich an ein Projekt, das zwar nicht dringend ist, das mir jedoch sehr am Herzen liegt (wie z. B. ein Buch über Motivation zu schreiben). Während ich alle kleinen Erledigungen abarbeite, kommen laufend neue dazu und ich werde ungeduldig, weil ich nicht fertig werde damit.

Wohlüberlegte Selbstorganisation bedeutet, zunächst einmal mit etwas Abstand auf die Fülle der Möglichkeiten hinzuschauen, Dringlichkeiten und Wichtigkeiten (neu) zu überdenken.

Meine persönliche Lösung ist, als erstes eine bestimmte Zeit an dem zu arbeiten, wo mein Herz am meisten dabei ist, an Aufgaben, bei denen ich mich am besten im Fluss fühle.

Nach etwa einer Stunde „Vergnügen" wende ich mich dann „vergnügt" den notwendigen Erledigungen zu.

Die innere Eindeutigkeit dieser Zuwendung zu jeweils einer konkreten Aufgabe kann sogar bei hohen Anforderungen eine scheinbar paradoxe Entspannung bewirken: Anstrengung wird als wohltuend erlebt. Die innere Spannung zwischen „Sollen" und „Wollen" ist jedoch unangenehm und letztlich auch krankmachend.

Häufigste Burn-out Ursache ist, dass Engagement über die Grenzen der eigenen Werte hinaus durchgehalten wird, sozusagen überpowert im Sinne dessen, was für die eigene Motivation stimmig ist.

So gesehen sind Stress und Burn-out also nicht linear abhängig von der Menge der Aufgaben oder der Belastung, sondern davon, wie wir mit Belastung umgehen, wobei Bewältigungsstrategien, Kompetenzen, Gesundheit und körperliche Fitness eine bedeutende Rolle spielen.

Stress- und Burn-out-Symptome sind auch Hinweise auf indirekten Widerstand.

1 siehe auch: Csikszentmihalyi, Mihaly: FLOW-das Geheimnis des Glücks, 9. Aufl. Stuttgart 2001

„Ich habe wirklich keine Zeit“

... ist eine oft verwendete Formulierung, genau genommen eine Ausrede. Denn die Zeit ist ja da, die Frage ist, was ich mit der Zeit mache!

„Ich habe keine Zeit" bedeutet: „Ich habe andere Prioritäten, die für mich so eindeutig sind, dass ich sie nicht in Frage stelle."

Vermutlich ist es für viele Menschen auch angenehmer, eine Absage mit der Begründung „... keine Zeit!" zu hören, als die Erklärung: „Mir ist etwas anderes wichtiger."

In der eigenen **Selbstorganisation** empfinde ich die Bewusstheit der Prioritäten als angenehm. Gerade in Motivationskonflikten gibt die innere Klarheit der Prioritäten eine wohltuende Entschiedenheit: Ich schaue auf das, was ich gewählt habe und stimme dem Preis zu (anderes jetzt nicht tun zu können). Der Preis kann auch darin bestehen, dass ich eine andere Person enttäusche. Diese Zustimmung zum Preis meiner Entscheidung erleichtert oft sogar, diese Person zu verstehen und ihr in einer anderen Situation entgegenzukommen.

Widerstand ist „in“

Innere Motivationskonflikte sind sehr weit verbreitet, wahrscheinlich auch als Phänomen unserer Kultur.

- In manchen Radiosendern ist es „in", schon am Montag davon zu sprechen, dass die Arbeitswoche möglichst schnell vergehen soll. Am Mittwochmorgen heißt es: „Nur mehr zwei Tage bis zum Wochenende ..."

  So wird eine abwertende Haltung gegenüber der Arbeitsfreude medial propagiert.

- Andererseits fällt es vielen Menschen schwer, sich in der Freizeit richtig zu entspannen, und sie haben Einschlafprobleme: Die Gedanken kreisen noch um die Arbeit, um kommende Anforderungen.

  Hier wird die innere „Weiterarbeit" in der Freizeit zum Widerstand gegen die Entspannung!

Statt zu sagen „Du musst doch verstehen – ich hab wirklich keine Zeit ...", kann ich aus meiner inneren Entschiedenheit heraus sagen: „Ich verstehe dich! Du bist enttäuscht, dass ich für heute andere Prioritäten gesetzt habe."

Eigenverantwortliche Zielsetzung beinhaltet die Zustimmung zum Preis dessen, was ich wähle.

Beide Phänomene – sowohl die medial propagierte, einseitige Freizeitorientierung als auch die Entspannungsschwierigkeit – sind Beispiele für innere Motivationskonflikte: Verschiedene Werte kämpfen miteinander. Die eindeutige, entschiedene, angemessene Zuwendung zu einem Wert hier und jetzt fällt schwer.

Eigene innere Motivationskonflikte anpacken

Die Lösung unangenehmer innerer Spannung kann gut über die Klärung der widerstreitenden Motive gelingen: *Was ist das EINE, das ich will, und was ist das ANDERE?*

Ich kann mir diese Bedürfnisse aufschreiben und die Prioritäten für die gegebene Situation ordnen:

❏ Wenn mir während der Arbeit ein Freizeitvergnügen einfällt, kann ich dies wohlwollend wahrnehmen, den nächstmöglichen Zeitpunkt dafür festsetzen und mich dann entschieden wieder der aktuellen Aufgabe zuwenden.

❏ Wenn mir in der Freizeit Arbeitsaufgaben durch den Kopf gehen, kann ich mir offene Anliegen notieren und diese dann bewusst beiseite legen.

❏ Vielleicht hilft auch ein freundlicher Gedanke für den „störenden" Impuls, z. B.: „Danke, dass du mich an dieses Ziel erinnerst. Sicher werde ich das anpacken, morgen bin ich voll für dich da!"

In unterschiedlichsten Situationen geht es um die innere EINDEUTIGKEIT:

Je entschiedener ich mich dem EINEN zuwende, umso besser kann ich auch für das ANDERE Energien mobilisieren. Ich akzeptiere den Preis meiner Entschiedenheit, das ANDERE zunächst nicht leben zu können, ohne dieses abzuwerten oder zu bekämpfen. Aus diesem Bewusstsein kann ich gewährend mit „störenden" Bedürfnissen in mir umgehen. Dazu ein persönliches Beispiel:

Praxisbeispiel

Wanderung

In einer 3-wöchigen Wanderung wurde mir bewusst, dass diese ein hervorragendes Übungsfeld für die Auseinandersetzung mit Motivation und Widerstand ist. Eine witzige Form, in der ich gut mit Widerstand umzugehen lernte, war eine Art innerer Dialog: Wenn in mir eine Stimme auftauchte, die sagte: „Es freut mich nicht mehr, das ist zu anstrengend." und ich dennoch bei meiner Entscheidung bleiben wollte, ein bestimmtes Etappenziel zu Fuß zu erreichen, dann antwortete ich dieser Stimme: „Hallo du Widerwillen, gehst' wieder ein Stück mit mir? – Oder soll ich dich ein Stück tragen?"

➠ Meine Wahlfreiheit genießen

Alles, was ich denke, rede und tue, ist eine Wahl. All das, was ich nicht wähle, kann ich anerkennen (und darauf verzichten es abzuwerten oder zu bekämpfen).

Indem ich mir meiner Wahl für das Eine bewusst bin, und indem ich das nicht gewählte Andere freundlich anerkenne, nutze ich meine Energien und mache das Beste aus jeder Situation.

Selbstorganisation ist ein hervorragendes Übungsfeld für den Umgang mit Motivationskonflikten in der Leitung einer Gruppe oder eines Teams.[1]

1 Weitere Methoden zur Klärung eigener Motivationskonflikte ➠ Baustein 5: Führungskompetenz trainieren (S. 182 ff)

WIDERSTAND IST INFORMATION

Widerstände wertschätzend beschreiben

Eine Haltung, die die Entfaltung von Motivationen unterstützt

Ich beachte Widerstand und Demotivation

Oft bringt es mehr auf demotivierende Bedingungen zu achten, als Anreize zu schaffen.

▶ Der Autor Reinhard Sprenger nennt Anreizsysteme von außen „Motivierung" zum Unterschied zur Motivation, die von innen kommt. Die Wortschöpfung- „Motipulation" drückt diesen Einfluss-Versuch noch deutlicher aus. ■

Indem die Leitung versucht, mit Karotte und Peitsche zu arbeiten, vermittelt sie das Bild von nicht motivierten Menschen, die von selbst zu wenig Leistungsbereitschaft mitbringen. Dies ist ein Angriff auf die Selbstachtung und letztlich kontraproduktiv. Ein Führungsstil, der aus Bedrohen, Bestrafen, Bestechen, Belobigen besteht, hält andere für unmündig und fördert damit Unmündigkeit. Gefügig sein heißt **nicht** motiviert sein.

Die Frage lautet also:

Was stört oder behindert das Engagement?

Welche Bedürfnisse bewegen die Beteiligten?

Die Frage nach den Bedürfnissen anderer zu stellen wird schwierig, wenn wir Widerstand abwerten.

Wertschätzend beschreiben als erster Schritt

Ich leite und erlebe Widerstand. Unangenehm!

Wenn ich mir bewusst bin, was ich als Autorität zu geben habe, dann bekommt eine Zurückweisung einen anderen Stellenwert. (Wodurch diese noch nicht weniger kränkend sein muss.)

Meine Erfahrung ist, dass die Abwertung der Personen, die mein Angebot sie zu leiten ablehnen, eine unbewusste Abwehr einer Kränkung ist: Zu sagen, andere wären nicht fähig, das zu nehmen, was ich ihnen geben will, ist wohl weniger kränkend, als mir einzugestehen, dass mein Angebot einfach nicht gepasst hat. (Ähnlich dem enttäuschten Verehrer, dessen Liebe abgewiesen wurde, der sich tröstet: „Das ist ja doch nur eine unattraktive Person.")

So offensichtlich werden Leitende Widerstand selten abwerten. Manchmal ist jedoch bereits die Beschreibung: „Die Gruppe ist schwer im Widerstand" ein Synonym für: „Die Gruppe ist schwer daneben." Gerade in psychologisch geschulten Kreisen wird das Wort Widerstand auch als Zuschreibung von Versagen und Schwäche verwendet. Zum Beispiel hörte ich einen Kommunikationstrainer zu einer „schwierigen" Gruppe sagen: „Ihr habt noch nicht begriffen, was soziale Kompetenz ist!"

Die wertschätzende Beschreibung hingegen stellt das Phänomen des (scheinbaren) Nicht-Erfolges ohne Schuldzuschreibung dar, z.B.:

„Ich konnte dieses Anliegen offensichtlich noch nicht vermitteln."

„Dieses Thema ist jetzt scheinbar nicht wichtig für euch."

„Die Methode, die ich angeboten habe, passt also jetzt nicht."

Die wertschätzende Beschreibung erweitert meinen Handlungsspielraum.

Widerstand gibt mir Feedback

Wenn Widerstand auftaucht, heißt das, dass der gewählte Weg für die Beteiligten in dieser Situation gerade nicht der passende ist. Widerstand ist Information.

Praxisbeispiel

Widerstand gegen betriebliche Investition

Ein Familienbetrieb mit etwa 20 Angestellten wurde an den Sohn übergeben, die Eltern arbeiteten jedoch weiter mit. Der junge Unternehmer entschied sich dafür, einen kräftigen Investitionsschub durchzuführen. Erste Gespräche mit den Eltern brachten heftigen Widerstand, die Positionen schienen festgefahren.

Mit etwas Distanz überlegte sich der Sohn, was seine Eltern so sehr gegen seine Pläne einnahm, und er erkannte, dass ihr Bedürfnis nach Sicherheit wesentlich größer war als seines. Offensichtlich hatten die Eltern auch vergessen, wie oft sie selbst ein finanzielles Risiko eingegangen waren, um den Betrieb aufzubauen. Als ältere Menschen war ihr Bedürfnis nach Bewahren des Erreichten wesentlich größer als die Zuversicht.

So arbeitete der Sohn einen differenzierten Finanzierungsplan aus, mit dem er den Eltern zeigen konnte, dass das Risiko überschaubar war und welche Sicherheiten gegeben waren. Zugleich überlegte er sich, in welcher Form er den Eltern sein Vorhaben präsentieren könnte. Er bereitete eine Grafik vor, in der er die Entwicklung des Betriebes über 20 Jahre hinweg darstellte und die Arbeit der Eltern bewusst wertschätzte. Um diese fortzusetzen und das Beste daraus zu machen, ergäbe sich jetzt die Logik einer Neuinvestition. Erstaunlich schnell stimmten die Eltern dem Projekt zu und der Betrieb wurde erfolgreich verbessert.

➠ **erfolgreiches Verhandlungskonzept**

Dieses Beispiel eines erfolgreichen Verhandlungskonzepts, ist auf viele Situationen übertragbar. Voraussetzung dafür ist, dass ich die Bedürfnisse und Interessen der anderen Verhandlungspartei grundsätzlich anerkenne und bereit bin, mir Lösungen für diese zu überlegen.

Es ist gut verständlich, dass ich mich als Autorität durch Widerstand gegen Arbeitsaufträge irritiert fühle und die betroffene Person innerlich abwerte. Dabei besteht jedoch die Gefahr, Widerstand mit einem Feindbild zu verbinden, besonders, wenn Widerstand gegen meine Arbeitsaufträge in einer Haltung gezeigt wird, die mir wie Trotz erscheint, etwa in der Botschaft: „Du kriegst mich nicht!"

Auch sehr rationale, „kopflastige" Erklärungen, die mir wie Ausflüchte erscheinen, können mich unangenehm berühren.

Wenn ich jedoch glaube, kämpfen zu müssen, werden die Bekämpften sich wehren. Um bei Widerstand nicht in Kämpfe zu geraten, hilft die Bewusstheit, dass Menschen praktisch das Beste geben, das ihnen im Augenblick möglich ist.

Gut deutlich wird dies am **Beispiel** eines Bergführers:

Der Weg kann noch so erprobt und sicher sein, wenn unerfahrene, vielleicht untrainierte Personen Angst haben, dann ist diese Angst real und wichtig – und keinesfalls dumm – und ein guter Bergführer wird entweder einen anderen Weg wählen oder die Sicherheitsvorkehrungen erhöhen. (Das Abwerten von Ängstlichen, Vorsichtigen ist jedoch weit verbreitet und führt oft genug zu Unfällen.)

Die Leistung der Geführten liegt im Vertrauen und im Mitgehen, die Leistung der Führung im Vorausgehen.

Auch wenn ein Bergführer vorausgeht, ist klar, dass es die Leistung aller gemeinsam ist, den Weg zum Ziel zu gehen. Gemeinsam werden sie am Gipfel feiern und besonders den Anfängern gratulieren.

Wenn es um Führung in kommunikativen Prozessen geht, wird der Erfolg oft der Leitung zugeschrieben („Tolle Überzeugungsarbeit!") und bei Misserfolg heißt es: „Diese ... Gruppe ist ... – na eben im Widerstand ...

Wenn die Beteiligten kämpfen, ballen sie die Fäuste. Wer die Faust ballt, kann nicht nehmen. Ich kann nur geben, wenn andere nehmen.

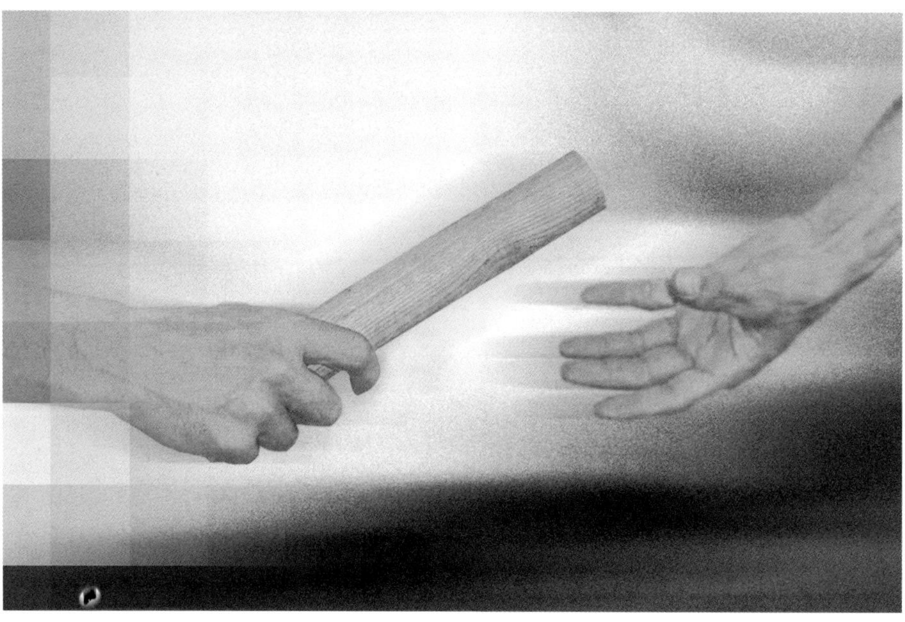

Zirkuläre Prozesse

Gemeinsam schaffen wir, was wir erleben

Wir erschaffen soziale Wirklichkeiten, indem wir einander wechselseitig beeinflussen.

Dazu ein Gleichnis von Paul Watzlawick:[1]

Ein Wanderer kam in eine Stadt, die berühmt dafür war, dass täglich exakt um 12 Uhr eine Kanonensalve abgefeuert wurde: hoch vom Festungsturm, weithin hörbar im Land. Der Wanderer fragte den zuständigen Leutnant, woher er denn diese exakte Uhrzeit habe. Dieser erklärte, in der Stadt gebe es einen Uhrmacher, der berühmt sei für seine genauen Uhren. Ein Laufbursche melde ihm täglich die korrekte Zeit.

Der Wanderer ging zum Uhrmacher und fragte, wie er denn diese exakte Uhrzeit errechne. Erstaunt sagte der Uhrmacher: „Ja, wissen Sie denn nicht, täglich genau um 12 Uhr gibt's bei uns eine Kanonensalve, nach diesem Signal stelle ich alle meine Uhren ..."

Eine Führungskraft sagt: *„Meine Mitarbeiter halten sich fern von mir, daher rede ich wenig mit ihnen."*
Die Mitarbeiter sagen: *„Unsere Führungskraft redet wenig mit uns, daher halten wir uns auf Distanz."*

Die Lehrperson denkt: *„Du bist ein schlechter Schüler, hast dich nicht angestrengt, daher bekommst du eine schlechte Beurteilung."*
Der Schüler denkt: *„Ich bekomme eine schlechte Beurteilung, ich bin ein schlechter Schüler, es bringt also nichts mich anzustrengen."*

Es macht keinen Sinn, wie von außen über „das Problem dieser Menschen mit denen ich arbeite" zu reden. Meine Beschreibung der Situation ist ein Beitrag zur Nicht-Lösung oder zur Lösung.

Auch wenn wir glauben Fakten wahrzunehmen, unser Gehirn arbeitet nicht mit Fakten, sondern mit Vorstellungen und Deutungen.[2]
Wir suchen *unbewusst* Bestätigung für unsere Vorstellungen von anderen Menschen. Diese Suche lenkt unsere *selektive* Aufmerksamkeit auf die Qualitäten oder Schwächen, die wir bei anderen Menschen erwarten. Diese inneren Vorgänge haben einen gewissen Einfluss auf das Verhalten anderer Menschen: Vertrauen in andere stärkt und fördert meist deren Zuverlässigkeit. Zweifel, Ablehnung, Abwertung begünstigt oft, dass andere das Verhalten zeigen, das wir ablehnen und abwerten.

1 siehe auch: Watzlawick Paul: Wie wirklich ist die Wirklichkeit?, 27. Auflage, München 2001

2 siehe: Heinz von Foerster: Wahrheit ist die Erfindung eines Lügners, Gespräche für Skeptiker, 4. Aufl. Bonn 2001

Übung Widerstand beschreiben

Unsere Haltungen sind in vielen Jahren gewachsen. Wie auch immer sie aussehen, sie haben ihre Bedeutung für uns. Manches davon ist auch unbewusst oder verschwommen: Kaum jemand würde von sich sagen, er wäre abwertend.

So ist auch die Weiterentwicklung unserer Haltungen ein langfristiges Projekt mit viel Kleinarbeit.

Hier eine einfache Übung für dieses Projekt:

Erinnern Sie sich daran / stellen Sie sich vor, dass Ihre Gruppe / Ihr Team Widerstand zeigt, der für Sie unangenehm ist.

1. *Beschreiben Sie diese Situation in gewohnter Weise, spontan und emotional.*

....

....

....

....

Achten Sie auf die Worte, die Sie wählen:

Haben Sie in Ihrer Beschreibung Schuldzuweisungen, Abwertungen formuliert?

Ohne sich für diese schuldig zu fühlen oder sich selbst dafür abzuwerten (!) können Sie neben diese gewohnten Beschreibungen noch eine andere stellen:

2. *Beschreiben Sie dieselbe Situation noch mal, indem Sie mit Verständnis und Wertschätzung an die Bedürfnisse der Betroffenen denken.*

   Betrachten Sie die Situation möglichst distanziert und gehen Sie von der These aus, dass jeder Mensch eine eigene Wirklichkeit wahrnimmt und in dieser logisch handelt.

   Wie nehmen Sie nun dieselbe Situation wahr:

....

....

....

....

Wenn die beiden Beschreibungen der einen Situation sehr unterschiedlich klingen, macht es Sinn, immer wieder zu üben, eine herausfordernde Situation mehrmals zu beschreiben.

Auch Ihr Ärger über den Widerstand anderer hat seine Berechtigung. Hilfreich wird sein, diesen anzunehmen und danach eine wertschätzende Beschreibung für die Bedürfnisse anderer hinzuzufügen.
Zum Beispiel:

1. „Ich bin sauer, weil Person B .... verweigert hat."
2. „Ich vermute, B möchte mir dadurch zeigen, dass sie .... braucht."

Widerstand als Input

Umwege zeigen mehr von der Landschaft

siehe Paul Lahninger: Motivation fördern, Vortrag auf DVD, Bergisch Gladbach, 2005

Indem ich Widerstand beachte, erhalte ich wertvolle Information.

Je mehr ich bei Schwierigkeiten auf die Bedürfnisse der Beteiligten schaue, umso leichter finden sich Lösungen. Widerstände erzählen von der Geschichte eines Menschen, von Einstellungen und Bedürfnissen. Persönliches Tempo, methodische Vorstellungen, Themen der Auseinandersetzung zeigen sich in Widerständen. So macht auch die These Sinn, es gäbe keinen Widerstand. (Ich behalte jedoch die Bezeichnung „Widerstand" als bekannte Bezeichnung bei.)

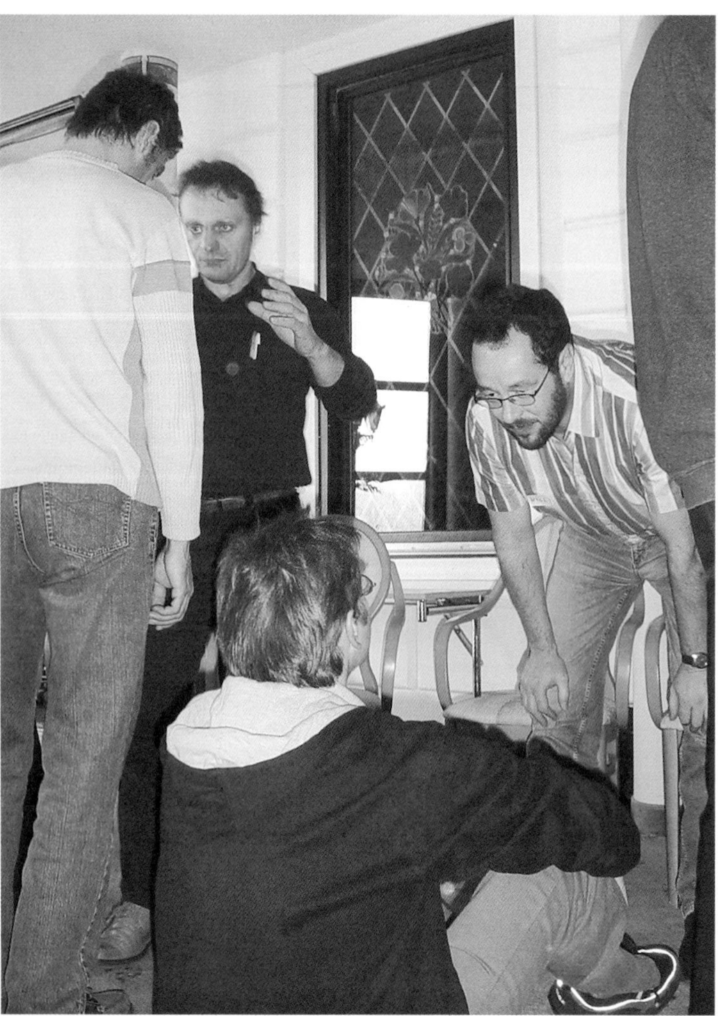

„Widerstand" gibt mir vor allem darüber Feedback, ob eine gewählte Methode gerade passt. Indem ich diese Möglichkeit zur Kommunikation wahrnehme, zeige ich Wertschätzung und öffne mich für eine Vertiefung der Beziehungsqualität.

Manchmal bin ich als Leiter-In Anwalt eines Widerstandes: Das komplexe System an teils unbewussten Bedürfnissen ist oft für Betroffene selbst verwirrend. Ich kann auch Ängste, Zweifel, Unwillen oder Ärger ernst nehmen, der nicht direkt gezeigt wird.

Was sich zunächst wie ein Widerstand zeigt, kann in Wahrheit Motivation für die Sache sein.

Wenn z.B. jemand zögert zu beginnen, weil er sich überfordert fühlt, dann steckt hier auch das Motiv dahinter, etwas gut bewältigen zu können, also eine eindeutig zielorientierte Motivation. Wenn wir das Gefühl der Überforderung beachten, Aufgaben überschaubar machen, unterstützen, dann wird der „Widerstand" zum Verbündeten: Der Widerstand stärkt die Initiative.

Auch engagierte Beteiligte, die kritische Fragen stellen, nach ungewohnten Lösungen suchen, Vorgänge selbständig nachvollziehen wollen, können wie im Widerstand erscheinen.

Das Klären der aktuellen Bedürfnisse kann zunächst ein Umweg sein. Meistens investieren wir dabei Zeit, um dann effektiver weiterzukommen, so wie es bei einer Wanderung in unwegsamem Gelände hilft, innezuhalten und sich Überblick zu verschaffen.

Es macht Sinn, diese wertschätzende Beschreibung von (zunächst) Ungeliebtem vor allem auch bei der Selbstbeschreibung zu üben.

Übung Selbstannahme & Kompetenz

Idee: Paul Lahninger
Absicht: sich ungeliebte Impulse vertraut machen
Arbeitsform: Selbstreflexion oder Interview
Dauer: 10 bis 15 min pro Person

Kompetenz beginnt mit der Annahme der eigenen Grenzen

These: **Was ich in mir bekämpfe, dem gebe ich noch mehr Macht.**
Was ich mir aneigne, das stärkt mich.

Jeder Mensch, so erlaube ich mir anzunehmen, kennt in sich Impulse, Gewohnheiten, Gedanken, die unangenehm sind: Wir wollen etwas in uns nicht haben.

Wenn wir eine bestimmte Rückmeldung anderer als kränkend empfinden, kann dies ein Hinweis auf so eine „Schwäche" sein. In der folgenden Übung kannst du damit experimentieren, dieses Ungewollte willkommen zu heißen.

1. Erzähle von einer ungeliebten Eigenschaft / einem ungeliebten Impuls in dir:

2. Stell dir vor, dass dieser Impuls / diese Eigenschaft als Kind vor dir steht. Was würde es sagen:

3. Was könntest du zu dieser Eigenschaft sagen, um mit ihr in Dialog zu treten:

4. Welchen Wert / Nutzen / Sinn hat diese Eigenschaft für dich:

5. Mit welchen Worten kannst du deine ungeliebte Eigenschaft würdigen:

6. Wie kannst du diesen Nutzen auch auf anderem Weg erreichen:

Widerstände beachten und nutzen

Idee: Paul Lahninger, erweitert nach: leiten, präsentieren, moderieren, Münster 2003, S 103
Absicht: Handlungsalternativen bei Motivationskonflikten im Team finden
Arbeitsform: Einzelarbeit oder Paarinterview
Dauer: 30 – 60 Min.

Jeder Widerstand zeigt ein menschliches Bedürfnis, will etwas Gutes. Meist reagieren wir in Leitungs- und Führungsrollen mit Verstärkung der Initiative: Wir werben, setzen Ziele, fordern ... Es kann sein, dass auf diese meine verstärkte Initiative der Widerstand der Gruppe zunimmt. Hier eine wichtige Alternative:

Mit dem Widerstand arbeiten heißt,
diesen ehren, achten und ihm Raum geben

Widerstände analysieren

Ich nehme Widerstand wahr: ....

In welchen – auch unausgesprochenen – Worten äußert sich das: ....

Für welche Bedürfnisse steht der Widerstand: ....

Welche Bedürfnisse werden als beeinträchtigt erlebt: ....

Was ist das Gute, das der Widerstand erreichen möchte: ....

Mit dem Widerstand arbeiten

Wie kann ich die Widerstand-Bedürfnisse ehren und achten, ihnen Raum geben: ....

Paradoxerweise machen Leitende oft die Erfahrung, dass es ihnen leichter fällt auf abweichende Bedürfnisse einzugehen, wenn sie gut vorbereitet sind.

Sicherheit erleichtert Gelassenheit und erweitert den Spielraum.

Widerstände nutzen

5 Analyse Beispiele

Sie können die Spalten bis auf die Sprechblasen abdecken, um zuerst eigene Ideen zu sammeln.

Widerstand	Das Gute im Widerstand	Angebote, den Widerstand zu nutzen	Impulse, die Initiative zu stärken
Am Abend freut's mich nicht mehr, mich auch noch anzustrengen!	❑ Mit Energie haushalten. ❑ Wunsch nach Entspannung ❑ Selbstbestimmung über Lern- / Arbeitszeiten.	❑ Thema Energie / Aufmerksamkeitskapazität ansprechen. ❑ Entspannungsübung anbieten, locker, lustig: erholsam beginnen. ❑ Auswahlmöglichkeiten anbieten.	❑ anregende Vorschau. ❑ Herausforderungen methodisch lustvoll anpacken
Ich merk mir nur das, was ich im Beruf brauchen kann!	❑ Konzentration auf Wesentliches, entschiedene Nutzenorientierung, Transferbemühen. ❑ An Praxisbeispielen der Teilnehmer-Innen arbeiten.	❑ Zeit für persönliches Sammeln.	❑ zu Visionen der Weiterentwicklung anleiten ❑ persönliches Wachstum und vielseitigen Nutzen ansprechen
Ich hab schon so viel gelernt in meinem Leben, jetzt reicht's!	❑ Kompetenz-Bewusstsein ❑ Sicherheitsbedürfnis ❑ Abgrenzungswunsch	❑ Wertschätzung vermitteln. ❑ Mit vertrauten Methoden und Themen einsteigen. ❑ Thematische Richtlinien gemeinsam entscheiden.	Chance neuer Herausforderungen und Bedeutung fortwährender Veränderung betonen.
5 Jahre vor der Pension lass ich mich nicht mehr hetzen!	❑ Ruhebedürfnis ❑ Wunsch, zu ernten, abzuschließen ❑ Gelassenheit, überlegt handeln. ❑ Selbstbestimmung	❑ Spezielle Aufgaben übertragen. ❑ Wertschätzung, Anerkennung, Einsatz, z.B. bei Einschulung anderer. ❑ Hohe Autonomie in Einteilung der Arbeitszeiten übertragen.	❑ Zu Endspurt auffordern. ❑ Klare neue Anforderungen vereinbaren. ❑ Neue (kleine) Ziele aushandeln.
Von Außenstehenden lass ich mir nichts sagen. Wenn wir, die Fachleute, hier nichts weiterbringen konnten, wird uns ein Berater auch nicht helfen können!	❑ Wunsch nach eigenständiger Lösungskompetenz. ❑ Bewusstheit eigener Erfahrung und der Bedeutung der Innensicht Betroffener. ❑ Notwendigkeit von Nähe, Verständnis, sich Einlassen der Berater wird betont.	❑ Begleitung, Moderation eigenständiger Lösungsprozesse. ❑ Erfahrungen sammeln und visualisieren. ❑ Zuhören und Zeit lassen	Chancen der Distanz, Außensicht demonstrieren.

DIE KLARE LEITUNGSROLLE GIBT HALT

Die eigene Autorität bejahen

Für jede Leitungsfunktion gilt die Grundtendenz der Macht: Macht wird zugeschrieben, erwartet, übergeben.

Entschiedene, eindeutig deklarierte Führung gibt Orientierung und beugt dem Entstehen gewisser Widerstände vor: Die Herausforderung für Leitende ist, eine angemessene Form zu finden Macht zu leben.
Auch wenn Beteiligte sich gegen Machtzuschreibung wehren, orientieren sie sich an dieser Macht. Paradoxerweise gibt gerade der Kampf gegen die Leitung ihr indirekt Bedeutung: Man wehrt sich gegen etwas, weil es wichtig ist.
Sehr treffend beschreibt das folgende Zitat Gegenabhängigkeit von Macht: *„Erwachsen ist, wer etwas tut, obwohl Mutter das immer so wollte."*

Praxisbeispiel

Machtorientierung

Ein Phänomen, das ich im Sinne dieser reflexartigen Machtorientierung deute:
In meinen Seminaren lade ich auf das Seminar-Du ein, und dies wird immer angenommen. Hin und wieder passiert es jedoch, dass ich mit einem Teilnehmer spreche, diesen mit Du anspreche und er spricht mich mit Sie an. Meine Frage, ob er lieber beim Sie bleiben wolle, verneint er und erklärt, dass ihm das „Sie" nur so rausgerutscht sei.

➡ Machtzuschreibung

Die meisten von uns haben viele Jahre lang als Kinder und Jugendliche erlebt, dass die Kleinen die Großen mit Sie anreden und die Großen die Kleinen mit Du.
Viele Menschen schreiben auch äußeren Faktoren wie Alter, Geschlecht, Körpergröße, körperliche Attraktivität mehr oder weniger Macht zu, z.B.: Ein großer, kräftig gebauter Mann mittleren Alters mit tiefer Stimme hat oft einen Startvorteil sich durchzusetzen.

Diese Orientierung an der Machtzuschreibung sagt wenig darüber aus, wie viel Einfluss ich hier und jetzt tatsächlich habe, und ob ich mich in einer konkreten Situation durchsetzen kann.
Das ist mehr eine Frage meiner Kompetenzen und Energien, die sich z.B. in Entschiedenheit zeigt.

Ich gehe jedoch davon aus, dass meine Worte von vorn herein ein anderes Gewicht haben, wenn ich eine Leitungsfunktion ausübe.

Als Leiter-In stehe ich gewissermaßen in einem **Kraftfeld aus 3 Komponenten**:

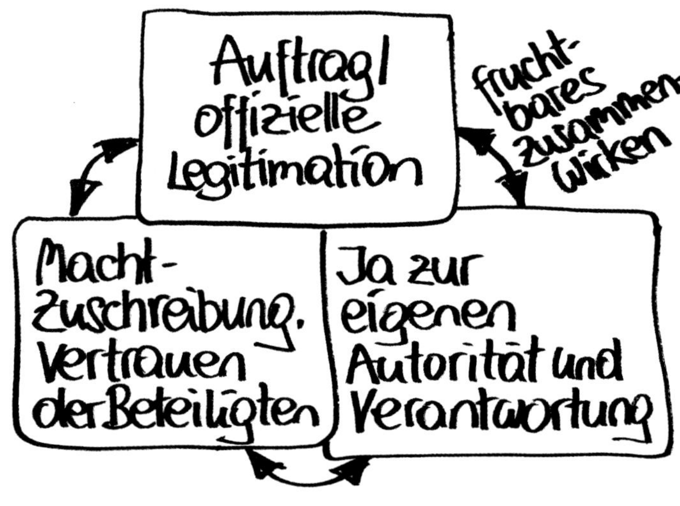

Im Wechselspiel dieser verschiedenen Zuschreibungen und Erwartungen lebe ich meine Kompetenz, mein Vertrauen und meine Wertschätzung.

Kompetenz im Leiten lebe ich gerade in herausfordernden Situationen durch eindeutige Übernahme einer bestimmten Aufgabe: Ich übernehme situativ eine konkrete Rolle.

Funktionen und Rollen unterscheiden

nach Pechtl, Waldefried: Zwischen Organismus und Organisation, Linz 1991

In der Arbeit mit Menschen macht es Sinn, zwischen dem offiziellen Auftrag und der situativ gelebten Rolle zu unterscheiden. Verschiedenste Rollen stehen uns zur Verfügung und Rollenwechsel machen uns effektiver. Rollen-Unklarheit führt auch oft zu Widerstand.

Funktion

▶ Die Tätigkeitsbeschreibung im Sinne des offiziellen Auftrags nennen wir **Funktion**. ■

Hier eine Beschreibung von Funktionen im Sinne des Themas Motivation:

Führungskraft: Offiziell deklarierte Führungsverantwortung, häufig mit Titel (z.B. Direktor, Abteilungsleiter-In).

Lehrbeauftragte: Lehrer-, Trainer-, Dozent-Innen

Moderator-In: Begleitet zielorientierte Gesprächsprozesse, *ohne* inhaltlich beizutragen

Coach und Supervisor-In: Begleitet bei persönlicher Lösungsfindung

Team-Mitglied: Wirkt mit, trägt bei.

Psychotherapeut-In: Begleitet die persönliche Auseinandersetzung mit eigenen inneren Konflikten, oft mit Methoden zur Aufarbeitung der persönlichen Lebensgeschichte und unter Beachtung unbewusster Anteile.

Rolle

▶ Die methodische, persönliche oder gruppendynamische Art und Weise, in der wir aktuell tätig sind, nennen wir **Rolle**. Diese formen wir aus unseren Kompetenzen und Selbstbeschreibungen, sowie aus den Erwartungen und Zuschreibungen anderer. ■

Rollen können wir situativ wechseln.
Diese **Rollenvielfalt** erhöht wesentlich unsere Wirksamkeit.

- ❑ Eine Führungskraft kann *coachend* leiten – also die eigene Lösungssuche und Entscheidungsfindung der Teammitglieder begleiten.
- ❑ Ein Teammitglied kann *führen* – mit Initiative mitreißen und Aufgaben zuteilen.
- ❑ Lehrbeauftragte werden oft *moderieren* – das selbst bestimmte Gespräch der Lernenden methodisch leiten.

Rollenwechsel

Die Kompetenz, Rollen situativ zu wechseln und dies auch offen zu kommunizieren wird Zusammenarbeit erleichtern:

Rollenklarheit stärkt wirksame Zusammenarbeit.

Praxisbeispiel

Moderation

Ein Teammitglied übernimmt die Rolle der Moderation und leitet den Zielfindungsprozess. Da das Mitglied jedoch auch das Ergebnis mittragen wird, möchte es einen eigenen Diskussionsbeitrag einbringen.
Wenn dieser Beitrag aus der Rolle der Moderation kommt, kann Widerstand auftauchen, aus Angst, dass dieser Beitrag mehr Gewicht bekommen könnte als ihm zusteht, insbesondere dann, wenn das Teammitglied vorne stehend von der Pinnwand aus zu den Sitzenden spricht. **Rollenwechsel** kann hier bedeuten zu sagen: „Ich verlasse jetzt die Rolle der Moderation, um selbst mitzudiskutieren." oder nonverbal: Ich setze mich in die Runde der Teammitglieder, erkläre meine Sicht und stehe für die weitere Moderation dann wieder auf.

Praxisbeispiel

Führungskraft

Ein Mitarbeiter fragt die Führungskraft, wie er den Auftrag ausführen soll, die Führungskraft möchte coachend begleiten.
Wenn coachendes Führen im Team noch wenig vertraut ist, kann die Führungskraft erklären: „Mir ist wichtig, dass Sie mehr und mehr Entscheidungen selbst treffen und selbständig arbeiten. Ich möchte Ihnen bewusst nicht vorgeben, wie Sie diese Aufgabe ausführen sollen. Mich interessiert viel mehr, welche Ideen Sie selbst haben."

Dieser bewusste **Rollenwechsel** wird meist genügen, um den Widerstand abzufangen, den viele Führungskräfte im Team erleben, wenn sie ihren Führungsstil weiterentwickeln und unerwartet coachend führen. Der Widerstand sagt: „Es ist doch Aufgabe der Führungskraft, Entscheidungen zu treffen, weiß sie selbst nicht weiter?" Dieser Widerstand drückt das Bedürfnis nach Sicherheit durch starke Führung aus, und damit den Wunsch, eigenes Risiko, eigene Fehler zu vermeiden.

Praxisbeispiel

Lehrbeauftragte

Lehrbeauftragte werden häufig zwischen der Rolle des Vortragens, der Moderation und der Rolle der coachenden Lernbegleitung wechseln. Widerstand in der Gruppe kann auch ein Zeichen dafür sein, dass Rollen vermischt wurden, oder der **Rollenwechsel** nicht nachvollzogen werden kann.

➠ **TIPPS**

- ❑ Wenn ich eine Diskussion der Lernenden moderiere, vermeide ich, die Beiträge laufend als Experte zu kommentieren – dies kann leicht als Besserwisserei, als Abwertung empfunden werden. Wenn ich meine eigene Erfahrung einbringen möchte, dann warte ich, bis die Lernenden ihre eigenen Gedanken geäußert haben und ergänze diese bei Bedarf erst danach.
- ❑ Wenn ich coachend dazu einlade, persönliche Ziele im Sinne des Gelernten zu formulieren und Umsetzung sowie weitere Lernschritte zu planen, dann ist jede Beurteilung oder Korrektur durch mich eine Störung dieser persönlichen Prozesse. Dies kann sogar dazu führen, dass Einzelne mir das Vertrauen entziehen. Dieser Widerstand schützt die persönliche Autonomie: Was jede Person außerhalb des Seminars aus dem Gelernten macht, ist ausschließlich ihre eigene Entscheidung.

Rollenerwartungen

Widerstände können auftauchen, wenn die Erwartung an das Rollenverhalten der Leitung nicht erfüllt wird. Das kann ein Impuls sein, Erwartungen und Rollenverhalten zu klären und bei Bedarf auch neu abzustimmen. Besonders bei wenig formal geregelten Funktionen ist Widerstand auf unerwartetes Verhalten wahrscheinlich.

- ❑ Ein neuer Projektleiter versucht ein privates Problem, das die Arbeit behindert, zu „coachen" – die „gecoachte" Person erlebt das als Übergriff.
- ❑ Ein spontan gewählter Moderator gibt einen Arbeitsauftrag, der über das angedachte Diskussionsthema hinausgeht – einige verweigern diese „Zusatzaufgabe".
- ❑ Ein Teammitglied übernimmt die Führung – andere wehren sich dagegen.

Auch der Rollenwechsel von der Lernbegleitung zur Leistungsbeurteilung kann Motivationskonflikte bewirken:

- ❑ Ein engagierter Lehrer hat diesen Rollenwechsel so formuliert: „Nach einem Jahr Zusammenarbeit, in der ich begleite und berate, muss ich zum Wegelagerer werden, der die Kinder aufhält und denen das Weitergehen verwehrt, die nicht genug wissen, um aufzusteigen."

Hier eine Übersicht über die üblichen Aufgaben, die Leitende auf Grund ihrer Funktion wahrnehmen:

Funktionen und Aufgabenfelder

Die Aufgebenfelder je Funktion sind mit Punkten markiert!
Hinweis: Der schwarze Punkt ● bedeutet „erwartete Hauptaufgabe", Kreise ❍ bedeuten „weitere mögliche Aufgaben".

Funktion	**Forderungen** stellen **Aufträge** erteilen und beurteilen	**Informationen** geben, vortragen	**Gespräche** moderieren	**Lösungs- und Zielfindung** coachend begleiten	**Aufarbeitung** innerer Konflikte begleiten	**Unbewusste Anteile,** Lebensgeschichte einbeziehen
Führungskraft	● Im Arbeitsprozess	fallweise	❍	je nach Kompetenz der Führungskraft ❍ in einem kompetenten Team		
Lehrbeauftragte	❍ eher nur im Ausbildungsprozess	●	●	❍	fallweise je nach Kompetenz und Auftrag	
ModeratorIn			●	❍		
Coach SupervisorIn			❍ im Team-Coaching	●	●	kaum
Psycho-TherapeutIn				❍	●	●
Team-Mitglied	❍	❍	❍	❍		
	Je nach Kompetenz und Auftrag durch das Team oder wenn die Führung diese Verantwortung delegiert					

Rollen klären – konkrete Tipps!

Nur fallweise werden die zu einer Funktion gehörigen Rollen gemeinsam geklärt. Wenn wir uns jedoch Zeit nehmen dafür, legen wir gemeinsam Rahmenbedingungen fest, fördern Vertrauen und beugen gewissen Widerständen und Konflikten vor.

In jeder Leitungsfunktion kann ich erklären, wie ich meine Aufgabe verstehe, welche **Verhaltensweisen** ich meiner Funktion zuschreibe und welche Ergebnisse angestrebt werden. Auch schriftliches Festhalten kann sehr hilfreich sein.

Beispiele

Aufträge erteilen

- ❏ „Ich wünsche mir / ich erwarte mir, dass Sie selbstständig arbeiten, die Ergebnisse selbst überprüfen und mir bis Freitag per E-Mail mitteilen."
- ❏ „Euer Auftrag besteht darin, dieses Projekt bis ... durchzuführen. Ich berate euch gerne, wenn ihr Unterstützung braucht. Die folgenden Kriterien sind als Bedingung für einen positiven Abschluss wichtig."

Informieren

- ❏ „Ich werde etwa 20 Minuten lang Details zum Thema .... referieren. Bitte merken Sie sich Ihre Fragen vor, danach gehe ich gerne auf diese ein."
- ❏ „Ich bin eure Vortragende, meine Aufgabe ist, euch über ... zu informieren. Gerne könnt ihr mich unterbrechen, wenn ihr Fragen habt."

Moderieren

- ❏ „Als Gesprächsleiter achte ich auf die Reihenfolge der Wortmeldungen. Mein Wunsch ist, dass alle hier zu Wort kommen."
- ❏ „Ich habe Methoden für euren Entscheidungsprozess vorbereitet. *Ihr* gestaltet die Inhalte, *ich* gestalte den Ablauf dieser Klausur. Ich bitte um euer Vertrauen für diese Leitungsaufgabe."

Coachen

- ❏ „Ich werde Ihnen eine Reihe von Fragen stellen, um Sie zu unterstützen, Ihr Anliegen umzusetzen. Sie selbst entwickeln Ihre Ideen, ich bin *nur* Ihr Begleiter."
- ❏ „Ich schlage vor, du sammelst möglichst viele Ideen, wie du hier weiterkommst. Ich selbst werde diese nicht kommentieren, die Entscheidung soll ganz bei dir liegen."

Psychotherapie

- ❏ „Mein Beitrag ist, dass ich zuhöre und Ihnen Methoden anbiete, auch unbewusste Aspekte einzubeziehen."
- ❏ „Entspann dich und lass deinen Gedanken freien Lauf. Was immer du mitteilen magst, kannst du sagen. Ich werde einfach zuhören und dich ermutigen weiterzusprechen."

Grenzüberschreitungen

Ein plausibler Grund für Widerstände ist, wenn die Leitung Verhaltensweisen wählt, die ihr „nicht zustehen".

Da diese Grenzen selten abgesprochen oder ausgehandelt sind, beziehen sich die Beteiligten jeweils auf ihre eigene Vorstellung von angemessenem Verhalten. Diese Vorstellungen sind wesentlich geprägt von bisherigen Erfahrungen und der Beziehungsgeschichte der Beteiligten. Wenn ich als Leiter vermute, dass die Erwartungen anderer meiner Vorstellung widersprechen, ist Klärung besonders wichtig.

In unterschiedlichsten Situationen habe ich jedoch schon erlebt, dass Leitende Verhaltensweisen wählen, die weit von der üblichen Funktionsbeschreibung abweichen, z.B.:

- ❏ Führungskräfte versuchen ungefragt private Problemlösung zu begleiten.
- ❏ Psychotherapeut-Innen beurteilen (womöglich noch mit Schulnoten!).
- ❏ Coaches versuchen zu belehren.
- ❏ Moderator-Innen mischen mit, um ein bestimmtes Ergebnis zu erreichen.

Dabei hatte ich oft den Eindruck, dass die beteiligten Personen das gar nicht bewusst wahrgenommen haben. Es blieb oft ein unangenehmes Gefühl, dass etwas nicht stimmt.

Widerstand wird dann möglicherweise bei anderen, oft nebensächlichen Anlässen gelebt.

So kann Widerstand Anlass geben, das eigene Leitungsverhalten zu prüfen.

Chance und Falle der Erwachsenenbildung

„(Fast) alles ist möglich!"

Lehrbeauftragte bewegen sich im gesamten Spektrum der Verhaltensweisen: In der Ausbildungsleitung von Lehrgängen mit zertifiziertem Abschluss können Sie Aufträge erteilen, kontrollieren und beurteilen. In Selbsterfahrungs-Seminaren ist psychotherapeutisch fundierte Begleitung von Prozessen angemessen. Dazwischen liegt die ganze Bandbreite von Vortragen, Moderieren und Coachen.

So sind Trainer-Innen auch ganz besonders gefordert ihr Angebot klar zu formulieren und „vertraglich" zu vereinbaren.

Es erleichtert die Arbeit, wenn methodische Wege, das Selbstverständnis des persönlichen Zugangs, klare Ziele und auch konkrete Arbeitsschritte offen deklariert werden.

Die eigene Bewusstheit des Rollenwechsels, z.B. vom Vortragenden zum Moderator, stärkt meine Kompetenz und Handlungsfähigkeit. Ich erlebe auch, wie sehr es geschätzt wird, wenn ich immer wieder vor einem Arbeitsschritt meine Absicht und meine Rolle darstelle.

Dies kann in kurzen Sätzen sehr flüssig passieren.

Zum Beispiel

moderierend: „Bevor ich meine Thesen zum Thema präsentiere, lade ich euch ein, eigene Standpunkte zu besprechen. Ich bitte euch reihum um je einen Beitrag. Ich werde alle diese Gedanken aufschreiben, ohne dies zu kommentieren."

coachend: „Nur jede Person selbst kann entscheiden, welche Idee sie in der nächsten Zeit umsetzt. Dabei gibt es kein Richtig und Falsch. Für diese persönliche Bearbeitung hab ich ein paar Fragen vorbereitet, die ich für hilfreich halte."

fordernd: „Kriterium für den Lehrgangsabschluss ist eine Projektarbeit, die konkrete Umsetzung von Gelerntem dokumentiert. Bitte schickt mir diese bis eine Woche vor dem Abschluss-Seminar. Nur so kann ich sie lesen und euch meine Rückmeldung geben."

„Ich fühl mich verantwortlich für die Ziele, die ich angekündigt habe. Ich bitte, die Diskussion jetzt zu beenden, bzw. auf den individuellen Austausch auf den Abend zu verschieben. Ich möchte jetzt das nächste Thema präsentieren."

Teams leiten: von innen – von außen

Das Wort Team wird sehr viel verwendet. Politiker, Unternehmer, Dienstleistungsbetriebe: alle sprechen von ihrem „Team". Oft wird der Begriff Team als Bezeichnung für die Summe der Angestellten verwendet.

Eine Gruppe ist noch kein Team

Eine Seminargruppe ist nur selten ein Team: Es gibt normalerweise keine gemeinsame Verantwortung für ein Ergebnis, sondern individuelle Lernschritte. In Gruppenarbeiten innerhalb des Seminars bilden sich kleine Teams, wenn diese für ein Zwischenergebnis *gemeinsam* verantwortlich sind. ■

Team

Wenn wir in Teamentwicklungsprozessen von einem Team sprechen, dann orientieren wir uns am Bild einer Gruppe von Menschen, die in einem klar abgesteckten Rahmen für eine gemeinsame Aufgabe vernetzt ist und für das Ergebnis *gemeinsame Verantwortung* trägt.
Diese gemeinsame Verantwortung ist die entscheidende Sache: Wo sich die Aufgabe Einzelner darauf beschränkt zuzuarbeiten und jede Person nur für das eigene Ergebnis verantwortlich ist, sprechen wir nicht von einem Team. ■

Wichtig für die Klarheit der eigenen Leitungs-Funktion ist die Frage, ob die leitende Person Teil des Teams ist oder außerhalb steht.

LEITEN

von außen

- ❏ externe Moderation
- ❏ Profi-Coach
- ❏ Trainer-Innen (tendenziell)

Eine **Lehrperson** leitet mehrere Teams von SchülerInnen, die im Projektunterricht jeweils gemeinsam Informationen zusammentragen, bearbeiten und präsentieren.

Die Lehrperson leitet von außen
Sie initiiert und unterstützt Teamprozesse ohne Teil des Teams zu sein, kontrolliert, nimmt Ergebnisse entgegen und beurteilt diese. (Funktionale Macht)

von innen

Moderation durch gleichrangige Person im Team

Ein **Initiator** einer Marketinggemeinschaft gleichberechtigter Unternehmer engagiert sich für die Vernetzung, für gute Kommunikation und koordiniert die Entscheidung um gemeinsame Marketing-Investitionen.

Der Kollege als Initiator leitet von innen
Gleichermaßen verantwortliche Teammitglieder, Kommunikation auf einer Ebene, keine funktionale Macht. Einfluss nur über soziale Kompetenz, z.B. Überzeugungskraft, Begeisterung.

Führungskräfte zwischen beiden Polen

- ❏ Wenn Sie als Führungskraft die Verantwortung an das Team delegieren und coachend und unterstützend führen, leiten Sie von außen.
- ❏ Wenn Sie gleichermaßen mitarbeiten und Entscheidungen dem gesamten Team überlassen und selbst mit abstimmen, leiten Sie von innen.

Es kann hilfreich sein, sich immer wieder mal bewusst zu machen, dass manche Entscheidungen besser von der Führungskraft allein getroffen und verantwortet werden – auch unter Einbeziehung des Teams als beratende Instanz.

- ❏ Die gesamte Verantwortung dem Team zu überlassen kann manchmal mühsamer sein und möglicherweise eine Flucht vor Verantwortung bedeuten.
- ❏ Auch ist es ungünstig funktionale Macht als Führungskraft (Entlassung, Versetzung, Gehaltserhöhung) um der Kollegialität willen zu verstecken.
In dieser funktionalen Macht und in der Kontrollfunktion führt eine Führungskraft ihr Team von außen: Sie ist dann nicht Teil des Teams.
In dieser Verantwortung achten wir auf die Bedürfnisse der Beteiligten und wählen passende Interventionsformen, wenn uns eine Wortmeldung als Widerstand erscheint.

BAUSTEIN 2
INTERVENTIONEN TRAINIEREN

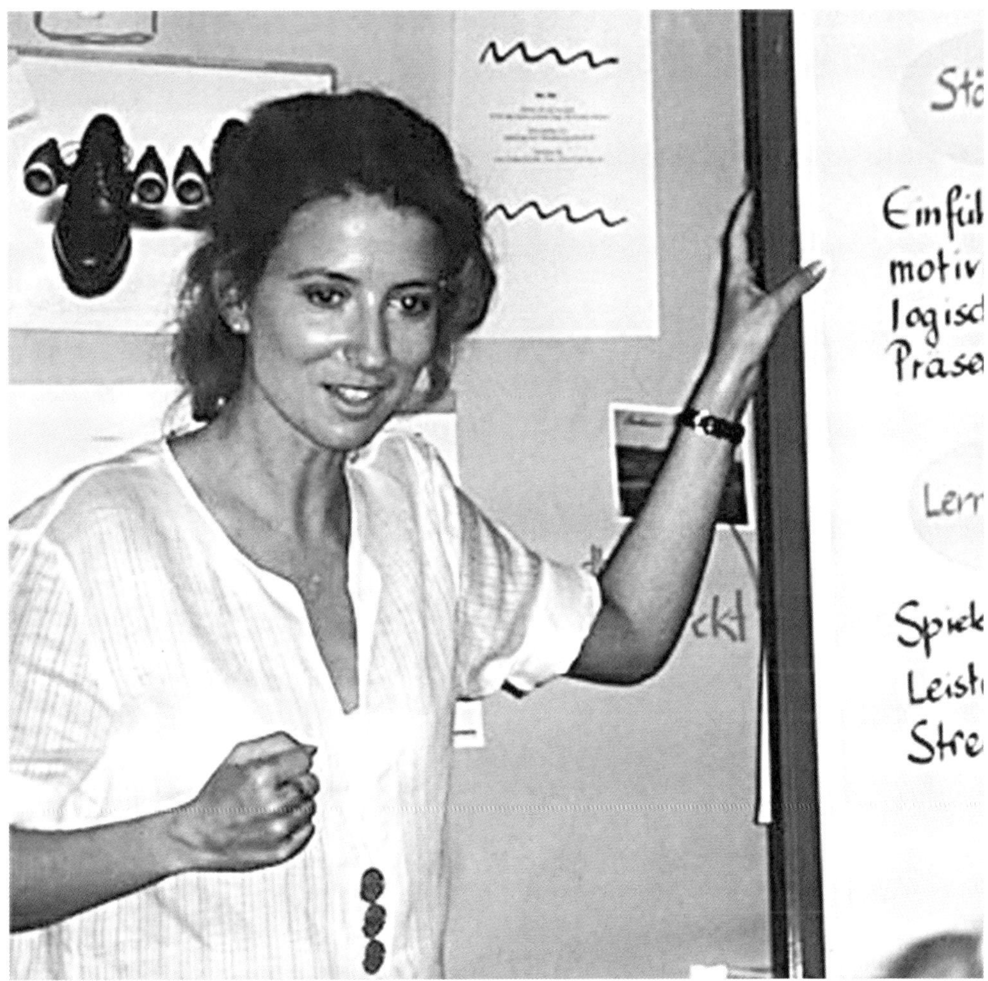

Sie trainieren Interventionsmöglichkeiten an authentischen Praxisbeispielen. Sie erweitern Ihr Repertoire an Lösungsbildern für herausfordernde Situationen und erhalten Orientierungshilfen für die Wahl passender Interventionen.

Was tun Sie, wenn …?

Die Spannweite erfolgreicher Interventionen und Nicht-Interventionen

Interventionstechniken

Einfühlen – Versachlichen – Abgrenzen

Interventionstechniken als Gesprächsbausteine

Mit Motivation und Widerstand in Dialog treten

Spielräume ausweiten

Konkrete Praxis – Beispiele für Ihr Training

Interventionen situativ auswählen:

Was sage ich wann zu wem?

Widerstände als das sehen, was sie sind

Nicht persönlich nehmen!

WAS TUN SIE, WENN ...?

Die Spannweite erfolgreicher Interventionen und Nicht-Interventionen

Weiterentwicklung bedeutet Spielräume erweitern, zusätzliche Möglichkeiten dazu gewinnen. Ungenutztes entdecken und entfalten.

Aufgabe einer Führungskraft ist, für Gestaltung der Arbeitsabläufe zu sorgen und in diesem Sinne zu führen. Es ist nicht Aufgabe einer Führungskraft in privaten Bereichen weiterzuhelfen, sofern darüber kein Einverständnis besteht. Natürlich kann eine Führungskraft ihre Sorge aussprechen, wenn durch private Vorgänge die Arbeitsfähigkeit gefährdet scheint.

Praxisbeispiel

„Zwangseinweisung" – direktiv führen

Führungskraft A übernimmt eine Abteilung. Ein Mitarbeiter hat schwere Alkoholprobleme. Als nach einigen Gesprächen keine Verbesserung des Zustandes sichtbar wird, entschließt sich A, den Alkoholiker vor die Wahl zu stellen, sich in eine Entziehungsanstalt einweisen zu lassen oder fristlos entlassen zu werden. Der Mitarbeiter beschimpft die Führungskraft und geht, knallt die Tür hinter sich zu und erscheint nicht mehr zur Arbeit...
Zwei Jahre später kommt ein Mann ins Büro der Führungskraft, bringt einen Blumenstrauß und bedankt sich: „Ihre Entschiedenheit hat mich gerettet, auch meine Ehe war knapp vor dem Zerbrechen. Die Entziehungskur war der einzig richtige Weg." Da erst wird der Führungskraft bewusst, dass der ehemalige Alkoholiker nun völlig verändert vor ihr steht. [1]

Praxisbeispiel

„Bitte keine Vorinformation" – sich offen zuwenden

Führungskraft B übernimmt eine neue Abteilung. Kollegen warnen sie: „Da ist ein Querulant im Team."
„Stopp!", sagt die Angesprochene, „ich möchte nichts davon wissen. Ich möchte unvoreingenommen in die neue Aufgabe gehen."
Drei Monate später erzählt ein Mitarbeiter: „Bei meinem vorigen Chef hatte ich das Gefühl, ich passe nicht ins Team, wäre ein schwieriger Mensch. So wie Sie das Team leiten, kann ich mich gut einbringen!" Da wird der Führungskraft bewusst, dass dies der Mann sein müsse, vor der sie gewarnt worden war. Sie hatte völlig vergessen, dass ein Querulant im Team sein sollte.

➠ Entschiedenes Durchgreifen oder unvoreingenommene Offenheit?

Diese beiden authentischen Beispiele zeigen, dass entschiedenes Durchgreifen so sinnvoll sein kann wie unvoreingenommene Offenheit, die Menschen so annimmt, wie sie sind – scheinbare Gegenpole?

Führungskompetenz umfasst beide Pole.

Je mehr Möglichkeiten ich habe, zu reagieren, je weiter die Spannweite meiner Interventionen, umso wahrscheinlicher kann ich in der jeweils einzigartigen Situation eine Form wählen, die angemessen ist.

Erfolgreich führen heißt: situativ angemessen führen

1 **Anmerkung:** Das Ansprechen von Suchtgefährdung wird schnell als Grenzüberschreitung empfunden. In dem zitierten Beispiel hat die scharfe Abgrenzung offensichtlich eine Krise bei dem Mitarbeiter ausgelöst, die dieser jedoch als Chance nutzen konnte. Respektvoll distanzierte und zugleich grundsätzlich wertschätzende Haltung begünstigt diese Chance. Wenn ich selbst schlechte Erfahrungen mit Sucht z.B. in der Herkunftsfamilie habe und meine Sorge begleitet wird von innerer Abwertung, dann ist es sehr schwierig, mit einer suchtgefährdeten Person ein hilfreiches Gespräch zu führen. Hier wird Coaching für meine Betroffenheit sinnvoll sein.

Übung Was tun Sie, wenn's stressig wird?

nach: Klaus Antons, Praxis der Gruppendynamik, Verlag für Psychologie, Zürich 1993, S. 145 ff

Sie erfahren Widerstände gegen Ihre Leitung – oft eine beachtliche Herausforderung!
Packen Sie's an!
Indem Sie sich in die unten beschriebene Situation hineinversetzen, können Sie sofort „mitspielen":
Welche Interventionen scheinen Ihnen sinnvoll, welche nicht?

Die Situation

Stellen Sie sich vor, Sie arbeiten in einem Trainerteam und leiten seit zwei Tagen ein Kooperationsseminar für Manager in einer großen Organisation. Dieses Seminar wurde gründlich geplant und mit einer differenzierten Konzeption entwickelt.
Das Gelingen dieses Seminars hat für das ganze Trainerteam große Bedeutung!
Das Seminar ist jetzt in einem schwierigen Stadium. Einige Gruppenmitglieder sind offensichtlich nur gekommen, um sich kritisch über Ihre Arbeitsfähigkeit zu informieren und arbeiten kaum mit. Die Stimmung ist gespannt.
In einer Feedback-Runde hat ein Teilnehmer Ihre Qualifikation in Frage gestellt.

Das Leitungs-Team, dem Sie angehören, ist verunsichert und berät in einer nächtlichen Sitzung, wie es sich verhalten soll. Es sind verschiedene Möglichkeiten gesammelt worden, wie das Seminar weiterzuführen ist.

Ihre Aufgabe

Erstellen Sie eine Rangordnung der **10** aufgezählten Lösungsmöglichkeiten:
Ordnen Sie **1** der Lösungsmöglichkeit zu, die Ihnen am geeignetsten erscheint, **2** der zweitbesten Lösungsmöglichkeit und so weiter bis **10**.
Machen Sie rasch, die Zeit drängt!

Rangordnung der Lösungsideen

☐ **A** **Die Gruppe entscheidet**
Die Entscheidung über den weiteren Seminar-Ablauf der Gruppe überlassen.

☐ **B** **Öffentliche Selbstkritik**
Das Leitungs-Team bekennt sich vor der Gruppe zu seinen Schwächen.

☐ **C** **Frei geben**
In Aussicht stellen bei guter Mitarbeit den Nachmittag frei zu geben.

☐ **D** **Literatur ausgeben**
Den Lernenden Übungsmaterial und Literatur anbieten.

☐ **E** **Konflikte benennen**
Die Konflikte benennen und diese zur Diskussion stellen.

☐ **F** **Wie geplant fortfahren**
Konsequente Durchführung der ursprünglichen Planung.

☐ **G** **Teilnehmende heranziehen**
Erfahrene Personen aus der Gruppe zur Mitarbeit heranziehen.

☐ **H** **500 Euro mehr**
500 Euro mehr fordern und in ein Selbsterfahrungs-Seminar umfunktionieren.

☐ **I** **Umgruppieren**
Kritische Personen in neue Arbeitsgruppen einteilen.

☐ **J** **Abbruch androhen**
Klarstellen, dass Sie das Seminar abbrechen, wenn diese Kritik nicht aufhört.

Auswertung Was tun Sie, wenn's stressig wird

Die folgende Rangordnung ist sicher nicht allgemeingültig, denn: Jede Situation ist einzigartig!

Es können daher lediglich Tendenzen über den Sinn und die vermutete Wirkung der Maßnahmen angeführt werden. Die Lösungsideen 1 bis 6 sind ansatzweise auch in dieser Reihenfolge denkbar.

Voraussichtlich effektive Maßnahmen

1 E **Konflikte benennen**
Ganz wesentlich ist offene Kommunikation. Das bedeutet hier, die Motivation und Mitarbeit anzusprechen. In einer kritischen Phase des Gruppengeschehens hilft „Metakommunikation" weiter: Die Frage stellen: „Warum läuft es nicht? Was behindert uns?"

2 F **Wie geplant fortfahren**
Das Seminar wurde gründlich geplant. Auch scheinen die Probleme nicht auf der Planungsebene zu liegen! Daher sachorientiert und zielstrebig weiterarbeiten! Vermutlich sinnvoll ist, zuerst die Konflikte zu benennen, dann zielstrebig weiterzuarbeiten.

Voraussichtlich weniger effektiv

3 G **Teilnehmende heranziehen**
Die Frage ist, welche Rollen die betreffenden Personen in der Gruppe spielen, wie viel Einfluss sie haben. Delegierte aus der Gruppe könnten ein Ansatz sein. Dafür brauchen sie jedoch einen Auftrag der Gruppe und entsprechende Aufarbeitungszeit danach.

4 A **Die Gruppe entscheidet**
Sofern dieser Entscheidungsprozess zur Diskussion der eigentlichen Probleme (der Motivation der Beteiligten) führt, könnte dies etwas bewirken. Im Übrigen ist es Sache des Leitungs-Teams, den Ablauf zu planen.

Vermutlich unwirksam

5 I **Umgruppieren**
Neue Kontakte und Austausch können beleben, kaum jedoch Distanz und Reserviertheit abbauen.

6 D **Literatur ausgeben**
Allenfalls eine kurzfristige Ablenkung. Zusätzlicher Input für Lernen in Eigenverantwortung macht Sinn, sobald die Gruppe (wieder) arbeitsfähig ist.

Vermutlich kontraproduktiv

7 J **Abbruch androhen**
Dies hört sich sehr nach gekränkter Hilflosigkeit an. Drohungen sind meist ungünstig. Der sinnvolle Anteil dabei wäre: Bedingungen für die Zusammenarbeit deklarieren. Die Drohung könnte eine provokante Intervention sein, um zur Diskussion der Konflikte (1/E) zu kommen. In einer schwierigen Situation sind Experimente jedoch besonders riskant.

8 B **Öffentliche Selbstkritik**
Die Schwierigkeit des Seminars liegt offensichtlich nicht in Schwächen des Teams. Eine gewisse Selbstkritik könnte ebenfalls ein Ansatz sein, um zu einem Gespräch auf der Meta-Ebene zu kommen.

Vermutlich völlig kontraproduktiv

9 C **Frei geben**
Eine willkommene Bestätigung für alle, die an den Fähigkeiten des Leitungs-Teams zweifeln.

10 H **500 Euro mehr**
Unseriös und höchstwahrscheinlich undurchführbar.

INTERVENTIONSTECHNIKEN

Einfühlen – Versachlichen – Abgrenzen

siehe auch: Paul Lahninger: leiten · präsentieren · moderieren, Münster 2003

Die folgende Übersicht stellt wesentliche Interventionstechniken im Detail dar. Dies sind Register meines Handelns. Die Darstellung ist als Orientierungshilfe dieser Möglichkeiten gedacht, ohne Anspruch auf Vollständigkeit. Gegliedert sind diese in **3 Tendenzen**:

versachlichen

einfühlen **abgrenzen**

Das **DU** steht im Mittelpunkt der Botschaft

- **aktiv zuhören**[1]
  Das Gehörte mit eigenen Worten wiederholen.
- **umformulieren**
  Das Gehörte in wertschätzenden oder lösungsorientierten Worten wiederholen.
- **fokussieren**
  Das Gehörte knapp zusammenfassen, meist einen Teilaspekt des Gehörten ansprechen.
- **nachfragen**[2]
  Um mehr Information als Hilfe für mein Verständnis bitten.
- **zirkulär fragen**
  Das Umfeld, andere Personen gedanklich einbeziehen.

Die **SACHE** steht im Mittelpunkt der Botschaft, die gemeinsame Lösung und damit das **WIR**.

- **thematisieren**
  Die Situation so darstellen, wie ich sie verstanden habe.
- **verhandeln**
  Lösungen für die unterschiedlichen Bedürfnisse suchen, auch Vorschläge machen.
- **delegieren**
  Die Beteiligten bitten, die Situation zu lösen, und dieses Gespräch moderierend unterstützen.

Das **ICH** steht im Mittelpunkt der Botschaft:

- **Gefühle ansprechen**
  Ich gebe Feedback, indem ich ausspreche, wie es mir geht.
- **appellieren / bitten**
  Mein Anliegen durch eine Bitte oder einen Appell darstellen.
- **konfrontieren**
  Meine Sicht darstellen, meine Rolle betonen, meine Entscheidung mitteilen.
- **Bedingungen stellen / fordern**
  Je nach Rolle / Funktion eine Durchsetzungsstrategie wählen, meine Grenzen klären.
- **provokativ antworten**
  Humorvoll herausfordern, um einen neuen Impuls zu geben.
- **paradox intervenieren**
  Bewusst das Gegenteil von dem vorschlagen, was ich möchte.

Orientierung
Verständnis schafft Vertrauen, stärkt Beziehungsqualität und fördert Lösungsfindung der Beteiligten.

Orientierung
Selbstorganisation der Beteiligten fördert Eigenverantwortung. Es ist sinnvoll vor diesen Interventionen mein Verständnis der Situation zu überprüfen, rückzufragen, z.B.: „Verstehe ich richtig, dass ...?"

Orientierung
Eindeutige, klare Führung gibt Halt. Auch vor diesen Interventionen ist aktives Zuhören sehr hilfreich, um mich in Wertschätzung abzugrenzen.

1 Aktiv zuhören fließt aus einer Haltung, in der ich interessiert bin die Welt der anderen Person zu verstehen, das Thema aus der Sicht der anderen zu betrachten. Aktiv zuhören kann ich als Zwischenschritt vor jeder anderen Situation nutzen, um mein Verständnis zu überprüfen.

2 Verständnisfragen sind oft problemorientiert. Vorsicht: In Fragestellungen schleichen sich gerne versteckte Vorwürfe ein. Zum Beispiel wird die Frage „Warum ärgerst du dich denn so?" die Botschaft enthalten: „Ich verstehe deinen Ärger nicht!"

Kerninterventionen

Die grundlegenden Techniken aus dieser Fülle sind folgende, oft auch sinnvoll in dieser **Reihenfolge**:

Beispiel

Sie leiten als Person A.

Eine Person B im Team sagt: *„Du überhäufst uns mit Arbeit, was sollen wir nicht noch alles tun?"*

1 aktiv zuhören
mein Verständnis überprüfen, dabei eventuell umformulieren

A: *„Das scheint dir jetzt zu viel?"*
B: „Genau ...!"

2 Feedback geben
Gefühle ansprechen

A: *„Ich schätze deinen Einsatz. Mich beunruhigt, wenn wir da jetzt nicht weiterkommen.*

3 Appell / Bitte aussprechen
mein Anliegen klären

„Bitte überleg, wie wir diesen Arbeitsschritt am besten hinbekommen.

4 thematisieren oder **delegieren**

„Entscheidet gemeinsam im Team, wie ihr diese Arbeit am besten aufteilt und welche Unterstützung ihr dafür braucht."

Oder:

Aktiv zuhören → Bitte aussprechen → Feedback

„Ich verstehe, dass du gerade sehr viel zu tun hast! → Bitte schau, wie du das noch hinbekommst. → Dieses Projekt hat für mich höchste Priorität."

Übung Interventionstechniken

Die Situation

In einem Training für Teams einer großen Non-Profit-Organisation gibt die Leitung die Arbeitszeiten vor: 9 bis 13 h, 15 bis 19 h.

Ein Teilnehmer: *„Erlaubt das die Gewerkschaft, dass wir so lange arbeiten?"*

Die Aufgabe

Sammeln Sie zuerst eigene Sätze, bevor Sie weiterlesen!

EINFÜHLEN
DU-Position

Mit dem Widerstand arbeiten, diesen als Ausdruck von Bedürfnissen beachten.

Aktiv zuhören

Umformulieren

Fokussieren

Zirkulär fragen

VERSACHLICHEN
Wir-Position

Die Beteiligten in die Lösungssuche einbeziehen und entscheiden lassen.

Thematisieren

Verhandeln

Delegieren an die Gruppe

ABGRENZEN
Ich-Position

Die eindeutige, klare Führung gibt Orientierung und Halt.

Eigene Gefühle ansprechen/ Feedback geben

Appellieren/Bitten

Konfrontieren

Fordern

Bedingung stellen

Humorvoll provokativ antworten

Paradox

Beispiele s

Interventionstechniken

In einem Training für Teams einer großen Non-Profit-Organisation gibt die Leitung die Arbeitszeiten vor: 9 bis 13h, 15 bis 19h.

Ein Teilnehmer: „Erlaubt das die Gewerkschaft, dass wir so lange arbeiten?"

Jeder der folgenden Sätze zeigt eine Möglichkeit unter vielen.

EINFÜHLEN	**DU-Position:** Die Botschaft als Ausdruck von Bedürfnissen beachten.
Aktiv zuhören	*„Sie meinen, das entspricht nicht dem üblichen Ausmaß an Arbeitszeit?"*
Umformulieren	*„Sie haben das Gefühl, das wird Ihnen zuviel?"*
Fokussieren	*„Sie möchten, dass wir die Zeiten ändern?"*
Zirkulär fragen	*„Welche Arbeitszeiten würde denn die Gewerkschaft vorschlagen?"*

VERSACHLICHEN	**WIR-Position:** Die Beteiligten in die Lösungssuche einbeziehen.
Thematisieren	*„Es gibt also Widerspruch zu diesem Vorschlag der Arbeitszeiten."*
Verhandeln	*„Gibt es noch andere, denen bis 19 h zu lange ist? Welche Regelung für die Arbeitszeiten schlagen Sie vor? Wir müssen in Summe 20 Stunden unterbringen."*
Delegieren an die Gruppe	*„Bitte entscheiden Sie gemeinsam, ob wir heute bis 18 h statt 19 h arbeiten und statt dessen morgen um eine Stunde früher beginnen."*

ABGRENZEN	**ICH-Position:** Durch eindeutige Führung Orientierung geben.
Eigene Gefühle ansprechen/ Feedback geben	*„Wenn Sie in so einer Sache die Gewerkschaft zitieren, fühle ich mich als Leiter in Frage gestellt." oder:*
	„Das klingt für mich, als müssten Sie gegen etwas kämpfen. Ich verstehe diese Heftigkeit nicht. Das irritiert mich."
Appellieren/Bitten	*„Die Arbeitszeiten sind mit Ihrem Schulungsreferenten abgesprochen. Ich bitte Sie heute um Ihr Engagement bis 19 h, auch wenn das eine ungewohnte Arbeitszeit ist."*
Konfrontieren	*„Das Seminar findet in Ihrer Arbeitszeit statt. Die Zeiteinteilung in dieser Form hat sich bewährt. Ich möchte bei dieser Regelung bleiben."*
Fordern	*Ich möchte inhaltlich arbeiten und nicht Arbeitszeiten diskutieren. Bitte akzeptieren Sie diese Vorgabe."*
Bedingung stellen	*„Um hier gut arbeiten zu können, brauche ich Ihre Bereitschaft zur Mitarbeit bis zur letzten Arbeitseinheit, auch wenn das nicht den Bürozeiten entspricht."*
Humorvoll provokativ antworten	*„Das heißt, ich muss mich jetzt auf Demos und Streiks gefasst machen?"*
Paradox	*„Dann schlage ich vor, dass Sie um die Zeit den Seminarraum verlassen, zu der Sie sonst Dienstschluss haben."*

TIPPS zur Klärung organisatorischer Fragen

Die Frage der Arbeits- und Pausenzeiten wird immer wieder mal ein Reibebaum.

Widerstandsmotive können dabei sein:

Selbstbestimmungsbedürfnisse
Der Wunsch mitzureden

Durchsetzungsbedürfnisse
Kräfte messen mit der Leitung

Gefühlsausdruck
Der Zeitplan als Aufhänger für das Abreagieren von Unzufriedenheit, die woanders entstand.

Kontinuität
Arbeits- und Pausengewohnheiten beibehalten

Beispiel:

Die Beteiligten scheinen nicht bei der Sache zu sein.

Ungünstige Interventionen

- ❑ *„Könntet ihr jetzt aufpassen?"*
- ❑ *„Geht das, dass ihr ruhig seid?"*
- ❑ *„Wenn ihr euch jetzt bitte konzentrieren würdet!"*
- ❑ *„Passt ihr dann auf?"*
- ❑ *„Ich hätte gerne etwas mehr Ruhe."*
- ❑ *„Jetzt seid doch endlich still!"*

In all diesen Sätzen schwäche ich meinen Wunsch durch Frage, Konjunktiv, Beschwichtigungen ab. Der ungeduldige Befehl wirkt abwertend: Klarheit und entschiedenes, direktes Ansprechen ist günstiger.

Kraftvoll und eindeutig wirkt die Aussage:
„Ich habe den Eindruck, ihr seid nicht mehr bei unserem Thema. Ich bitte euch um volle Konzentration, gutes Weiterkommen ist mir sehr wichtig."

TIPPS

In vielen Situationen ist es hilfreich

- ❑ **Zeitpläne** gleich mit der Vorvereinbarung über Ziele und Inhalte zu besprechen, und bei Bedarf Vorinformationen über gewohnte Regelungen einzuholen.
- ❑ **Infos** über die geplanten Arbeitszeiten bereits vor dem Zusammenkommen weiterzugeben.
- ❑ **Organisatorische Fragen** nicht sofort zu Beginn anzusprechen, sondern erst nach der ersten Arbeitseinheit: z.B.: *„In der ersten Stunde möchte ich die Ziele unserer Zusammenarbeit klären, einen inhaltlichen Überblick geben und einladen, mit dem Thema und den Personen hier in Kontakt zu kommen. Bewusst möchte ich die Arbeitszeiten und die Übersicht über den weiteren Ablauf erst nachher ansprechen, um den Zielen höchste Priorität zu geben."*
- ❑ **Die Zeiten**, wie auch weitere Regeln der Zusammenarbeit als Appell formulieren, z.B.: *„Ich bitte um Zustimmung zu folgendem Zeitplan."*
- ❑ Energie und Aufmerksamkeit auf **die Ziele** lenken und organisatorische Fragen zügig und emotionslos klären, z.B.: *„Wir haben einen Zeitplan gewählt, der am ehesten dem durchschnittlichen Tagesleistungsrhythmus entspricht und hoffen, dass dies allen entgegen kommt. Die wesentliche Frage ist, ob Sie sich mit dem Ziel identifizieren können. Nehmen Sie sich bitte kurz Zeit zu überlegen, ob Sie unsere Themensammlung noch durch Ihre persönliche Fragestellung ergänzen möchten."*

Abgrenzen ist etwas anderes als kämpfen

Praxisbeispiel

Ärger mitteilen

Im Lauf eines Teamgesprächs hat B eine Schwäche von A in einer Weise angesprochen, durch die sich A bloßgestellt fühlt.
Betrachten Sie das Gespräch aus der Perspektive von A.

Variante 1: kämpfen
Zunächst teilen Sie Ihr Gefühl mit, doch dann beginnen Sie zu kämpfen:

A: *„Deine Wortmeldung hat mich unangenehm berührt. Ich war ziemlich verärgert. Mir ist wichtig, dir das zu sagen."* (teilt ein Gefühl mit)

B: *„Ja, natürlich, aber Ärger kann eben sehr wichtig sein. Da steckt doch etwas dahinter, das du aufarbeiten kannst. Schau doch mal hin, was das ist ..."* (belehrend)

A: *„So schnell ärgere ich mich nicht.* (Rechtfertigung) *Das war einfach nicht ok von dir, so etwas zu sagen."* (verallgemeinernde Feststellung)

B: *„Ich finde, jeder sollte zu seinen Fehlern stehen."* (belehrend)

A: *„Ich hab deine Fehler auch nicht vor dem Team breitgetreten. Außerdem weißt du genau, wie schwierig das für mich war."* (indirekter Vorwurf / Rechtfertigung)

B: *„Aber ich hab´ doch nur erklärt, wie das abgelaufen ist. Wenn dich das so ärgert, wird schon was dran sein. Denk doch mal darüber nach."* (Rechtfertigung/Verallgemeinerung/ subtiler Vorwurf: „Du denkst nicht nach!")

A: *„Es ist wieder typisch für dich, dass du mir die Schuld in die Schuhe schiebst. Ich finde das total überheblich von dir."*
(Abwertung / Gegenangriff)

B: *„Wenn du dich so ärgerst, kann man nicht mehr vernünftig reden mit dir. Du hast da echt ein Problem."* (verallgemeinernde Abwertung und Vorwurf)

A: *„Du kannst mich mal!"* (offene Eskalation)

➡ **Kämpfen/rechtfertigen**

Auch wenn die Reaktionen von A verständlich sind: jede Rechtfertigung gibt B neue Munition für weitere Belehrungen und Abwertungen.

Ich erlebe, dass viele Menschen unabhängig von ihrem psychologischen Wissen und ihrer Leitungskompetenz immer wieder in solch ineffektive Gespräche geraten, mit mehr oder weniger heftiger Eskalation. Rechtfertigungen enthalten die Botschaft: „Sieh doch ein, dass ich gut bin!" Dies ist der Ruf des gekränkten Selbstwertes.

Variante 2: abgrenzen

Zunächst teilen Sie Ihr Gefühl mit, doch dann grenzen Sie sich ab.

A: *„Deine Wortmeldung hat mich unangenehm berührt. Ich war ziemlich verärgert. Mir ist wichtig, dir das zu sagen."* (teilt ein Gefühl mit, wie oben)

B: *„Ja, natürlich, aber Ärger kann eben sehr wichtig sein. Da steckt doch etwas dahinter, das du aufarbeiten kannst. Schau doch mal hin, was das ist ...."* (belehrend, wie oben)

A: *„Ich möchte jetzt nicht über solche Hintergründe reden, ich möchte nur sagen, dass mir das unangenehm war."* (abgrenzen / Bedürfnis aussprechen)

B: *„Ja, aber verstehst du denn nicht, was ich damit sagen wollte?"* (abwertende, suggestive Frage)

A: *„Mag sein, dass ich dich nicht verstehe. Für mich war es unangenehm. Ich möchte nur, dass du das weißt."* (abgrenzen)

➡ **Abgrenzen**

Abgrenzen gelingt, indem wir:

- ❑ auf Rechtfertigung verzichten
- ❑ keinesfalls einen Gegenangriff starten
- ❑ einfach beim eigenen Anliegen bleiben und
- ❑ uns begnügen, es ausgedrückt zu haben.

Natürlich lässt sich sagen, dass Person B in diesem Beispiel sehr unangenehm provokativ wirkt und A somit in die Eskalation verstrickt. Person B ist wie sie ist. Ich kann sie nicht ändern.

Ich kann meine Sicht mitteilen.
Ich übernehme Verantwortung
für meinen Teil der Kommunikation.
Das ist meine Chance.

Bitten als Autorität – Freundlich fordern

Eine **Bitte** beinhaltet das Vertrauen, dass andere sich ernsthaft mit meinem Anliegen auseinandersetzen, es prüfen, und drückt zugleich aus, dass ich der anderen Person die Freiheit zugestehe, abzulehnen.

Die angesprochene Person entscheidet über die Wirkung einer Intervention

Aufgrund der üblichen Machtzuschreibung an die leitende Person wird eine Bitte nicht immer als Bitte verstanden. Je mehr Freiheit jemand hat eine Bitte anzunehmen oder abzulehnen, umso echter ist die Bitte.

Eine Bitte ist üblicherweise eine kraftvolle Möglichkeit sich etwas von anderen zu wünschen. Bitten haben, wenn sie sparsam gebraucht werden, eine starke Appellwirkung. In welchem Ausmaß dieser Appell wahrgenommen wird, darüber entscheidet die Person, die gebeten wird. – Es ist immer mein Gegenüber, das entscheidet, wie es meine Intervention versteht.

Wenn also eine Führungskraft einen Mitarbeiter um etwas bittet und dieser fühlt sich genötigt, dann wirkt die Bitte als Befehl: Der Mitarbeiter gibt der Führungskraft Macht. Machtzuschreibung kann verhindern, dass sich jemand zutraut, etwas in Freiheit zu entscheiden.

Nicht das Wort „Bitte" zählt, sondern die Haltung dahinter

Beispiel

Bitte ...

Wenn Eltern zu ihrem Kind sagen *„Bitte geh ins Bett!"* und das Kind spielt weiter, dann folgt darauf meist: *„Du musst aber!"* Dies kann sinnvoll und fürsorglich sein, aber es war keine Bitte.

Oder:
„Bitte benimm dich wie ein normaler Mensch." Hier leitet das Wort „Bitte" eine Abwertung ein, die eigentliche Botschaft ist: Du bist nicht normal.

Oder:
„Würdet ihr jetzt bitte endlich ruhig sein!!" In entsprechendem Tonfall gesagt, kann das eine Drohung ausdrücken.

Bitte als Bitte – Bitte als Auftrag

Wenn ich darauf vertraue, dass Beteiligte ihr Bestes geben, und ihnen Entscheidungsfreiheit zugestehe, eine bestimmte Aufgabe nicht durchzuführen, dann kann ich eine Bitte als Bitte meinen.

In anderen Situationen ist das Wort Bitte im Zusammenhang mit einem Auftrag einfach eine Form der Höflichkeit, und diese höfliche Formulierung wird gut ankommen, wenn ich tatsächlich respektvoll bin.

Schwierig wird Kommunikation immer dann, wenn sie widersprüchlich ist, also wenn verschiedene Teile einer Botschaft in verschiedene Richtungen weisen. In diesem Sinne halte ich es für sinnvoll, Bitten sparsam zu verwenden. Ich finde es klar und stimmig z.B. zu sagen: „Hier mein Arbeitsauftrag." oder „Ich brauche ...!"

Als Trainer und Moderator spreche ich oft von **Einladungen und Vorschlägen**, um die Freiheit im persönlichen Lernprozess der Beteiligten zu betonen.

Bei **Aufträgen oder Bedingungen** (z.B. für einen Lehrgangsabschluss) ziehe ich es vor, dies auch deutlich als Auftrag zu formulieren und nicht von Bitten zu sprechen.

Vom Appell zur direktiven Forderung

Im Gesamtzusammenhang der Interventionstechnik sehe ich Vorschläge, Bitten und Forderungen auf einer Linie: **Ich** gebe die Richtung vor, sicherlich mit unterschiedlicher Dringlichkeit meines Wunsches.

INTERVENTIONSTECHNIKEN ALS GESPRÄCHSBAUSTEINE

Mit Motivation und Widerstand in Dialog treten

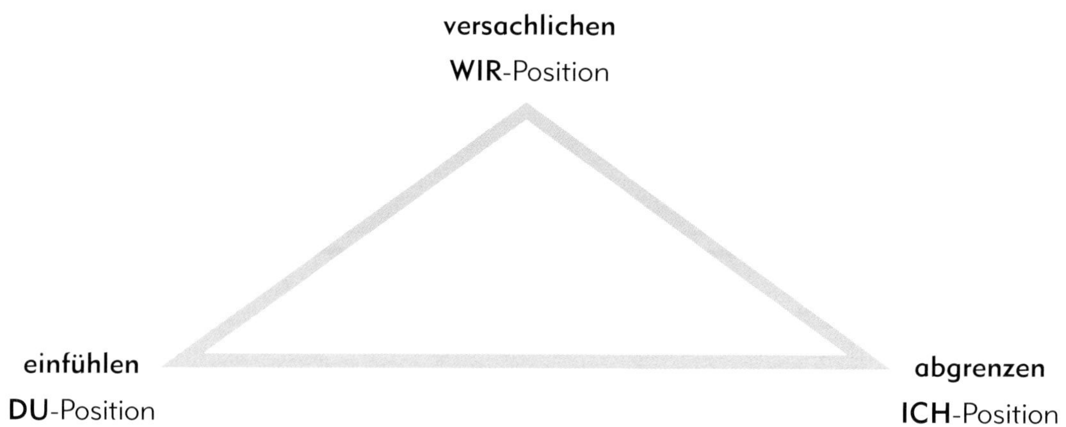

Häufig wähle ich mehr als eine Interventionstechnik in einer Situation, mein Beitrag kann sich auch aus allen 3 Bereichen zusammensetzen.

Beispiel

Nach der Pause kommt der Großteil der Gruppe verspätet in den Arbeitsraum.

„Offensichtlich war die Pause für Ihre Bedürfnisse zu kurz.
➠ einfühlen – Du-Position

Ich brauche jedoch klare Zeitvereinbarungen und warte nicht gerne.
➠ abgrenzen – Ich-Position

Wie können wir das regeln, so dass es für alle passt?"
➠ versachlichen – Wir-Position

Natürlich ist dieser fließende Wechsel zwischen unterschiedlichen Positionen situativ völlig unterschiedlich. Selten werden wir nach Schema vorgehen. Die Orientierung an den 3 Grundpositionen und die bewusste, selbstkritische Reflexion meiner Gesprächsbeiträge helfen passend und differenziert zu handeln.

Gesprächsbeispiel

„Das Projekt macht Stress!"

Leitung: *„Dieses Projekt soll in 6 Wochen abgeschlossen sein."*

Teammitglied: *„Das schaffen wir nie so schnell!"*

L: *„Ich bin mir bewusst, dass das sehr knapp bemessen ist und kann gut verstehen, dass euch der Termin zunächst unrealistisch scheint.*
➠ einfühlen / umformulieren
Ich bitte euch, alle Energien zu mobilisieren, das Projekt in 6 Wochen abzuschließen!"
➠ bitten bzw. fordern

T: *„Wir haben doch so viel anderes zu tun, sollen wir das denn alles liegenlassen?"*

L: *„Genau das ist die Frage: was hat derzeit Priorität! Lasst uns schauen, welche Arbeiten derzeit liegen bleiben können, um die Frist für das Projekt einzuhalten."*
➠ fokussieren und verhandeln

T: *„Ja, aber wir haben auch noch viel zu wenig Infos!"*

L: *„Da wäre ich genauso verunsichert! Also der erste Punkt ist, alle wesentlichen Infos zusammenzutragen: Wer sind die Personen, denen unser Projekt ein Anliegen ist und die uns unterstützen können?"*
➠ einfühlen / umformulieren / zirkulär fragen

T: *„Sicher gibt es da einige. Nur fürchte ich, es wird sich einfach wieder auswachsen, wenn wir so rangehen. Ich hatte schon monatelang ein Höchstmaß an Arbeit und jetzt kommt ein neuer Stress dazu!"*

L: *„Ich verstehe das gut, dass du gerade jetzt keinen neuen Stress willst. Du hast in letzter Zeit sehr viel geleistet. Wie können wir dieses Projekt so begrenzen, dass es gut machbar ist? Welche Form können wir finden, die für euch stimmt und die Ziele erreicht? Ich brauche unbedingt diesen Termin, der ist einfach fix. Überlegt, wie ihr das am sinnvollsten in dieser Zeit gestalten könnt."*
➠ aktiv zuhören / thematisieren / Bedingung stellen / delegieren)

Authentisch sein, bei aller technischen Feinarbeit

Effektiv wirkt die Verbindung von entschiedener Eindeutigkeit, verständnisvollem Zuhören und der Bereitschaft flexibel nach Lösungen zu suchen: Die ganze Skala von Interventionstechniken wird ausgenutzt. Was zählt, ist Aufrichtigkeit und Wertschätzung.

- Wenn sich jemand überlegt „Wie krieg ich dich am besten dorthin, wo ich dich haben will?!", wird die beste Gesprächstechnik manipulativ wirken und dadurch Widerstand oft sogar verstärken.
- Wenn ich jedoch ehrlich gesprächsbereit und offen für die Anliegen, Bedenken und Bedürfnisse anderer bin und dabei das Ziel nachhaltig vertrete, dann ist die Wahrscheinlichkeit hoch, dass wir Lösungen finden, die für alle Beteiligten Sinn machen.

Lösungsorientiert umformulieren

Eine sehr wohltuende Form Verständnis zu zeigen und zugleich zu führen ist das Umformulieren: Wenn andere meinem Empfinden nach unpassende Worte wählen, wiederhole ich das Gehörte in annehmender, lösungsorientierter Sprache. Wenn ich dies ehrlich meine, ist die Wirkung immer wieder genial.

Praxisbeispiel

„Fairness im Team"

Ein neues Teammitglied wurde von einem Kollegen übergangen, greift diesen Fehler auf und wirkt auf andere moralisierend und wichtigtuerisch: „Wenn das die Art ist, wie hier miteinander umgegangen wird, na dann Danke! Ich erwarte mir schon, dass ein Minimum an Fairness zu unserer Teamarbeit gehört!"
Leitung: „Ich merke, dass dir das ein großes Anliegen ist. Eindeutig ist da etwas schief gelaufen. Ich bitte dich, das dann mit dem Kollegen direkt zu klären. Wir haben deinen Appell nach Fairness und deinen Ärger gehört. Für's Plenum bitte ich, es jetzt dabei zu belassen."
Damit war die Situation entspannt und das Team konnte gut weiterarbeiten.

Gesprächsbeispiel

„Vorwurfsvoller Einwand"

„Das ist doch alles nur graue Theorie!"

Leitung: „Du möchtest, dass wir jetzt den konkreten praktischen Nutzen besprechen?" – „Genau!"

An diesem Beispiel wird besonders deutlich, wie ein scheinbar ablehnender Einwurf, lösungs- und zielorientiert umformuliert, einen Schritt weiterführen kann. Das Bedürfnis des Widerstandes wird vom Gruppenmitglied selbst nicht angesprochen, liegt jedoch auf der Hand.

Fragen als Führungsinstrument

Durch Fragestellungen lenken wir Gespräche. Wir geben Richtungen vor und steuern Denkprozesse. Oft sind Fragen bereits Arbeitsaufträge: Ich löse bei anderen geistige Suchbewegung aus.

Ob diese Fragestellungen als Verhör empfunden werden oder als Unterstützung von Lösungsfindung, hängt von der Beziehungsgeschichte und den Rahmenbedingungen ab: dem „Setting".

Wesentlich ist, ob ich beim Fragestellen neugierig auf die Antworten bin, innerlich Raum gebe für individuelle Auseinandersetzung. Wenn ich ungeduldig bin oder eindeutige Ansprüche habe, werden diese mitschwingen, meinen Tonfall und meine Mimik prägen. Es kann das Gespräch erleichtern, dies offen auszusprechen. Auch kann es günstiger sein, Fragen als Aufträge zu formulieren, z. B.: statt „Welche Lösungsideen schlagen Sie vor?" der Auftrag „Überlegen Sie bitte, welche Lösungsmöglichkeiten in Frage kommen!"

Hier beispielhaft einige Fragestellungen um Aufgaben/Ziele zu verhandeln:

- ❑ Wodurch fordert dich diese Aufgabe, wodurch bringt sie dich weiter?
- ❑ Was brauchst du, um das Ziel zu erreichen?
- ❑ Welche deiner Kompetenzen sind dabei gefragt?
- ❑ Was ist leicht, was schwierig?
- ❑ Was ist dein persönlicher Gewinn, was ist der Preis?
- ❑ Wo reihst du dieses Ziel auf einer Prioritätenskala von 1 bis 10 ein?
- ❑ Welche Alternativen, diese Aufgabe zu erfüllen, siehst du?
- ❑ Wer alles ist vom Erfolg/Nicht-Erfolg der Zielerreichung betroffen?
- ❑ Was könntest du tun, um sicher zu scheitern?
- ❑ Angenommen du hättest 100 % freie Hand, was würdest du tun?

SPIELRÄUME AUSWEITEN

Konkrete Praxis – Beispiele für Ihr Training

Die folgenden Szenen – meist aus der Erinnerung festgehalten – geben Ihnen die Möglichkeit sich in die Rolle der Leitung zu versetzen und zu überlegen, welche Interventionen Ihnen passend erscheinen.

Es sind Erfahrungsberichte von konkreten Situationen – ganz andere Szenarien derselben Ausgangssituationen sind denkbar.

Ganz sicher gibt es nicht *die* richtige Lösung!

Ich lade Sie ein, sich eigene Lösungsmodelle und deren Wirkung gedanklich durchzuspielen.

Diese, Ihre Bilder können Sie dann mit dem tatsächlichen Verlauf dieser Praxisbeispiele vergleichen.

Die Beschäftigung mit Ihren eigenen Lösungsmodellen und das gedankliche Durchspielen möglicher Weiterentwicklung des Geschehens, aber auch die Auseinandersetzung mit dem tatsächlichen Verlauf bieten Ihnen Gelegenheit, Ihre eigenen Spielräume in Ihrem konkreten Arbeitsfeld auszuweiten.

Praxisbeispiel **Ungebetene Assistenz**

Ein Teilnehmer zeigte sich engagiert, nicht nur Aufträge im Seminar zu erfüllen oder Beiträge zu leisten, sondern versuchte darüber hinaus anderen ungefragt Rückmeldungen zu geben und auf besonders nachdrückliche Weise Vorschläge zum Ablauf zu machen.

➠ **Wie würden Sie reagieren?**

(Fortsetzung auf der Rückseite)

Fortsetzung **Ungebetene Assistenz**

... Ich sagte zu diesem engagierten Teilnehmer (mit leicht verschmitztem Lächeln): „Ich bedanke mich für deine Assistenz in meiner Seminarleitung." Damit war das Thema benannt und es war mir wesentlich leichter zu einem späteren Zeitpunkt zu sagen: „Ich sehe dein Engagement. Ich bitte dich, die Leitung mir zu überlassen." Der engagierte Teilnehmer nahm dies offensichtlich gut entgegen und hielt sich im weiteren Verlauf zurück.

➨ **provokative Intervention**

Provokative Interventionen werden dann sinnvoll sein, wenn ich grundsätzlich wohlwollend gestimmt bin. Sobald ich sarkastisch oder abwertend wahrgenommen werde, kann meine Intervention auch eine Eskalation bewirken. Wenn ich spüre, dass es mir darum geht, siegen zu wollen, definiere ich die Situation als Kampf. Kämpfen zu müssen bedeutet Schwäche. Worum oder wogegen muss ich kämpfen, was muss ich mir erkämpfen, wer sind Feinde?

Ich kann niemanden für mich gewinnen,
den ich besiege.

Indem ich grundsätzlich vertraue und mir meiner selbst bewusst bin, kann meine provokative Intervention eine besondere Form von Angebot sein, um etwas durchzudenken. Möglicherweise auch um über eine Situation zu lachen. Humor kommt letztlich aus Gelassenheit und oft aus innerer Distanz.

Es macht also Sinn, bei provokativen oder paradoxen Interventionen – noch mehr als bei anderen Techniken – zu prüfen, ob ich grundsätzlich wertschätzend eingestellt bin, auf eine gute Zusammenarbeit vertraue und ob ich mit dem, was ich sage, andere erreichen kann.

Eine leichte Übertreibung, eine unerwartete kreative Querverbindung, manchmal auch eine besondere Wiederholung kann dann witzig und auflockernd wirken.

Humor üben

Eine Möglichkeit ist, provokativen Humor bei sich selbst zu üben. Wenn ich z.B. am Beginn eines Vortrages versehentlich die falsche Visualisierung als Folie zeige, kann ich diesen Fehler mit den Worten korrigieren:

„So, die erste Panne hätten wir bereits. Das können wir abhaken."

oder

„Ein mittelalterlicher Philosoph meinte einmal: Mögen alle meine Fehler Platz nehmen und möglichst wenig Lärm dabei machen."

Praxisbeispiel **Lustlose Schulklasse**

von Katrin Haugeneder

Eine Gymnasiallehrerin, die stets bemüht war, die Schülerinnen und Schüler als Persönlichkeiten zu respektieren, wollte ihren Unterricht mit etwa 14-Jährigen beginnen. Die Stimmung in der Klasse war ziemlich lustlos, und auf die Frage der Lehrerin gaben einige offen zu, dass sie gerade null Motivation hätten.

➠ **Was würden Sie jetzt tun?**

(Fortsetzung auf der Rückseite)

Praxisbeispiel **Stark verärgerte Gruppe**

Für einen Wifi-Abendkurs erhielt ich durch einen Verwaltungsfehler einen unrichtigen Stundenplan. Als dieser Kurs zum ersten Mal stattfinden sollte, war ich auf Urlaub. Aus irgendeinem Grunde erreichte mich die Information nicht, dass ich den ersten Abend versäumt hatte. Am zweiten Abend wurde ich 20 Minuten nach Kursbeginn angerufen, dass die Gruppe auf mich warte. So kam ich mit 40 Minuten Verspätung in den Seminarraum. Einige Personen verließen bei meinem Eintreffen demonstrativ den Raum. Die anderen zeigten mehr oder weniger offen ihren Ärger und glaubten mir nicht, dass dies nicht mein Fehler war. Ich selbst erfuhr erst im Laufe dieses Gesprächs, dass die Gruppe bereits einmal vergeblich auf mich gewartet hatte. Ich hatte das Gefühl, dass ich einen Großteil der Gruppe einfach nicht erreichen konnte und er in seinem Ärger festgefahren war.

➠ **Wie würden Sie reagieren?**

(Fortsetzung auf der Rückseite)

Praxisbeispiel **Irritierte, verunsicherte Gruppe**

Ich war engagiert für ein Rhetorik-Seminar für Bankmitarbeiter, die neben ihrer Arbeit in der Filiale auch als Trainer für interne Fortbildungen tätig waren.

Das Seminar startete am späten Vormittag. Als wir beginnen wollten, rief einer der Teilnehmer an, dass ihn sein Filialleiter kurzfristig verpflichtet hätte, in der Filiale zu bleiben und er seine Teilnahme für den ersten Tag absagen müsse.

Die anderen in der Gruppe waren äußerst betroffen von dieser unerwarteten und für sie offensichtlich willkürlichen Verhinderung und sahen dieses Ereignis als Beispiel dafür, dass ihre Trainertätigkeit in der Organisation zu wenig gewürdigt und honoriert würde.

Nach einigen Minuten Diskussion hatte ich das Gefühl, dass es keinen Sinn machen würde mit dem Rhetorik-Training zu beginnen.

➠ **Wie würden Sie reagieren?**

(Fortsetzung auf der Rückseite)

Fortsetzung **Lustlose Schulklasse**

... So fragte die Lehrerin, was wäre, wenn sie auch gerade keine Motivation hätte und lieber Zeitung lesen würde. Darauf reagierten einige in der Klasse in vorwurfsvollem Ton: „Sie werden ja dafür bezahlt!" – Sie verlangten Engagement!

Daraus entwickelte sich ein gutes Gespräch. Die Lehrerin bat die Jugendlichen sich vorzustellen wie es wäre, wenn sie nicht in die Schule gehen müssten, sondern dürften. Nach ein paar Minuten war sinnvolle Lernarbeit möglich.

➠ **Paradoxe Intervention**

Die Lehrerin hatte nicht geplant, durch ihre paradoxe Intervention die Jugendlichen „herumzukriegen", es war mehr eine ehrliche Spontanreaktion. Natürlich ist es auch gut möglich, dass die Jugendlichen sich darüber freuen, wenn auch die Lehrkraft keine Lust hat, und „kein Stoff gemacht" wird. Dass sie in diesem Fall mit dem Anspruch reagierten, die Lehrerin müsse sehr wohl arbeiten, war nicht vorhersehbar.
Interessant an diesem Fallbeispiel ist auch, dass eine weit verbreitete Rollenverteilung umgekehrt wird: In vielen Schulklassen stehen die Lehrenden für den Anspruch, möglichst viel zu lernen , und die Lernenden selbst stehen für den Gegenpol, also für Vermeidung, Zeitvertreib, Spaß außerhalb des offiziell vorgegebenen Ziels.
Die Definition des Widerstandes wird in dieser Polarität auch von den Lehrenden vorgenommen: „Ihr tut nicht so, wie ihr solltet!"
Wenn nun die Lehrerin in diesem Beispiel den Pol des Anspruchs aufgibt und selbst von ihrer Lustlosigkeit (im Sinne des offiziellen Auftrags) spricht, dann ist dieser Pol sozusagen frei für die Jugendlichen – nun fordern sie von der Lehrerin Unterrichtsarbeit ein.

Fortsetzung **Stark verärgerte Gruppe**

... Ich beendete die Diskussion. „Ich verstehe, dass Sie stinksauer sind. Mir ginge es an Ihrer Stelle genauso. Wenn Sie gehen wollen, kann ich das gut nachvollziehen. Für alle, die bleiben, starte ich jetzt mit meinem Vortrag."

So begann ich betont sachlich vorzutragen. Eine halbe Stunde später konnte ich die Gruppe schon einbeziehen und zwei Stunden später war die Atmosphäre entspannt und offen. Am darauf folgenden Kursabend war die Stimmung durchwegs positiv.

➠ **Sorry! – und Start ganz nach Plan**

Fortsetzung **Irritierte, verunsicherte Gruppe**

... Ich bot der Gruppe an, einen beschränkten Zeitraum für ihr Anliegen zur Verfügung zu stellen. Der erste Schritt war die gemeinsame Zielvereinbarung: Die Position als Trainer innerhalb der Organisation stärken und die Bedeutung dieser zusätzlichen Aufgabe besser vermitteln.

Zu diesem Anliegen sammelten die Beteiligten Ideen, arbeiteten manche davon detailliert aus und entschieden sich für ganz konkrete Schritte. Eine dieser Ideen war, die Qualität der Schulungen zu verbessern. Im Sinne dieses Anliegens begannen wir engagiert mit dem eigentlich geplanten Seminar.

➠ **Die ungeplante Thematik moderieren: Der Umweg führt zum Ziel!**

Praxisbeispiel **Ängstliche Lehrlinge im Videotraining**

Lehrlinge aus verschiedenen Betrieben einer Kooperative waren zum Seminar „Verkauf und Kundenorientierung" verpflichtet worden. Die Vorinformation zum Seminar war äußerst mangelhaft, ein Gespräch mit dem zuständigen Ausbildner hatte nicht stattgefunden.

Einige der Lehrlinge fühlten sich überfordert von den Zielen des Seminars, insbesondere das Videotraining erschreckte sie.

➠ **Wie würden Sie reagieren?**

(Fortsetzung auf der Rückseite)

Praxisbeispiel **Überfordernde Selbsterfahrung**

In meinem ersten Jahr als Trainer bekam ich den Auftrag zu einem 2-tägigen Kommunikationstraining.

Die Gruppe war am Beginn einer zweijährigen EDV-Ausbildung und setzte sich aus 18- bis 20-Jährigen zusammen. Ich selbst hatte kurz zuvor einige sehr intensive Selbsterfahrungs-Seminare besucht und wollte offene und direkte Kommunikation fördern. Ich leitete die Anwesenden an, sich einen beliebigen Platz im Raum zu suchen und sich daraufhin umzusehen, welche Personen nahe wären und welche weiter weg. (Ich ging davon aus, dass diese Aufstellung das Beziehungsgefüge symbolisiert und dass Nähe und Distanz im Raum auch einen Ausdruck von Nähe und Distanz in der Beziehung darstellen könnte – ein intuitives Soziogramm sozusagen.)

Ich forderte alle auf einer anderen Person, die weiter weg stand, mitzuteilen, warum sie auf Distanz sei („Stört mich was an dir?"). Die Gruppe reagierte hilflos, niemand sagte etwas, bis ein älterer Teilnehmer mit etwas mehr Gruppenerfahrung meinte:

„Paul, das kann ja nicht mal ich."

➠ **Wie würden Sie reagieren?**

(Fortsetzung auf der Rückseite)

Praxisbeispiel **Fehlende Einsicht in den Nutzen**

In einem Firmenseminar mit Zwangsverpflichtung der Mitarbeiter-Innen ging es um effektive Kommunikation. Ein junger Mitarbeiter zeigte durch seine Körperhaltung Widerwillen und Abwehr.

➠ **Wie würden Sie reagieren?**

(Fortsetzung auf der Rückseite)

Fortsetzung **Ängstliche Lehrlinge im Videotraining**

... Ich fragte als Erstes, wer sich z.B. schon in einem Urlaubsvideo gesehen hatte und was das Unangenehme daran wäre, gefilmt zu werden.

Ich hörte aktiv zu und war bemüht mich einzufühlen. Einige in der Gruppe sagten daraufhin, dass ihnen das Filmen nichts ausmache, die anderen würden einen ohnedies sehen.

Nach diesem Gespräch sprach ich erst über die Lernchancen im Videotraining und darüber, dass dies auch eine gute Übung in Selbstsicherheit für jede Lebenssituation sei. So begannen wir mit einer sehr einfachen Übung, in der jede Person nur zwei Sätze zum Betrieb sagte und dabei im Kreis sitzen blieb, während ich filmte. Schrittweise kamen wir dann zu Rollenspielen von Verkaufssituationen.

Die meisten in der Gruppe fanden das Videotraining inzwischen lustig, alle hatten sich im Wesentlichen damit angefreundet. – **Verständnis und Wertschätzung setzten Energien frei!**

➠ **Aktiv zuhören und Verständnis zeigen**

Ich erlebe auch in anderen vergleichbaren Situationen, dass der erste Schritt des Entgegenkommens, aktiv zuhören und Verständnis zeigen, die Chance verbessert, dass Appelle und Einladungen gehört werden.

Wenn wir auf die Bedenken und Ängste sofort mit Gegenargumenten, mit „Werbebotschaften" antworten, verfestigt sich oft der Widerstand.

Fortsetzung **Überfordernde Selbsterfahrung**

Ich beendete die Übung (und gab ein paar Klugheiten über Beziehungsklärung von mir). Hier hatte ich die Gruppe ganz offensichtlich überfordert und eine konfrontative Übung in eine Situation übertragen, in der sie nicht nur herausfordernd sondern auch unpassend war.

Nach 17 Jahren Erfahrung als Trainer finde ich diese Übung in jedem Fall fragwürdig.

➠ **Der Widerstand als Co-Trainer**

Fortsetzung **Fehlende Einsicht in den Nutzen**

Freundlich sagte ich zu ihm: „Stimmt's, das ist jetzt überhaupt nicht dein Thema." Erstaunt sagte der Angesprochene: „Ja, ich weiß nicht, was mir das bringen soll." „Kann ich gut verstehen. Schau einfach, ob da jetzt irgendwas dabei ist, das du brauchen kannst."

Einige Minuten später arbeitete der junge Mann auffällig engagiert mit. Ich war erstaunt – das hatte ich mir wirklich nicht erwartet.

➠ **Einfühlen – kleine Investition, großer Erfolg**

Praxisbeispiel **Hartnäckig kritische Außenseiterin**

In einem Lehrgang mit mehreren Seminarblöcken arbeitete eine 20 Personen-Gruppe in kooperativer Atmosphäre und reger Beteiligung. Eine Frau hatte deutlich weniger Kontakt zu den anderen und war inhaltlich immer wieder im Widerspruch zu den Trainern. Dazu kam, dass sie in den Pausen sehr intensiv telefonierte und dadurch mehrmals zu spät in den Seminarraum kam. Einzelgespräche zwischen dieser Teilnehmerin und den Trainern brachten keine Veränderung.

An einem Vormittag kritisierte die Teilnehmerin einen der Trainer wieder einmal in unangenehmem Tonfall.

➠ **Was würden Sie tun?**

(Fortsetzung auf der Rückseite)

Praxisbeispiel **Die Moderation ordnet Beiträge zu**

In einem Dorfentwicklungsprojekt waren politische Funktionäre und Mitglieder verschiedener Bevölkerungsgruppen eingeladen. Es ging um Vorschläge für Freizeitaktivitäten im Dorf.

Die Moderation bat alle Anwesenden, Wünsche zu äußern, und ordnete diese danach auf zwei Pinwänden nach konkreten Vorschlägen und nach Wünschen, die in der derzeitigen Form nicht konkret umsetzbar waren.

Als der Bürgermeister selbst einen Vorschlag machte, war dies der erste Beitrag, der nicht konkret formuliert war und wurde gemäß dem vorgegebenen Schema auf der zweiten Pinwand platziert.

Der Bürgermeister war dadurch deutlich irritiert und wiederholte das Gesagte noch zwei Mal.

➠ **Wie würden Sie reagieren?**

(Fortsetzung auf der Rückseite)

Praxisbeispiel **Kränkung durch Trainerfeedback**

In einem mehrtägigen Moderatorentraining gab ich einer Teilnehmerin kritisches Feedback zu einer Beispielmoderation, die sie erarbeitet hatte.

Die Rückmeldung betraf den Kernpunkt jeder Moderation, nämlich inhaltliche Enthaltsamkeit bei gleichzeitigem Bemühen, Fragestellungen zu finden, die die Gruppe unterstützen an eigenen Lösungen zu arbeiten. Mir schien das Beispiel, das sie eingebracht hatte, als besonders deutliche Vermischung vom Moderieren mit inhaltlicher Einflussnahme. So betonte ich nochmals Haltung und Chance einer Moderation.

Es war gegen Abend und ich hatte den Eindruck, dass wir den Tag gut abgeschlossen hatten. Am nächsten Morgen kam die Teilnehmerin in den Seminarraum und bat mich gleich am Start um etwas Zeit, sie müsse in der Gruppe etwas sagen.

So übergab ich ihr nach der Begrüßung das Wort. Sie erklärte, sie habe sehr schlecht geschlafen, meine vernichtende Kritik hätte sie als Kampf gegen sich empfunden und sie fühle sich sehr ungerecht behandelt. Sie brachte das sehr niedergeschlagen und zugleich vorwurfsvoll vor.

➠ **Wie würden Sie reagieren?**

(Fortsetzung auf der Rückseite)

Fortsetzung **Hartnäckig kritische Außenseiterin**

Zum ersten Mal sprach der Trainer vor der Gruppe das Verhalten der Teilnehmerin an: „Es scheint, dass du hier wenig von dem nehmen kannst, was wir anbieten. Ich finde es schade, wenn wir dir nichts geben können. Wenn das so ist, dann frage ich mich, ob es Sinn macht, dass du in dieser Ausbildung bist."

Viele in der Gruppe schienen erschrocken. Die Angesprochene antwortete nicht. Nach dieser offenen Konfrontation zeigte sich die betroffene Teilnehmerin wesentlich kooperativer und enthielt sich weiterer kritischer Bemerkungen. Bis zum Schluss des Lehrgangs gab es keine Störung mehr.

Es scheint, dass eine offene Abgrenzung vor der Gruppe notwendig war. Möglicherweise hatten sich andere in der Gruppe bereits durch diese Spannung beeinträchtigt gefühlt und das unerwartet klare Wort entspannte die Situation.

➠ **Klare Abgrenzung**

Fortsetzung **Die Moderation ordnet Beiträge zu**

Der Moderator antwortete daraufhin: „Sieht so aus, als hätten wir unterschiedliche Vorstellungen von „konkret" und „noch zu konkretisieren". Da Sie mit unserer Zuordnung nicht einverstanden sind, schlage ich vor, wir geben diese Einteilung nun einmal beiseite und entscheiden im Anschluss mit dem gesamten Plenum, welche Beiträge bereits konkret sind und welche wir sinnvoller Weise noch weiter verfolgen."

➠ **Moderieren heißt: methodisch unterstützen**

Die Aufgabe der Moderation im engeren Sinne besteht ausschließlich darin, methodisch zu unterstützen, damit die Gruppe / das Team die Inhalte auf ihre Weise bearbeiten kann, und enthält sich jeder inhaltlichen Stellungnahme.

Die Entscheidung des Moderators, die weitere Zuordnung von Beiträgen der Gesamtgruppe zu überlassen, entlastet die Moderation und macht nochmals deutlich, dass die inhaltliche Verantwortung bei der Gruppe liegt.

Fortsetzung **Kränkung durch Trainerfeedback**

Ohne selbst auf die Vorwürfe der Teilnehmerin zu antworten, bat ich andere in der Gruppe darzustellen, wie sie mein Feedback empfunden hatten. Nun kamen einige Wortmeldungen, die der Teilnehmerin auf freundliche Weise empfahlen, das Gehörte als Lernchance zu nehmen. Niemand bestätigte sie in der Ansicht, dass die Trainer-Kritik übertrieben oder als persönlicher Angriff gewirkt hätte. Ein Teilnehmer sagte besonders deutlich: „Bitte vergiss, was du dir in der Nacht gedacht hast. Sieh einfach nur die Möglichkeit, wie du eine gute Moderation leiten kannst."

Erst nach diesen Beiträgen nahm ich selbst Stellung und sagte: „Ich bin betroffen darüber, dass dich meine Rückmeldung so verunsichert hat, es tut mir leid, dass ich Worte gebraucht habe, die du nicht als unterstützend erlebt hast. Mein einziges Ziel ist es euch zu bestärken."

Die betroffene Teilnehmerin bedankte sich und voller Energie starteten wir in den Seminartag.

➠ **Thematisieren und Verständnis zeigen**

Praxisbeispiel **Regelmäßig zu spät**

von Rosalia Eichinger

Wir sind eine Einrichtung, die Jugendliche berät, haben von 12:00 bis 19:00 geöffnet, die Dienstzeiten für die Teammitglieder sind von 11:45 bis 19:15. Eine sehr hohe Frequenz an Jugendlichen und telefonischen Anfragen erfordert vollen Einsatz.

Ein Mitarbeiter A erhält eine Stelle als Karenzvertretung für 2 Jahre. Die Zusammenarbeit funktioniert, die Akzeptanz im Team ist gut.

A kommt jedoch sehr häufig zu spät zum Dienst. Das heißt, andere müssen seine Aufgaben zu Dienstbeginn übernehmen. Durch das Zuspätkommen fällt A auch noch eine Zeitlang danach aus, weil die anspruchsvolle Arbeit Vorbereitung braucht.

Der Leiter der Einrichtung spricht mit A, erklärt die Situation und fragt auch, was er oder andere im Team tun können, um ihn beim Einhalten der Zeitvereinbarung zu unterstützen. Der Betroffene selbst verteidigt sich mit seiner Bereitschaft für andere im Team einzuspringen und länger zu bleiben.

Nach weiterhin wiederholtem Zuspätkommen gibt es wieder Gespräche mit dem Leiter und eine Verwarnung: Übernahme in den fixen Dienst erfordert pünktliche Anwesenheit (die Mitarbeiterin, die in Karenz ist, wird nicht zurückkommen und so wäre diese Stelle frei).

A ist ein beliebter Kollege und er möchte gerne bleiben.

A kommt jedoch weiterhin mehrmals zu spät.

➠ **Was würden Sie tun?**

(Fortsetzung auf der Rückseite)

Praxisbeispiel **Spannungen nach kritischen Rückmeldungen**

Eine Teilnehmerin präsentierte in der Gruppe spezielle Übungen, die sie selbst erarbeitet hatte.

Das Feedback der anderen war sehr kritisch, einige fanden die Übungen sinnlos.

Die Teilnehmerin wehrte die Rückmeldungen heftig ab und unterstellte den Kritikern, diese hätten nicht verstanden, worum es bei diesen Aufgaben ginge.

Die Spannung in der Gruppe war sehr groß, es schien unmöglich im Gespräch weiterzukommen.

➠ **Was würden Sie tun?**

(Fortsetzung auf der Rückseite)

Fortsetzung **Regelmäßig zu spät**

... Der Leiter teilt dem Mitarbeiter A mit, dass die Stelle neu ausgeschrieben wird und er mit dem Ende der Karenzvertretung seine Arbeit beenden wird.

Im Team gibt es Aufruhr, niemand hat erwartet, dass der Leiter so entschieden eingreifen würde. Dabei wird deutlich, dass viele Teammitglieder den Arbeitsplatz in der Sozialinstitution wie eine geschützte Werkstätte sehen, und nicht als Dienstleistungsjob mit professionellem Anspruch.

Diese Auseinandersetzung führt zu mehr Klarheit im Team und dazu, dass die Leitung mehr Bedeutung bekommt und mehr Sicherheit geben kann: Oft wird von der Leitung Durchsetzung und Entscheidungsstärke verlangt. Für den Leiter selbst war die Angelegenheit emotional sehr fordernd, an der Entscheidung selbst hatte er keine Zweifel.

Eine sehr wichtige Qualität war auch, dass alles offen kommuniziert wurde, was letztendlich auch zu Verständnis des Teams und des Betroffenen führte und zu einer gemeinsamen Verabschiedung ohne Bitterkeit.

➠ **Entschieden abgrenzen**

Fortsetzung **Spannungen nach kritischen Rückmeldungen**

... Ich schlug eine Pause vor und bat die Beteiligten, ruhig für sich selbst zu bleiben, um die Spannung abklingen zu lassen.

Nach der Pause lud ich alle zu einer kleinen Selbstmassageübung ein, den eigenen Körper wahrzunehmen, zu spüren, langsam die Arme abzuklopfen, dabei gut auf sich selbst zu achten und auf Gefühle zu hören.

Danach bat ich alle reihum (in einer „Runde") ihre Gefühle zu äußern und forderte sie nachdrücklich auf, ausschließlich eine Beschreibung des eigenen inneren Zustands zu formulieren, ohne eine Aussage über andere Personen zu machen.

Dieser Auftrag wurde von allen Anwesenden angenommen und reihum äußerte sich jede Person – z.B. „Ich bin betroffen, verwirrt, beunruhigt, verärgert" – bis die abwehrende Teilnehmerin zu Wort kam.

Sie sagte: „Ich bin traurig, sehr traurig, ich habe mich bemüht, wollte euch etwas geben und habe das Gefühl, niemand will das."

Ich schlug vor, dass andere in der Gruppe zu diesen Sätzen Stellung nehmen sollten.

Einige sagten: „Ich kann dich sehr gut verstehen, ich fühle mit dir, es tut mir leid, wenn du dich gekränkt fühlst!"

Eine neue Begegnung in der Gruppe brachte ein vertieftes Gefühl von Gemeinschaft und Verbundenheit.

Ganz offensichtlich war der Widerstand gegen die kritischen Rückmeldungen ein Selbstschutzimpuls: Die „abwehrende" Teilnehmerin schien sich gegen die Fülle der kritischen (und für sie zurückweisenden) Rückmeldungen schützen zu müssen.

➠ **Abbruch, dann Selbstwahrnehmung einfordern**

Praxisbeispiel **Festgefahrene Positionen im Team**

Ein Teammoderator leitete ein Kollegenteam, das die Kooperation neu regeln wollte.

Die Meinungsverschiedenheiten wurden immer heftiger und als der Moderator aufforderte, die Positionen aufzulisten und nebeneinander stehen zu lassen, meinten einige, das würde nichts bringen, die Situation sei sowieso verfahren, die widersprüchlichen Positionen im Team wären sowieso bekannt.

➠ **Was würden Sie tun?**

(Fortsetzung auf der Rückseite)

Praxisbeispiel **Lehrlinge feiern im Seminarhotel**

Für Lehrlinge einer großen Organisation leitete ich ein mehrtägiges Seminar in einem Hotel.

Am Morgen des dritten Tags kamen einige der Teilnehmer verschlafen und mit deutlichen Anzeichen von nächtlichem Alkoholkonsum in den Seminarraum. Die Stimmung war müde und passiv.

➠ **Wie würden Sie reagieren?**

(Fortsetzung auf der Rückseite)

Praxisbeispiel **Keine Energie mehr**

Bei einem anspruchsvollen Seminar leitete ich 10 Minuten vor dem gewohnt späten Mittagessen „noch schnell" eine Übung an.

Einige aus der Gruppe sahen mich fragend an und setzten sich sehr langsam in Bewegung.

➠ **Wie würden Sie reagieren?**

(Fortsetzung auf der Rückseite)

Fortsetzung **Festgefahrene Positionen im Team**

... Der Moderator schlug dem Team vor, sich auf eine Malübung ohne Worte einzulassen.
Er zeichnete neun Felder auf ein Plakat und bat jede Person einen Stift in die Hand zu nehmen und zunächst das erste Feld unter Einhaltung folgender Regeln gemeinsam zu bemalen: Jede Person malt nur einmal, malt so lange sie möchte und sobald sie wegtritt, malt die nächste Person.
So füllte sich das erste Feld mit aggressiven Farben, die einander kreuzten – die Kampfstimmung wurde sehr gut sichtbar. Das wiederholte sich im zweiten Feld. Im dritten Feld begannen die Striche und Farbflecken sich schon aneinander zu orientieren und kreuzten einander etwas weniger. Im fünften Feld entstand ein gemeinsames Bild.
Daraufhin bat der Moderator zu der Übung zurückzukehren, die Positionen im Team auf Plakaten darzustellen und nebeneinander zu stellen. Nun waren die Beteiligten bereit, dies zu tun, und die weitere Auseinandersetzung brachte Lösungsansätze.

➠ **Kooperation auf anderer Ausdrucksebene – Malen im Konflikt**
Der Widerstand war offensichtlich ein Ausdruck der Befürchtung, weitere Arbeit am Konflikt würde nichts bringen, vielleicht sogar die Positionen verhärten. Positiv ausgedrückt: Der Widerstand war motiviert durch das Bedürfnis nach sinnvoller, fruchtbarer Diskussion. Hier brachte die Kooperation auf völlig anderer Ausdrucksebene und der zeitweise Verzicht auf verbale Auseinandersetzung Entspannung und die Bereitschaft zu einem neuen Anlauf.

Fortsetzung **Lehrlinge feiern im Seminarhotel**

... „Ich habe Verständnis für euer Feiern, ich verstehe, dass euch das Beisammensein am Abend sehr wichtig ist. Ihr könnt genau so lange feiern, als es euch möglich ist, am nächsten Tag voll arbeitsfähig zu sein. Eure Betriebe investieren hier eine Menge Geld und die Seminarzeit ist eure Arbeitszeit. Ich verlange, dass ihr der Arbeit im Seminar die 1. Priorität gebt!"
Viele nickten und die Mimik einiger Betroffener interpretierte ich in der Form, dass es ihnen peinlich war, in diesem Zustand ins Seminar gekommen zu sein.
Daraufhin fragte ich: „Was können wir jetzt besprechen, bei dem ihr alle konzentriert dabei seid? Braucht ihr noch etwas, bevor wir die Arbeit intensiv anpacken können?"
Die Auszubildenden waren sich einig, dass wir einfach beginnen sollten, sie würden sich so gut wie möglich einbringen. Eine Person bat um eine baldige Pause. So gestaltete sich ein trotz allem konstruktiver Seminartag.

➠ **Entschieden einfordern und verhandeln**

Fortsetzung **Keine Energie mehr**

... Meine Frage: „Ist euch das jetzt zu viel?"
Einige der Antworten: „Für diese Übung möchte ich mehr Zeit haben." – „Eigentlich war das jetzt schon sehr viel für diesen Vormittag." – „Ich würde gerne schon essen gehen."
Ich fasste diese Gedanken zusammen: „Das heißt, ihr wollt diese Übung intensiver, mit mehr Zeit durchführen und jetzt lieber das Bisherige verdauen." Und da die Seminargruppe sehr kompetent war, fügte ich hinzu: „Ein gutes Beispiel dafür, dass Widerstand seinen Sinn hat."
Der Sinn dieses Widerstandes war hier sicher ernsthaftes Engagement und keinesfalls „mangelnde Motivation". Dieses Beispiel zeigt deutlich, dass der Widerstand unser Verbündeter sein kann.

➠ **Widerstand als Korrektur des Tempos**

Praxisbeispiel **Schicksalsschlag**

In einer selbsterfahrungsorientierten Ausbildungsreihe für Lehrer und Lehrerinnen rief mich ein Teilnehmer kurz vor Seminarbeginn an und sagte mir, dass sein Sohn wenige Wochen zuvor verunglückt wäre, er aber im Seminar nicht darüber sprechen wollte.

Dies war zwar verständlich, jedoch für die Gruppensituation unangenehm, da sicher alle in der Gruppe von dem Unglück wussten und es gerade in diesem Seminar um intensive offene Kommunikation gehen würde.

➠ **Wie würden Sie reagieren?**

(Fortsetzung auf der Rückseite)

Praxisbeispiel **Hektische Gegenstimmen**

Ein Kollegenteam wurde von einem der Teammitglieder moderiert. Die Planung eines gemeinsamen Projektes brachte viele Meinungsverschiedenheiten. Es schien unmöglich Termine und Wünsche zu koordinieren. Die Beiträge wurden immer emotionaler und hektischer, jeder neue Vorschlag löste Gegenstimmen aus.

Der Moderator, der sich selbst sehr mit diesem Projekt identifiziert hatte, war verzweifelt.

➠ **Was würden Sie tun?**

(Fortsetzung auf der Rückseite)

Fortsetzung **Schicksalsschlag**

... Ich fragte den Mann, ob er einverstanden wäre, wenn ich am Anfang kurz darauf hinweisen würde, dass er nicht über diesen Schicksalsschlag sprechen wollte. Er war einverstanden. Als ich dies dann zu Beginn des Seminars tat, sagte der trauernde Vater dazu: „Ich bin froh über jede Ablenkung, das Seminar soll lustig und intensiv sein."

So hatten wir das Thema in die Gruppe eingebracht. Ich bemühte mich um eine ruhige Atmosphäre im Ablauf. Es war klar, dass ich den Wunsch, nicht über diesen Vorfall zu sprechen, akzeptierte. Zugleich zeigte ich dem Vater, wie sehr ich mich ihm in dieser Trauer verbunden fühlte.

Am dritten Tag ergab sich eine Situation, in der wir aus einem anderen Anlass über Trauer sprachen. Ganz von selbst begann nun der Mann über seine Situation und seine Gefühle zu sprechen. Es war eine ganz besonders innige und herzliche Atmosphäre, in der sich alle in der Gruppe sehr mitfühlend zeigten. Ich ließ einfach Zeit. Das Gespräch dauerte fast eine Stunde. Jetzt war der richtige Zeitpunkt. Der Schutz, den der Vater am Anfang gebraucht hatte, hatte wohl dazu beigetragen, dass er sich jetzt öffnen konnte. Nachdem er erzählt hatte, lud ich alle Anwesenden ein, in Paaren darüber zu sprechen, wie sie mit Trauer im Leben umgingen und welche Bewältigungsstrategien sie kannten.

Der trauernde Vater bedankte sich und betonte am Ende des Seminars, wie gut es ihm getan habe, hier gewesen zu sein.

➠ **Widerstand als Schutzfunktion**

Widerstand als Schutzfunktion ist ein besonders deutliches Beispiel dafür, dass es Impulse in uns gibt, die für uns sorgen und das Beste für uns wollen, auch wenn diese für andere Personen im ersten Augenblick wie Gesprächsverweigerung oder Abwehr erscheinen, besonders dann, wenn wir davon ausgehen, dass Betroffene selbst das Bedürfnis haben über ihr Leid zu sprechen und dass verständnisvolles Zuhören heilt.

Fortsetzung **Hektische Gegenstimmen**

... Der Moderator brach die Moderation ab und sagte: „Was ist heute mit uns los? Ich habe das Gefühl, außer Widersprüchen erreichen wir heute nichts. Ich sehe mich nicht mehr im Stande, unsere Arbeit weiter zu moderieren. Mir kommt das destruktiv vor, ich kann nicht mehr, jedenfalls brauche ich jetzt eine Pause. Danach muss ein anderer die Moderation übernehmen."

Dem Wunsch nach Pause wurde sofort zugestimmt. Einer aus dem Team sagte noch in die Runde: „Ich finde das toll von dir, dass du die Moderation abbrichst, wenn nichts mehr weitergeht. Auch das ist für mich Kompetenz!"

Nach der Pause fand sich ein anderes Teammitglied, das bereit war die Moderation zu übernehmen und alle aufforderte , reihum zur augenblicklichen Situation Stellung zu nehmen. Dabei wurde klar, dass das Projekt zu kurzfristig geplant, der Termindruck zu groß war und dass viele Unsicherheiten zu dieser Heftigkeit geführt hatten.

Das Projekt wurde verschoben und zu einem späteren Zeitpunkt mit großem Erfolg durchgeführt.

➠ **Moderation abgeben**

INTERVENTIONEN SITUATIV AUSWÄHLEN

Was sage ich wann zu wem?

Die folgenden Kriterien für die Auswahl von Interventionen bieten Ihnen Orientierungshilfe für angemessene, passende, „stimmige" Kommunikation. Zugleich ist das Zusammenwirken von Beteiligten immer auch Gefühlssache: Wir reagieren aufeinander „aus dem Bauch heraus".

Mit selbstkritischem Blick auf meine Werte sammle ich Erfahrungen über die Auswirkung meiner Beiträge und entwickle Intuition für das, was wirkt.

Ziele der Zusammenarbeit

Je sachorientierter, technischer die Ziele, umso mehr bedeutet das Aufgreifen persönlicher Themen von Widerstand einen Umweg.

Möglicherweise erschwert auch ein Tabu, Persönliches anzusprechen. Tue ich dies trotzdem, so brauche ich dabei mehr Sicherheit und Erfahrung, als wenn persönliche Themen bereits im Sinne der Zielsetzung sind, wie z.B. in einer Klausur über die Kooperation im Team oder in einem Rhetorikseminar.

Tipps:

- In jedem Fall ist es sinnvoll, die Frage nach der Motivation im Blick auf die vereinbarten Ziele zu stellen.
  Zum Beispiel:
  „Was unterstützt und was behindert unsere Zusammenarbeit zum Thema?"
  „Welche Fragestellung bringt uns unseren Zielen näher?"
- Je mehr das Arbeitsthema Selbsterfahrung und Beziehungsqualität beinhaltet, umso passender ist, Widerstandsarbeit als Arbeitsschritt zu benennen.
  Zum Beispiel:
  „Gibt es einen Ärger im Team, den zu besprechen du lieber vermeiden würdest?"
  Möglicherweise äußern in diesem Kontext Teilnehmende auch von sich aus Widerstände oder thematisieren innere Spannungen. So können sie auch leichter herausfordernde Interventionen verarbeiten und sich darauf einstimmen.
- In Selbsterfahrungs-Seminaren habe ich auch paradoxe und provokative Interventionen als hilfreich erlebt, sofern diese wertschätzend vermittelt wurden. Im Zweifelsfall ist jedenfalls behutsames und eher sanftes Vorgehen empfehlenswert.

Ich selbst als Leiter-In

Die Kommunikation muss in jedem Fall zu Ihnen selbst passen, zu Ihrem Auftreten, Ihrer Erfahrung und Ihren konkreten Absichten. Am wirksamsten ist, was Sie aus Überzeugung sagen: echt und authentisch. Im Sinne Ihrer eigenen Weiterentwicklung können Sie sich weitere Möglichkeiten zu Eigen machen.

Ein offensichtliches Kriterium für die Stimmigkeit meiner Intervention ist dabei die Funktion, in der ich leite:

Funktion ⟺ Intervention

- ❑ Als **Führungskraft** ist **fordern und abgrenzen** angemessen und üblich.
  Zugleich achte ich auf Beziehungsqualität, fördere persönliche Weiterentwicklung und übergebe Entscheidungsspielräume: Führungskompetenz beinhaltet das ganze Spektrum der Interventionen.
  Auf Grund der hierarchischen Position sind provokative und paradoxe Interventionen sehr, sehr vorsichtig zu gebrauchen: Leicht wirken diese von oben herab oder abwertend.
- ❑ Als **Trainer- und Lehrgangsleiter-In** werde ich Bedingungen für die Teilnahme und den Abschluss definieren. Dennoch bin ich dabei vor allem **begleitend und Raum gebend**: Ich betrachte es als wesentliche Aufgabe, Widerstand zum Thema zu machen und Lösungsfindung zu begleiten.
- ❑ Als **Moderator-In und Coach** bin ich am offensichtlichsten in einer dienenden Funktion: Die Gruppe gibt die Ziele vor, erarbeitet *ihre* Ergebnisse und ich begleite. So wird es in diesem Setting tendenziell auch Sache der Gruppe sein zu entscheiden, welche Umwege sie in Kauf nehmen möchte. Mein Hauptbeitrag wird sein, **Widerstände** zu **benennen**.
  Diese Qualität des Coachens – bei der Lösungsfindung begleiten und die autonome Bearbeitung unterstützen – ist *in jeder Funktion* ein Gewinn! In diesem Sinne bezeichnen wir Coaching auch als Führungsinstrument.

Coachend leiten bedeutet, eigene Lösungsfindung zu begleiten.

Meine Werthaltung orientiert sich an Eigenverantwortung: Soviel als möglich beziehe ich Beteiligte in die Lösungsfindung ein, übergebe Entscheidungsspielraum, stärke Autonomie, unterstütze Entfaltung. Ich achte darauf, in Menschen das Beste zu sehen, was zu sehen ist.

Mit dem Blick auf dieses Leitbild wähle ich Interventionen mit der Absicht, die Beteiligten zu erreichen.

Die Beteiligten

Es geht um eine situativ angemessene Form, Motivationen und Widerstand anzusprechen. Wesentlich ist die konkrete Zielgruppe, ihre Einstellungen, Kommunikationsgewohnheiten und Erwartungen zu beachten.

Tipps

- ❑ Versetzen Sie sich bei der **Vorbereitung** auf konkrete Situationen in Ihre Zielgruppe. Stimmen Sie sich auf deren Werte, deren Sprache und Denkgewohnheiten ein.
  Stellen Sie sich in dieser Identifikation vor, Sie hören konkrete Interventionen: Welche würde Sie erreichen, welche eher nicht?
- ❑ Am besten Sie korrigieren und ergänzen Ihre Einschätzung einer Zielgruppe und konkrete Beispiele passender Interventionen in regelmäßiger **Nachbereitung** und Selbstreflexion: Dies ist eine der effektivsten Formen der Vorbereitung.

Übung „Was hat mich wie erreicht?"

Rollenspiel ab 2 Personen

- ❑ Definieren Sie eine konkrete Situation, in der Sie selbst in der Funktion A leiten und eine Person B Ihnen Widerstand entgegensetzt.
- ❑ Schlüpfen Sie nun in die Rolle dieser beschriebenen Person B und Ihr Gegenüber im Rollenspiel probiert Sie in der Funktion A im Gespräch zu erreichen.
  Sie selbst reagieren aus Ihrer Identifikation mit B möglichst realistisch.
- ❑ Nach ein paar Sätzen wird abgebrochen und ein neuer Versuch mit einer anderen Interventionsform gestartet. Ihre Rolle bleibt dabei gleich.
- ❑ Nach 3 bis 5 Durchgängen beenden Sie das Spiel. Alle Beteiligten schütteln die Rollen ab.
  Erzählen Sie, welche Interventionen Sie berührt, geärgert, bewegt, unterstützt, gefördert haben.

Beziehungsgeschichte

Die Dauer der Zusammenarbeit entscheidet natürlich mit darüber, wie viel Raum Widerständen gegeben werden kann.

Ebenso wichtig sind bisherige Erfahrungen in der Zusammenarbeit.

Je mehr ich als Autorität bisher begleitend und bestärkend erlebt wurde,

- ❏ umso größer ist mein Handlungsspielraum in schwierigen Situationen,
- ❏ umso wahrscheinlicher werden sich Personen führen lassen, wenn sie innere Motivationskonflikte wahrnehmen und
- ❏ umso eher kann ich auch konfrontativ wirksam sein: Vertrauen erweitert meine Möglichkeiten.

Spannungen, häufige Widersprüche in der bisherigen Zusammenarbeit mahnen zur Vorsicht. Wesentlich ist die bisherige Qualität von Konfliktlösungen, die wir zusammen erlebt haben, vielleicht auch Gewohnheiten mit Spannungen umzugehen.

In jedem Fall ist es sinnvoll, Neues auszuprobieren, den vielleicht bisher eingeschränkten Spielraum schrittweise auszuweiten. Dabei muss ich jedoch mit zusätzlichen Widerständen, auch gegen meine Interventionen, rechnen.
Dazu ein gut nachvollziehbares Beispiel:

Praxisbeispiel

Mediation im Ehekonflikt

Ein lange verheiratetes Ehepaar befindet sich in einem Dauerkonflikt.

Ein Partner schlägt vor: *„Ich habe das Gefühl, wir können das alleine nicht so gut klären. Lass uns zu einer Mediation gehen."*

Die Antwort: *„Schon wieder so eine blöde Idee, jetzt soll ich wegen dir zum Psychologen, immer muss ich nach deiner Pfeife tanzen."*

Der unerwartete Vorschlag der Mediation wird zum neuen Konfliktstoff.

In so einer heiklen Situation ist die eigene innere Sicherheit und möglichst auch Ruhe ganz wesentlich: Eine Möglichkeit ist, hier weiterverhandeln:

„Ich weiß, dass das eine ungewöhnliche Idee ist (➠ umformulieren), *ich möchte gut mit dir klar kommen* (➠ thematisieren), *ich bitte dich, dass du mitmachst das auszuprobieren."* (➠ bitten)

Oder: *„Ich bitte dich ganz einfach mir zuliebe diesen Versuch mitzumachen. Kann ich auch etwas Außergewöhnliches für dich tun?"* (➠ verhandeln)

In diesem Beispiel von einem Ehepaar wird die Beziehungsgeschichte besonders deutlich:
Eine konstruktive Intervention wird vom Gegenüber im Sinne der bisherigen Spannungen gedeutet.

Das bestätigt Paul Watzlawicks These:

Wirksam ist nicht das, was ich sage,
sondern das, was die andere Person hört.

Im Originalwortlaut: „Wahr ist nicht, was A sagt, sondern was B hört."[1]

1 siehe auch: Paul Lahninger: leiten · präsentieren · moderieren, Münster 2003, S. 39

Frau-Mann-Dynamik

Sowohl Männer als auch Frauen erwarten durchschnittlich eher einfühlendes, verständnisvolles Führen von einer Frau und eher sachorientiertes, forderndes Führen von einem Mann.

Mit nicht erwartetem Rollenverhalten anzukommen ist oft schwierig. Leicht tauchen Widerstände auf:

„Was für ein schwacher Mann – das ist doch keine Führungskraft!"

„So eine herrische Frau – ganz unweiblich!"

Natürlich sind dies Klischees, die wir eventuell auch ansprechen können.

Mit unerwartetem Verhalten, also z.B. als sachorientiert, fordernd führende Frau, können Sie besonders kompetent wirken, sofern Sie darin überzeugend, also authentisch wirken.

Ebenso kann ein Mann mit deutlich einfühlsamen Qualitäten kompetenter wirken als eine Frau, die genauso einfühlsam ist, weil dies (meist unbewusst) weniger erwartet wird.

Diese besondere Kompetenzzuschreibung ist jedoch keineswegs in jeder Zielgruppe und Situation zu erwarten und hängt von den Zielen der Zusammenarbeit ab.

Tipp

Erinnern und beobachten Sie Männer und Frauen in herausfordernden Führungssituationen.

- ❏ Entdecken Sie Unterschiede in der Wahl der Interventionen?
- ❏ Wie reagieren Beteiligte auf die gleiche Intervention bei einer Frau / einem Mann?

Kompetenzzuschreibung

Je neutraler und zugleich kompetenter ich von anderen erlebt und eingeschätzt werde, umso leichter kann ich Widerstandsarbeit und damit auch Konfliktlösungsprozesse begleiten.

Gut ist, mir immer wieder bewusst zu machen: In der Aufarbeitung von Motivationsfragen berühre ich die innere Landschaft der Betroffenen, ihre autonomen Motive, Impulse und Werte. Am besten gelingt dies in ehrlichem Respekt und Achtsamkeit.

Die Basis für jede Widerstandsarbeit schaffen wir jedenfalls, indem wir:

- ❏ Verständnis zeigen,
- ❏ aktiv zuhören,
- ❏ umformulieren und
- ❏ thematisieren.

Die wesentliche Grundqualität ist dabei immer meine Wertschätzung.

Die Herausforderung ist, mich diesbezüglich selbstkritisch zu sehen. Die meisten Menschen in Leitungsfunktionen werden sich selbst als wertschätzend bezeichnen und dennoch werden sie immer wieder von anderen als nicht wertschätzend erlebt.

Eine Umfrage in mehreren hundert Betrieben hat z.B. ergeben, dass sich ca. 90 % der Führungskräfte als beteiligend und gut informierend einschätzen, jedoch von nur ca. 10 % der Mitarbeiter-Innen so eingeschätzt werden – ein gewaltiger Wahrnehmungsunterschied.[1]

Ehrliche, wohlwollende Selbstkritik und das regelmäßige Einholen von Rückmeldungen sind meine Chance für wirksame persönliche Weiterentwicklung meiner Führungskompetenz.

1 siehe auch: Paul Lahninger: leiten * präsentieren * moderieren, Münster 2003

WIDERSTÄNDE ALS DAS SEHEN, WAS SIE SIND

Nicht persönlich nehmen!

Widerstände gegen die leitende Person sind selten, behaupte ich.
Wenn das, was ich geben möchte, nicht – bzw. nicht sofort oder nicht in dieser Form – angenommen wird, dann ist das vielleicht bedauerlich, aber keinesfalls eine persönliche Kränkung.
Selbst ein direkter Angriff auf die leitende Person meint eher die Funktion und die Rolle und weniger die Person selbst.

Ich denke, dass Menschen, die Leitungsfunktionen übernehmen, meistens auch eine gewisse Freude daran haben, im Mittelpunkt zu stehen. Meiner Erfahrung nach braucht es auch ein gutes Maß an Lust, sich darzustellen, um diese Aufgabe genießen zu können.
Genau darin steckt jedoch die Gefahr, Kritik und Widerstand als persönliche Schwäche und als Kränkung zu erleben.

Je mehr es mir gelingt, mich in die Motive und Bedürfnisse anderer einzufühlen, umso weniger werde ich Widerstand als persönlichen Angriff deuten. Die Herausforderung ist, zu lernen, dass ich sowohl engagiert geben als auch gelassen akzeptieren kann, wenn etwas dankend abgelehnt wird. Das ist eine besondere Form von Sicherheit: unabhängig werden von ständiger, lückenloser Bestätigung. Hilfreich ist auch die scheinbar paradoxe Haltung:

***Weil ich überzeugt bin,
dass mein Angebot sinnvoll und nützlich ist,
kann ich auch gut damit umgehen,
wenn es abgelehnt wird.***

Das heißt: Ich habe genug Selbstbewusstsein, eine Zurückweisung zu akzeptieren.
Ähnlich einem anderen Paradoxon:

***Weil ich gut vorbereitet bin,
fällt es mir leichter,
vom Vorbereiteten abzuweichen.***

Diese Herausforderung stellt sich wohl jeder Autorität: Zurückweisung zu akzeptieren und „narzisstische" Anteile, „Ego-Trips" in sich selbst zu erkennen und zügeln zu lernen.

Gefährlich ist auch das an sich sinnvolle Bemühen, möglichst viele Menschen zu erreichen: Leicht wird daraus der Anspruch, *alle* erreichen zu müssen und das möglichst immer.
Dieser überhöhte Anspruch wird oft zu Recht von außen korrigiert: „Bitte etwas mehr Realitätssinn, vielleicht sogar etwas Bescheidenheit! Menschen sind einzigartig. Jede Situation ist einzigartig!"
Wer immer mit allem Erfolg haben möchte, nimmt Menschen etwas von ihrer Einzigartigkeit.

Praxisbeispiel

Unruhige Berufsumsteiger

Ein EDV-Trainer am Berufsförderungsinstitut arbeitet mit Berufsumsteigern verschiedener Altersgruppen:
*„Ich war stets bemüht, meine Inhalte gut zu vermitteln und in erster Linie auf technische Fragen konzentriert. Dennoch bemerkte ich von Anfang an, dass besonders ältere Teilnehmer häufig unruhig waren. Ich interpretierte dies zunächst als meine persönliche Scheu, auch Menschen zu unterrichten, die älter sind als ich.
Ein ca. 40-jähriger Teilnehmer lehrte mich hier umzudenken. Er war einer der besonders Unruhigen, verließ auch immer wieder den Kursraum, fallweise sogar für 15 Minuten, bestenfalls mit dem knappen Hinweis, er müsse hinaus.
Dies irritierte mich so sehr, dass ich ihn zu einem Gespräch bat. Dabei erklärte er mir, dass er nach vielen Jahren Arbeit am Bau überfordert sei, so lange ruhig sitzen zu müssen. Er brauche einfach immer wieder Bewegung zwischendurch, um wieder einigermaßen aufnahmefähig zu sein.
Seither spreche ich unruhige Teilnehmer und Teilnehmerinnen direkt an und zeige Verständnis für ihre Schwierigkeiten. Dass ich dies früher auf mich bezogen hatte, hatte mir erschwert darüber zu sprechen."*

BAUSTEIN 3

LEITEN MIT BLICK NACH INNEN

Baustein 3 lädt ein zur „Innenschau":

Ich lebe meine Leitungsfunktion
indem ich mir meiner Eigenart bewusst bin.

Selbstreflexion ist ein wertvoller Ansatz für meine soziale Kompetenz. Aus bewusster und achtsamer Wahrnehmung der eigenen Persönlichkeit, der Stärken und Lernbereiche entwickle ich Selbstvertrauen und Sicherheit im Umgang mit herausfordernden Situationen.

Aus dieser „Mitte" gelingt konstruktives Bearbeiten und Lösen von Widerständen in der eigenen Selbstorganisation, wie auch in unterschiedlichen Führungsrollen.

Nicht die Technik wirkt, sondern die Person dahinter.

In diesem Baustein finden Sie Anregungen, Ihre Ausstrahlung zu stärken und für das eigene Innenleben zu sorgen, um beseelt zu leiten:

Eigen-ART leben · Herausforderungen als Lernchancen · Mein Ich und mein Selbstwert

EIGEN-ART LEBEN

Von Innen geleitet

Im Zentrum steht die Eigenart der Führungs-Persönlichkeit

Idee: Paul Lahninger mit Reinhold Rabenstein und Eva Scala

Wir leiten entsprechend unserer persönlichen Eigenart: Das eigene Wesen fließt in unsere Arbeit ein. Die Qualität der Kommunikation, Konfliktbearbeitung, klare Aufgabenorientierung, Sicherung von Ergebnissen: All dies geht von der Leitung aus.

In diesen Aufgaben die eigene Qualität zu leben, aus der eigenen Mitte zu handeln und Kompetenzen weiterzuentwickeln, dies ist die Kunst der Eigen-ART.

Ich kann nur aus mir selbst heraus wirksam sein. Indem ich grundsätzlich zu mir stehe, für meinen Selbstwert sorge, mich auf meine persönliche Weise einbringe, kann ich leiten und führen.

Kraftvolle Ausstrahlung bedeutet vor allem: zu sich selbst stehen.

Aus meiner Eigenart gestalte ich die Aufgaben in effektiven Kommunikationsstrukturen und in situativ stimmigem Führungsverhalten.

Ich führe, indem ich kommuniziere und Kommunikation gestalte.

Konzentrische Kreise des Führungsstils

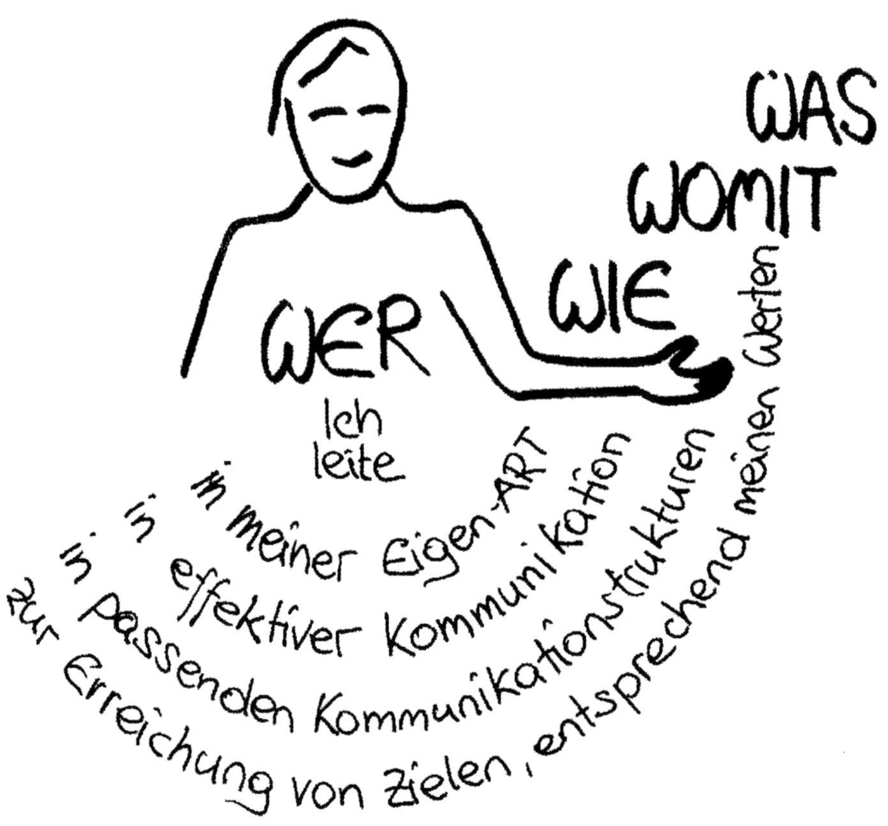

Persönlichkeitsentwicklung in 2 Polen

Zwei Möglichkeiten des Lernens wirken zunächst wie Gegensätze

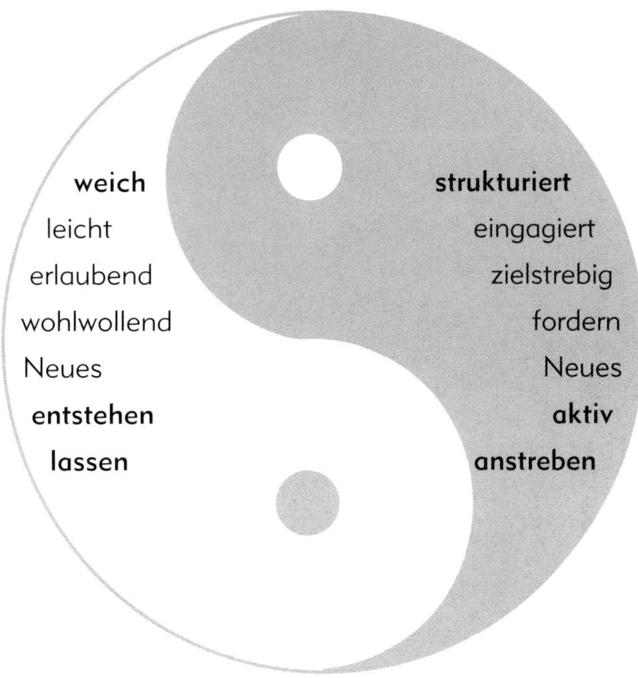

Der weiche Weg bedeutet:

Ich richte meine Aufmerksamkeit auf das, was mich anzieht. Ich achte auf das, was mir jetzt schon gelingt, auf das, was mich stärkt und mir gut tut. Ich vertraue darauf, dass mein Unbewusstes (oder „mein Selbst") Wege findet die Qualität zu entfalten, die mir wertvoll geworden ist. Eine innere Weisheit führt mich und schenkt mir hilfreiche Erfahrungen.

Der strukturierte Weg bedeutet:

Ich setze mir ein Ziel und plane konkrete Umsetzung. Ich trainiere in kleinen Schritten und herausfordernden Übungsmöglichkeiten.

Ich prüfe Erfolge, hole aktiv Rückmeldungen ein, studiere Vorbilder.

Ich engagiere mich aktiv.

Ganzheitlich lernen

Beide Wege ergänzen einander. Starke Einseitigkeit kann zu inneren Widerständen führen: Vielleicht unbewusst wehrt sich eine Stimme in mir gegen die übermäßige Passivität oder gegen das unausgewogene Engagement. Umfassende Entwicklung entsteht im Zusammenwirken des weichen und des strukturierten Weges:

Gelassenheit	im Engagement
Wachsen lassen	in Zielorientierung
Wohlwollen	in forderndem Training

Entwicklung begleiten

In der Begleitung und Führung anderer Menschen kann ich auf ausgewogene Impulse aus beiden Polen achten und Rückmeldung geben, wenn ich den Eindruck habe, dass andere zu Einseitigkeit neigen.

Einladung zur Selbstreflexion

Welche Wege für meine persönliche Entwicklung sind mir vertraut?

Welche Möglichkeiten sehe ich für meine ausgewogene Weiterentwicklung?

Meditation Paradoxien meiner Entwicklung

Indem ich
zufrieden bin
mit dem, was ist,
bin ich offen für Neues.

Indem ich
meine Grenzen annehme,
entwickle ich
meine Stärken.

Indem ich
mich selbst bejahe
so wie ich bin,
verändere ich mich.

Meine Ausstrahlung

Der wesentlichste Faktor für meinen Erfolg als Autorität ist neben meinen Fähigkeiten meine Ausstrahlung.

Die Ausstrahlung kann als Teil der sozialen Kompetenz betrachtet werden.

Ausstrahlung

- ❑ basiert auf Werthaltungen,
- ❑ fließt in die sprachliche Ebene mit ein und
- ❑ zeigt sich in der nonverbalen Kommunikation.

Die Art, wie ich mich bewege, wie ich Menschen anschaue, wie ich zuhöre, worauf ich reagiere und worauf nicht, Körperhaltung, Mimik, der Abstand, den ich zu anderen wähle, all das wird meist unbewusst wahrgenommen.

Intuitiv (also ohne es bewusst zu steuern) suchen wir die Nähe von Menschen, die wir „riechen können" und die uns sympathisch sind. Manche Menschen empfinden wir als herzerwärmend, andere als kühl.

❑ **Ich wecke dein Vertrauen**

Sich führen zu lassen bedeutet zu vertrauen. Intuitiv schätzen wir ein, wie sehr wir eine Person als vertrauenswürdig empfinden: Input dafür erhalten wir durch ihre Ausstrahlung.

❑ **Ich öffne mich für dich**

Für Leitungsaufgaben ist bedeutsam, dass ich eine „Schwingung" sende, die zu meiner Zielgruppe passt. Ich erlebe, dass dies ganz wesentlich mit der inneren Einstimmung auf die Menschen zu tun hat, mit denen ich arbeite, und dass dieses bewusste innere Kontaktaufnehmen mit der konkreten Zielgruppe im Lauf der Jahre die Spannweite für unterschiedlichste Herausforderungen erweitert.

❑ **Ich mache aus mir das Beste, das ich sein kann**

Leben heißt sich entwickeln und wachsen.

Alles, was lebt, entwickelt sich.

Ganz besonders wichtig ist mir diese These für lebendige Autorität:

Wer sich darauf beschränkt, das aufrecht zu erhalten, was er gelernt hat, ist gefährdet zu erstarren und an Bedeutung zu verlieren.

Wenn das Leben ein Fluss ist, dann bleibt der zurück, der sich an das klammert, was er bisher erreicht hat. (Metapher nach dem griechischen Philosophen Heraklit: „Alles fließt")

Tatsächlich sind Entwicklungen in allen sozialen Systemen beobachtbar als Merkmal von Lebendigkeit. Wissen, Know-how und auch die Anforderungen entwickeln sich weiter.

Indem ich als Autorität meine eigene Weiterentwicklung beachte, unterstütze und aktiv fördere, gewinne ich auf vielen Ebenen dazu:

- ❑ Einerseits habe ich tatsächlich mehr zu geben und kann vielseitiger und effektiver leiten.
- ❑ Andererseits wirkt meine Ausstrahlung der Offenheit und Entwicklungsorientierung auf andere: Hier lädt eine Person ein mitzugehen, die selbst unterwegs ist.

Je ernsthafter und entschiedener ich mein eigenes Lernen, meine Fortbildung betreibe, umso mehr werde ich Vertrauen wecken, wenn ich einlade, sich auf den Weg zu machen.

HERAUSFORDERUNGEN ALS LERNCHANCEN

Widerstände, Konflikte, Herausforderungen – ja sogar Scheitern und Pannen – können Lehrmeister sein: Ich kann jede schwierige Situation als Praktikum betrachten, indem ich mir die Frage stelle, was ich dabei lernen kann. Indem ich dies tue, sehe ich in jeder Herausforderung Sinnvolles und nehme die Beteiligten ernst.

Aus der tendenziell abwertenden Frage

*„Warum wollt **ihr** denn nicht? Was ist nur los mit **euch**?"*

wird die Frage:

*„Wie kann **ich** euch jetzt gerade unterstützen? Was kann **ich** beitragen, damit wir gut weiterkommen?"*

Meinen Ärger nehme ich gleichermaßen ernst, sonst zeigt er sich als Widerstand. Regie in mir führt jedoch eine Instanz, die nach Lösungen sucht und bereit ist dazuzulernen – und nicht Zorn, der sich im Beschuldigen zeigt.

Warnung vor Selbstzweifeln

Manche Menschen haben gelernt die Schuld für jedes Problem bei sich selbst zu suchen, sich selbst abzuwerten. Im positiven Sinn ist dies eine gute Ausgangsposition, um zu lernen, wenn Selbstbeschuldigung, vorschneller Rückzug überwunden sind. Dennoch ist die Lernaufgabe für notorische Beschwichtiger- und Selbstabwerter-Innen eher die, zu konfrontieren, Grenzen zu ziehen, offene Wünsche und gegebenenfalls auch Forderungen auszusprechen.

Für manche ist es angemessen, zu lernen sich mehr durchzusetzen, für andere, sich mehr zurückzunehmen.

Welcher Lernschritt mich am meisten weiterbringt, ist nicht immer offensichtlich und braucht ehrliches Feedback, offene Selbstreflexion, die Bereitschaft zu suchen.

In jedem Konflikt kann ich mich fragen, welche Lernaufgabe mir gerade begegnet. Hilfreich ist auch die Frage, was das mit mir selbst zu tun hat, was mich an anderen Personen stört, beunruhigt, ärgert.

Ich kann darauf vertrauen, dass mir das Leben die Herausforderungen schenkt, die angemessen sind.

ARBEITSBLATT

Übung Gruppendynamik als Spiegel

Idee: Paul Lahninger
Absicht: Auseinandersetzung mit eigenen Persönlichkeitsanteilen
Arbeitsform: Einzel-Arbeit oder Paarübung für Personen, die Übung haben, andere coachend zu begleiten.
Dauer: 20 bis 30 Minuten

Widerstände nutzen

Andere Menschen berühren uns dort, wo wir wunde Punkte haben, wo zu lernen uns gut tut. – Das ist die Chance der Gruppendynamik.

Menschen, die uns schwierig erscheinen, zeigen uns oft etwas, das wir in uns selbst nicht wahrnehmen können. Der Blick in den emotionalen Spiegel der Gruppendynamik fordert heraus, zu lernen.

1. Beschreibe eine Situation in der Arbeit mit Menschen, in der du andere als schwierig empfindest:

2. Welche Kompetenz / welche Qualität kann dir in dieser Situation weiterhelfen:

3. Wenn du dir so eine „schwierige" Person als Teil deiner Persönlichkeit vorstellst, für welche (Schatten-) Impulse könnte sie stehen:

4. Erfinde ein paar Möglichkeiten, diese (Schatten-) Impulse in dir zu Wort kommen zu lassen:

5. Welche Möglichkeiten siehst du, das Bedürfnis dieser „schwierigen" Person anzuerkennen (was nicht bedeuten muss, eigene Ziele aufzugeben):

6. Was siehst du als deinen (Minimal-)Anteil in der „schwierigen" Situation:

7. Entscheide dich für einen (ersten) kleinen konkreten Schritt als Lösungsimpuls für die schwierige Situation:

Alles Gute!

Aggression als Ansatz für Selbsterkenntnis

Persönliche Hintergründe für Ärger und Wut verstehen

Widerstand führt sehr oft zu Ärger. Auseinandersetzung mit Widerstand wird oft zu einem Konfliktgespräch.

Ärger und Konflikte sind normal und wichtig.

Gefühle von Aggression sind ein wichtiger Hinweis auf Themen, die Beachtung brauchen. Ärger und Wut wirken als zusätzliche Energie, die für die Auseinandersetzung bereitgestellt wird. Meist empfinden wir diese inneren Reaktionen jedoch als unerwünschten Stress und konstruktives Lösen wird dadurch zum Teil erschwert.

Die Auseinandersetzung mit der persönlichen Innenwelt, mit Bedeutung und Geschichte aggressiver Gefühle, kann für das Selbstverständnis und die eigene Weiterentwicklung sehr wesentlich sein.

Gefühle von Aggression sind sekundäre Gefühle, d.h. sie werden von anderen Gefühlen ausgelöst. Die primären Gefühle dahinter sind Angst und Schmerz in allen Schattierungen, wie z.B.: Irritation, Verunsicherung, Hilflosigkeit, Überforderung, Zwiespältigkeit, Kränkung, Verletztheit. Dass diese unangenehmen Gefühle Ärger und Wut auslösen können, ist ein Vorgang, der letztlich der Selbsterhaltung dienen soll.

Zugleich ist ein guter Teil der Gefühlsreaktionen und vor allem deren Ausdruck als Aggression lebensgeschichtlich gelernt.

Ärger bei Widerstand und in Konflikten

Wir können uns über eigene Fehler ärgern, über schlechtes Wetter, über Verkehrsbehinderungen, über Stress.

Wir könnten uns den ganzen Tag ärgern.

In Konfliktgesprächen ist Umgang mit Ärger eine besondere Herausforderung.

Die meisten Menschen haben wenig Übung darin, aggressive Gefühle konstruktiv zu nutzen und auszudrücken.

Drei mögliche Handlungsweisen, wenn wir das nicht können, sind:

- ❑ Wir haben nicht gelernt auf Angriffe angemessen zu reagieren, uns zu schützen und abzugrenzen. Wir lassen uns verletzen und sind dann nachtragend. (➠ indirekter Fluchtimpuls oder Todstellreflex)
- ❑ Wir sind indirekt verletzend, vorwurfsvoll, beschuldigend, ohne es selbst wahrhaben zu wollen. (➠ indirekter Angriffsimpuls)
- ❑ Wir explodieren und schlagen verbal um uns, sind destruktiv in unserer Wut. (➠ direkter Angriff)

Viele Menschen schlittern je nach Situation in eine andere, manchmal auch in einem einzigen Konflikt in alle drei dieser destruktiven Strategien.

Dazu kommt die typische Konfliktdynamik, dass wir unsere Energien auf die Veränderung des Konfliktpartners richten, anstatt auf Lösungssuche: *„Du musst doch einsehen, dass du im Unrecht bist, sei doch vernünftig (und tue, was ich will) ...!*

„ICH ärgere MICH"

Diese Sprachformel sagt viel über unbewusste Hintergründe.

Bin ich es, der mich ärgert?

Manchmal ärgere ICH MICH auch, weil ich mich ärgere: Mein Ärger ärgert mich.

Der erste Schritt mir dessen bewusst zu werden ist, mich wohlwollend anzunehmen wie ich bin und mir einen Blick auf Hintergründe in meinem Inneren zu erlauben.

Es ist gut, dass ich so bin, wie ich bin.

Und es tut gut, mich so anzunehmen, wie ich bin.

Dazu gehört auch den eigenen Ärger zu akzeptieren.

Vielleicht ist es gerade die Wut, die angenommen oder gesehen werden möchte.

Es kann sein, dass dieses Hinschauen allein schon ein bisschen entlastet.

Beispiel

Wenn ich erkenne, dass mich die Unpünktlichkeit anderer deswegen so sehr ärgert, weil ich mit mir selbst so streng bin und mich unter Druck setze, um ja immer pünktlich zu sein.

Vielleicht erlaubt mir dieses Hinschauen ein amüsiertes Lächeln – umso besser!

Im Folgenden die Einladung, wohlwollend selbstkritisch Hintergründe für eigene aggressive Gefühle wahrzunehmen.

Übung Aggression verstehen

Einladung zur Selbstreflexion

Idee: Paul Lahninger
Absicht: Auseinandersetzung mit aggressiven Gefühlen im eigenen Inneren
Arbeitsform: Einzel-Arbeit oder Paarübung für Personen, die Übung haben, andere coachend zu begleiten.
Dauer: 10 bis 30 Minuten

Je mehr wir Ausdruck von Ärger und Wut abwerten und souveränes, harmonieorientiertes Verhalten idealisieren, umso wahrscheinlicher wird unsere Selbstwahrnehmung in diesen Bereichen getrübt.

Die innere Erlaubnis, die Akzeptanz dieser „Schwächen" ist ein notwendiger Schritt, um ein klares Bild eigener innerer Vorgänge zu bekommen.

Insbesondere, wenn uns der Aggressionsausdruck anderer wütend macht oder wir Schreien und Toben lächerlich finden, wird dies ein spannendes Thema für uns selbst sein.

Sammle Beispiele von Situationen, die dich ärgerlich oder wütend machen (könnten):		**Welche** deiner Bedürfnisse sind dabei (schmerzlich oder bedrohlich) beeinträchtigt:
....	→	....
....	→	....
....	→	....
....	→	....
....	→	....
....	→	....
....	→	....
....	→	....
....	→	....
....	→	....
....	→	....

Prüfe die folgenden Thesen typischer Aggressionsauslöser:

Ich ärgere mich ...

❑ weil ich die Realität nicht anerkennen möchte,
weil ich meine Hilflosigkeit oder Überforderung, meine Grenzen nicht haben will.

❑ weil ich den Mut nicht habe mich abzugrenzen,
Angst habe vor offener Auseinandersetzung
oder davor abgelehnt zu werden.

❑ weil andere etwas tun, was ich selbst gerne täte, es mir aber nicht erlaube;
weil ich es mir selbst verbiete, muss ich es auch im Außen ablehnen.
(Normalerweise bedeutet das, dass ich schon als Kind gelernt habe, dass das etwas „Schlechtes" ist.)

Wunde Stellen reflektieren

Selbst-Coaching: mich innerlich wohlwollend begleiten

Stellen Sie sich vor ...

Sie haben eine alte Wunde am Oberarm, die bei jeder Berührung stechend schmerzt. Sie tragen Kleidung über dem Verband, andere können Ihre Wunde nicht sehen.

Ein Freund klopft Sie gegen den wunden Oberarm. Sie schreien auf, der Freund hat keine Ahnung, was passiert ist: „Das war doch nur ein kleiner Schubs!!"

Natürlich würden Sie jetzt die Wunde erklären, vielleicht auch den Verband öffnen und gemeinsam nachsehen ...

Stellen Sie sich vor ...

In Ihrer Seele haben Sie eine alte Wunde, die bei jeder Berührung schmerzt: ein bestimmtes Wort, eine besondere Form von Widerspruch – und etwas in Ihnen schreit auf.

Die Beteiligen haben keine Ahnung, was mit Ihnen los ist, denn Sie haben gelernt, Ihre Wunde zu verstecken! Vielleicht ist sie Ihnen selbst kaum bewusst, denn über der alten Wunde tragen Sie Ihr Wunschbild vom eigenen Ich und Ihrer sozialen Rolle.

Eine weit verbreitete Strategie, um diese Wunde zu schützen, ist die „Wertekeule zu schwingen": Wir versuchen, andere von deren Unrecht zu überzeugen die Einhaltung von „allgemein gültigen" Werten einzufordern, anstatt unsere Verletzlichkeit zu zeigen oder eigene Bedürfnisse auszusprechen. Diese Strategie ist gut verständlich, wird jedoch eher dazu führen, dass die Wunde erhalten bleibt.

Wunde Stellen erkennen

- ❑ Worauf springe ich an?
- ❑ Welche Form von Widerstand kränkt mich?
- ❑ In welchen Situationen fällt es mir schwer, ein Nein anderer sachlich zu sehen?

Wunden brauchen Pflege, Fürsorge, Schutz.

Der erste Schritt ist, sie wahrzunehmen. Genau das fällt uns bei seelischen Wunden oft schwer – wir empfinden sie als Schwäche. Und meistens sind alte seelische Wunden so beschaffen, dass schon das Hinschauen zunächst wehtut. Das alte Schutzprogramm lautete: wegschauen, verdrängen – insbesondere, wenn Verletzungen in der Kindheit sehr heftig waren und uns damals keine liebevolle Begleitung unterstützte, diese zu verarbeiten.

Genau darum geht es jetzt:

- ❑ Sich selbst liebevoll begleiten, und dem zuzuwenden, was Schutz braucht.
- ❑ Sorgsam umgehen mit dem, was war, und mit dem, was ist.
- ❑ Lösungen finden für die innere Heilung.
- ❑ Für Nährendes, Bestärkendes, Unterstützendes sorgen.

Praxisbeispiel

Wunde Stellen reflektieren

„Ich moderierte eine Gruppe, in der ein älterer Mann, sich sehr vehement einbrachte. Ich bekam das Gefühl, dass er gegen meine Leitung opponierte. So fragte ich ihn vor der Gruppe, ob er mit meiner Leitung nicht einverstanden sei. Ganz erstaunt sagte der Mann, er sei doch nur bemüht, viel beizutragen, meine Leitung sei ihm sehr angenehm. Ich war verunsichert. In der nächsten Pause fragten mich andere Personen beim Kaffee, wieso ich diesen Mann so scharf kritisiert hatte.
Da wurde mir klar, dass es hier um meine alte Unsicherheit mit älteren Männern ging. In der Selbst-Reflexion am Abend wurde mir bewusst, dass es mich dann auch gekränkt hatte, dass mir nach so viel Erfahrung „so etwas" passiert. Gerne würde ich da „drüber stehen".
In der weiteren Zusammenarbeit konnte ich dem älteren Mann gut zugestehen, sich auf seine Weise einzubringen."

Schwächen verstecken lädt ein, sie zu suchen

Schwächen und Fehler der leitenden Person können in gewissem Ausmaß sympathisch, „menschlich" wirken. Wer sich perfektionistisch, (scheinbar!) fehlerlos zeigt, wirkt oft unangenehm.

Voraussetzung für die „sympathische Schwäche" ist, dass ich einen konstruktiven Umgang mit Fehlern und Schwächen finde, bereit bin, diese wohlwollend wahrzunehmen, um an ihnen zu arbeiten oder diese auszugleichen. Unangenehm wirkt sowohl eine strikte Abwehr – *„Ich bin eben so, also nehmt mich gefälligst so!"* – als auch ein kniefälliges Schuldbewusstsein – *„Es tut mir ja so Leid, es ist ja wirklich zu dumm!"*

Besonders ungünstig ist, wenn die Leitung versucht, eigene Fehler zu verstecken oder zu tabuisieren. – *„Ich stehe über euch, also darf ich keine Schwäche zeigen."*
Aus diesem Versteckspiel kann leicht ein Suchspiel werden: Andere werden angeregt auf das zu schauen, was ich selbst nicht sehen will oder nicht zeigen möchte.
Mein blinder Fleck wird in dieser Dynamik zum unbewussten Anlass für Widerstand.
Dieses Phänomen kann vor allem dann deutlich werden, wenn zwischen Leitung und Gruppe/ Team eine längere, intensivere Beziehung entsteht, besonders dort, wo es explizit um soziales Lernen, um Selbsterfahrung geht.

Fallbeispiel

Widerstand gegen ein Abschiedsgespräch
In einem Team wird gute Beziehungskultur bewusst gelebt. Ein Teammitglied kündigt unerwartet und scheint im Widerstand gegen ein offenes, klärendes Gespräch. In einer Supervision zeigt sich, dass die Leiterin es ist, die Angst vor dem Gespräch hat, nicht das Teammitglied. Sie tut sich schwer mit dem Thema Abschied.

Fallbeispiel

Widerstand gegen Feedback
Der Leiter eines Selbsterfahrungs-Seminars hält Kritik nicht gut aus und ist bemüht, sich unantastbar zu zeigen. Zugleich fordert er Gruppenmitglieder hartnäckig auf, einander kritische Rückmeldungen zu geben. Die Auseinandersetzung um Kritik eskaliert, einige Personen brechen das Seminar ab.

Fallbeispiel

Widerstand gegen offene Fragen

Ein Vortragender vermeidet peinlich, eigenes Nicht-Wissen zu zeigen. Er hat den Anspruch, sich in allen Details als Experte zu zeigen. Einige in der Gruppe neigen mehr und mehr dazu, Fragen zu stellen, deren Antwort sie kennen. Immer seltener erlaubt sich jemand in der Gruppe, eine echte Frage aus Nicht-Wissen zu stellen oder sich in irgendeiner Form „eine Blöße" zu geben.

➡ Kritische Selbstreflexion

In diesen Beispielen ist gut nachvollziehbar, dass (vermeintlicher) Widerstand in der Gruppe ein Hinweis auf Lernbereiche für die Leitung sein kann. Möglicherweise ist es ein Widerstand der leitenden Person, den die Gruppe auslebt.
Die Auseinandersetzung mit Widerständen, die mir als Leiter unangenehm sind, bringt mich selbst am meisten weiter:

- ❑ Was zeigt mir die Situation?
- ❑ Was kann ich daraus lernen?
- ❑ Was vermeide ich?
- ❑ Behindert mich eine Tendenz zum Bewahren von Vertrautem?
- ❑ In welchen Bereichen bin ich „eingefahren", so dass es gut tut, wenn mich jemand „aus der Bahn" wirft?

Komfortzone des Vertrauten

Die Tendenz zum Bewahren nimmt im Laufe der Zeit zu

nach einer Idee von Erich Detroy, Würthenberg

Jeder Mensch nutzt Kompetenzen. Diese bilden den Bereich unserer vertrauten Verhaltensweisen.

Wir können uns diesen Bereich als eine Kreisfläche vorstellen, innerhalb der wir uns bewegen. Es entspricht unserem Bedürfnis nach Sicherheit und Kontinuität in dieser „Komfortzone" zu leben.

Außerhalb dieser vertrauten Zone warten ungewohnte Erfahrungen, neue Abenteuer, Lernmöglichkeiten.

Im Laufe des Lebens lässt bei vielen Erwachsenen die Bereitschaft nach, Neues auszuprobieren und Kompetenzen dazu zu gewinnen: Die Grenze zwischen Komfortzone und Abenteuerbereich wird dichter, verhärtet sich – der Widerstand gegen Veränderungen nimmt zu.

Diese Verfestigung betrifft tendenziell die gesamte Wahrnehmung, die Welt wird im Sinne der eigenen Erfahrungen interpretiert. Und das scheint sich ständig zu bestätigen:

„So wie du die Welt siehst, so ist die Welt für dich!"

Je öfter wir Neues versuchen, je öfter wir lernen und uns verändern, umso weicher bleibt die Grenze des Komfortbereichs.

Indem wir uns Herausforderungen stellen, weiten wir unseren Handlungsspielraum aus. Wenn wir dies nicht tun, weil wir die Bereitschaft uns zu verändern verloren haben, kann es sein, dass Krisen oder schlimme Ereignisse uns aus der Komfortzone werfen und so unser Lernen fordern.

Ich kann mich selbst achtsam fördern und mich kontinuierlich weiterentwickeln:

- → *Welche Veränderung bringt mich weiter?*
- → *Was soll bleiben, wie es ist?*
- → *Was gebe ich auf, was gewinne ich dazu?*
- → *Was unterstützt mich auf dem Weg, das Beste aus mir zu machen?*

Insbesondere für die Arbeit als Autorität in herausfordernden Situationen ist diese bewusste kontinuierliche, persönliche Weiterentwicklung sehr wertvoll.

Indem ich diese inneren Widerstände gegen Veränderung in mir selbst beachte, kann ich andere besser begleiten, sich weiterzuentwickeln.

„Das, was mich aus der Bahn warf, hat mich auf den rechten Weg gebracht."

(anonym)

Vergangenes verdauen und abschließen

Es gibt Situationen, in denen wir einen Konflikt erfolgreich bewältigt haben, und dennoch bleibt danach ein unangenehmes Gefühl.

- Vielleicht ist es ein Ärger, den wir nicht unserem Empfinden entsprechend ausdrücken konnten.
- Vielleicht ist es die Sorge, dass eine ähnliche Situation bald wieder auftreten und die Arbeit behindern oder verzögern könnte.
- Manchmal gibt es auch keinen ersichtlichen Grund dafür, warum uns eine Auseinandersetzung länger als notwendig innerlich präsent bleibt und unsere Gedanken um den Konflikt kreisen.

Dieser innere Nachgeschmack nach Störungen kann uns speziell dann behindern, wenn wir mit derselben Gruppe, demselben Menschen wieder zu tun haben.

Das gilt z.B. für Führungskräfte in einem Team und für Lehrbeauftragte in einer fortlaufenden Seminargruppe.

Für die gute Weiterarbeit ist hilfreich,

- das, was war, bewusst abzuschließen und eventuelle Reste zu verdauen.
- sich bewusst Zeit zu nehmen für diese Verdauungsarbeit.
- dem Thema und dem nachklingenden Ärger Raum zu geben, z.B. beim Spazierengehen.

Das Aussprechen von zurückgehaltenen Empfindungen entspannt und klärt.

Ich könnte mir beispielsweise überlegen, was ich der Person, die ich als störend oder im Widerstand erlebt habe, jetzt gerne sagen würde. Wenn es mir entspricht, kann ich dies laut auszusprechen. Das laute Aussprechen ordnet deutlich die widerstreitenden Gedanken im Hin und Her der Regungen.

Danach kann ich prüfen, ob es Sinn macht, mit der betroffenen Person ein reales Gespräch zu führen. Auch unangenehme Gefühle auszusprechen ist Teil meiner sozialen Kompetenz und kann meine Autorität stärken.

Beispiel

Irritation über eine heftige, abwertende Kritik

So könnte ich meine Irritation über eine heftige, abwertende Kritik auch im Nachhinein formulieren.

„Ich bitte dich um ein kurzes Gespräch. Ich habe noch ein unangenehmes Gefühl, wenn ich an die Situation X denke. Wir haben eine gute Lösung gefunden, dennoch ist in mir noch ein gewisser Ärger. Ich war zunächst sehr irritiert, weil ich deinen kritischen Einwand sehr heftig empfunden habe und mich dabei zunächst sehr unwohl gefühlt habe. Andererseits ist mir das Anliegen, das dabei deutlich wurde, wichtig und ich bin froh, dass es zur Sprache gekommen ist."

Wenn ich mich auf dieses Gespräch einlasse, ist es notwendig aktiv zuzuhören und der anderen Person zuzugestehen, dass sie sich vielleicht verteidigen und rechtfertigen möchte. Ich habe oft erlebt, dass es sinnlos ist, in dieser Art von Gespräch auf ein Ergebnis oder auf eine gemeinsame Sicht hinzuarbeiten.

Eine häufige Quelle für Konflikte ist, dass verschiedene Personen eine Situation unterschiedlich bewerten und sich gegen die Bewertung der anderen wehren.

Wesentlich ist einfach die Mitteilung dessen, was mich bewegt. Gleichzeitig kann ich eine begleitende Haltung einnehmen, in der ich die andere Person und ihre Bewertungen akzeptiere.

Übung Irritation im Rollenspiel aussprechen

Meist reicht ein kurzes Gespräch, um unangenehme Gefühle nach Störungen hinter sich zu lassen und offen auf neue Situationen zugehen zu können:
„Vorbei ist vorbei!"
Oft wird es jedoch nicht passen, so ein Gespräch im Nachhinein zu führen, z.B. weil ich mit den Beteiligten keinen Kontakt mehr habe.
Um dennoch mein Gefühl der Irritation ernst zu nehmen, kann ich eine vertraute Person bitten mir zuzuhören, um die Situation innerlich abzuschließen.

Dieses Aussprechen wird wirkungsvoller, wenn ich es wie ein Rollenspiel gestalte:

- ❑ Ich beschreibe eine Situation, in der ich mit Konflikt-Beteiligten sprechen könnte.
- ❑ Im Rollenspiel nehmen wir entsprechende Positionen (sitzend oder stehend) ein.
- ❑ Ich stelle mir vor, mit der Person zu sprechen, die mich real irritiert hat.
- ❑ Die andere Person im Rollenspiel hört mir einfach zu ohne zu antworten.
- ❑ Wenn ich dies möchte, gibt sie mir zum Schluss eine Rückmeldung.
- ❑ Ich kann in mehreren Durchgängen beobachten, wie sich der Ausdruck meiner Gefühle verändert. Vermutlich werden dabei tiefer liegende Bedürfnisse oder alte Verletzungen sichtbar.

Variante Briefe schreiben

Dieselbe reinigende und vertiefende Wirkung kann ich erreichen, indem ich an die andere Konfliktpartei einen Brief schreibe, ohne diesen abzuschicken. Auch dabei bieten mehrere Durchgänge eine interessante Möglichkeit, tiefer liegende Themen des eigenen Innenlebens herauszuarbeiten. Besonders intensiv wird diese Übung, wenn ich daraus eine Art Ritual mache. Ich schreibe an mehreren Tagen hintereinander jeweils einen neuen Brief und entsorge diesen dann bewusst.

Möglicherweise bleiben aber noch „hartnäckige Reste" – dann macht es Sinn, diese in einem Coaching, einer Supervision zu bearbeiten.

Für diese Form von Aufarbeitung eignet sich auch die Methode der Vier-Stimmen-Konferenz, die mit etwas Übung auch allein durchführbar ist.

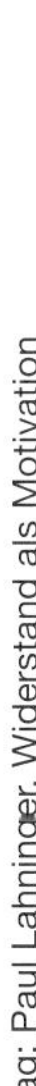

Übung Vier-Stimmen-Konferenz

Persönliche Aufarbeitung von Herausforderungen

Idee: Paul Lahninger, nach dem Modell der 4-Positionen-Beratung, siehe Paul Lahninger: Leiten Präsentieren Moderieren, Münster 2003

Absicht: Auseinandersetzung mit Spannungen durch Klären von widerstrebenden Impulsen im eigenen Inneren, um Irritationen und Konflikte zu verdauen und Lösungsfindung zu unterstützen.

Arbeitsform **als Paarübung**: Empfehlenswert ist, wenn die Beteiligten Übung haben, andere coachend zu begleiten.
Person A: bearbeitet widerstreitende Empfindungen.
Person B: begleitet, stellt Fragen zur Konkretisierung, fasst das Gehörte zusammen und achtet darauf, keinesfalls eigene Wertungen oder Ratschläge einfließen zu lassen.
als Einzelarbeit: sehr empfehlenswert auch in der freien Natur. Die unten angeführte Position der „Moderator-In" fasst die Beiträge der anderen Stimmen zusammen.

Dauer: 10 bis 30 Minuten

1. Beschreibe kurz die herausfordernde Situation.

2. Stell dir vor, in deinem Inneren diskutiert ein 4-stimmiges Team:
   Bodyguard passt auf dich auf, schützt deine Interessen.
   Seelenforscher-In möchte Bedürfnisse anderer Personen verstehen.
   Moderator-In schaut sich das Ereignis möglichst neutral an.
   Medizin-Frau/Mann kennt heilende Gedanken, ruft gute Ideen herbei.

   Finde für die 4 Stimmen 4 Positionen im Raum.
   - ❏ Wo gibst du in Bezug auf die gewählte Situation jeder der 4 Stimmen ihren Platz?
   - ❏ Markiere diese 4 Positionen am Boden mit beschrifteten Kärtchen oder mit Symbolen aus der Natur.

3. Nimm nun der Reihe nach jede dieser 4 Positionen ein:
   Lass dir Zeit die besondere Qualität an diesem Platz zu spüren und gib jeder dieser 4 Energien in dir deine Stimme.
   Achte dabei darauf, dass du dich auf jeweils diese eine Position einlässt und dadurch jeder der 4 gleich viel Ausdruck gibst.
   Wechsle 2- bis 3-mal von einer Position zur anderen, um auch Reaktionen der Stimmen aufeinander auszudrücken.
   Schließe die Übung ab,
   - ❏ indem du noch einmal in die Position Medizin-Frau/Mann gehst und
   - ❏ in der Position Moderator-In in einem Schlusskommentar endest.

   Hinweis: Insbesondere bevor Medizin-Frau/Mann zu Wort kommt, ist es hilfreich, zuerst die Qualität dieser Position wahrzunehmen und die heilende Kraft zu spüren, bevor du ihr Stimme gibst.

Das Aussprechen der 4 Stimmen wirkt wohltuend und unterstützend.

Meist vermittelt die Übung einen intensiven Einblick in das eigene Innenleben.

Feedback: Der Blick in den Spiegel

... und der Widerstand hinzuschauen

Wir alle haben das mehr oder weniger große Bedürfnis von anderen so wahrgenommen zu werden, wie wir uns selbst sehen.

Die Menschen, mit denen wir zu tun haben, sind wie ein Spiegel: Durch ihre verbalen und nonverbalen Reaktionen geben sie uns laufend Feedback. Wenn wir uns in diesem Spiegel wieder erkennen, stärkt das unser Gefühl von Identität.

Rückmeldungen anderer, die nicht zu meiner Selbstwahrnehmung passen, irritieren. Sie werfen Licht auf etwas, das ich selbst nicht sehen will.

Natürlich kann die Wahrnehmung anderer getrübt sein, verzerrt, überzeichnet, einseitig, dennoch: Kritik weist hin auf eine Schattenseite, zeigt Aspekte meines Verhaltens, die ich nicht sehe.

Dieses „Nichtsehenkönnen", dieser psychologisch tote Winkel ist eine logische Konsequenz der reichhaltigen Vielfalt unseres Menschseins.

In meiner Selbstwahrnehmung erkenne und konstruiere ich nur einen kleinen Ausschnitt meiner Wirklichkeit. Unsere Selbstwahrnehmung ist wie eine Taschenlampe, mit der wir in einer dunklen Landschaft immer nur einen Teil ausleuchten können. Je mehr wir zielstrebig unterwegs sind, umso mehr müssen wir darauf verzichten, im Kreis herumzuleuchten: Wir konzentrieren uns auf den Weg, den wir gerade gehen.

Das was wir als „ICH" beschreiben, ist ein Teil eines Prozesses, in dem wir uns unsere Identität bestätigen, uns verändern, neu definieren und in unseren Handlungen wieder erkennen.

Rückmeldungen zeigen mir oft andere Seiten: gut diese Sicht kennen zu lernen.

Es macht jedoch auch keinen Sinn, die Sicht anderer als die (einzig) Richtige zu übernehmen oder sich durch (jede) Rückmeldung verunsichern zu lassen.

Rückmeldungen werfen Licht auf Aspekte meiner Ich-Landschaft, die für andere gerade eine Bedeutung haben.

Andere nehmen mich wahr und handeln nach diesen Wahrnehmungen. Für sie ist die eigene Wahrnehmung gültig und nicht der Ausschnitt, den ich selbst sehe. Was andere wahr-nehmen, ist für sie wahr. Deswegen sagen wir auch wahr-nehmen und nicht falsch-nehmen, sagt Heinz von Förster.[1]

Rückmeldung ist eine wesentliche Chance für soziales Lernen.

1 Vortrag: „2mal2 ist grün", Wien, 2002

MEIN ICH UND MEIN SELBSTWERT

Meine Ego-Instanz zähmen

„Etwas Zähmen bedeutet, es sich vertraut zu machen"

(Der kleine Prinz)

Persönliche Weiterentwicklung wird gefördert

❑ durch ein gutes Maß an Selbstkritik,

❑ durch die Bereitschaft, sich selbst in Frage zu stellen, eigene Grenzen zu sehen und anzuerkennen,

❑ durch Offenheit für kritische Rückmeldungen anderer.

All das stößt häufig an die Grenzen des „Egos".

Ego

So nenne ich hier eine innere Instanz, die „Ich, ich, ich!" schreit und die sich oft in ihrem Engagement für meine Individualität verselbständigt – immer wieder auch trickreich und unbewusst in übertriebener Konkurrenz, Besserwissen, Selbstdarstellung, Eigennutz.

Dieses Ego als Impuls

❑ kann sich aufblähen und abwertend, intolerant, verletzend agieren,

❑ kann mich verleiten unterwürfig, beschwichtigend, einschmeichelnd zu sein, um mir Vorteile zu verschaffen,

❑ kann sich auch in Nachgeben, Hilfsbereitschaft, Dienen um Selbstdarstellung bemühen: „Ich bin so gut, weil ich so sehr für andere da bin, ich bin so selbstlos ... – *Moralisch* bin ich besser!"

Ego-Impulse können sich hinter jedem Motiv verstecken. Besonders knifflig ist es, wenn mein Ego sagt: „Ich bin so toll, dass ich mein Ego überwunden habe!" Dazu ein Zitat von Erich Fried:

„Meine Schwäche war mein Gefühl der Überlegenheit. Das habe ich überwunden. Jetzt bin ich perfekt!"

All das gehört zu mir, all das sind Impulse, die für mich sorgen wollen.

Hier ist es sinnvoll, zunächst einfach nur hinzuschauen – lernen, die Ego-Impulse wahrzunehmen. Je mehr ich diese Ego-Stimme abwerte und sie entfernen möchte, umso eher wird sie sich tarnen. So können z.B. scheinbar sachlich rationale Analysen mein Ego stützen. Ego-Trip-Gedanken kann ich mir nicht so ohne weiteres verbieten, da diese sonst in einer anderen Ecke meiner Psyche auftauchen.

Je höher mein Anspruch nicht selbstbezogen zu sein, umso schwieriger wird es sein, die Selbst-Bezogenheit zu sehen.

Beispiel

Wenn ich den Impuls habe, zum größten Tortenstück zu greifen, und mir die innere Stimme meiner Ansprüche auf die Finger klopft, wird mich mein Ego möglicherweise denken lassen: „Meine Kollegin will ja abnehmen, also muss ich wohl das größere Tortenstück nehmen."

Wenn ich mir jedoch den Impuls, nach dem größeren Stück zu greifen, eingestehe, kann ich andere Formen finden für mich zu sorgen.

➠ **Paradoxes Wohlwollen:**

Die Lösung scheint im fast paradoxen Wohlwollen: Ich betrachte meinen inneren Dialog, ich höre auf diese Stimme und erkenne ihren Sinn. Vielleicht kann ich über die vertraute Ego-Eigenart schmunzeln.

Selbstwert-Qualität statt Ego-Suche

Wirksame Weiterentwicklung als Persönlichkeit braucht die Basis eines ausgeglichenen Selbstwertes.

▶ **Selbstwert**, das ist nicht ein Ego-Impuls im Sinne des vordergründigen „Ich bin besser", Selbstwert ist die Dimension des Grundgefühls: „Gut, dass es mich gibt!" – „Ich bin wertvoll, einfach weil ich da bin!" – „Ich liebe das Leben!"

Anerkennung, Erfolg, gelungene Kommunikation, mir selbst Gutes tun – all das stärkt den Selbstwert. ■

Diese nährende Qualität kann sich umso besser entfalten, je weniger ich dabei auf Ego-Trip bin:

Wenn ich ...

- ❑ andere austrickse, um Erfolg zu haben,
- ❑ mich überanstrenge, um Anerkennung zu bekommen,

stärkt dies kaum.

Genauso ist es mit der Zuwendung anderer:
Wenn ich mich abmühe und erwünschtes Verhalten zeige, dann bekomme ich wahrscheinlich Bestätigung für meine Anpassung, aber kaum Wertschätzung als die Person, die ich bin.
Wenn mir Zuwendung geschenkt wird, einfach weil ich da bin, geht diese wesentlich tiefer:

Umso weniger ich auf Anerkennung aus bin, umso weniger ich mich bemühe, zu gefallen, umso eher bekomme ich echte und nährende Zuwendung geschenkt.

Der Anspruch, eine wertvolle Persönlichkeit zu sein, schwächt und belastet. Je mehr ich diesen loslassen kann, umso freier werde ich anderen begegnen, umso mehr werde ich bei mir sein. Echt, authentisch wirke ich wohl kaum, wenn ich mich *bemühe*, authentisch zu sein. Der Hinweis „Sei authentisch!" ist so nicht umsetzbar. (Ähnlich dem undurchführbaren Auftrag: „Tu nicht, was andere dir sagen!")

Das „Ich-ich-ich!" zähmen kann heißen:

- ❑ Auf die inneren Dialoge zu achten und Ego-Impulse wohlwollend wahrzunehmen,
- ❑ in angenehmer Weise für sich selbst zu sorgen,
- ❑ Ansprüche, Forderungen an sich selbst gelassen und lächelnd zu betrachten und diese wenn möglich leicht zu nehmen.

Sich eigene Grenzen und „Egoismen" einzugestehen ist ein wesentlicher Teil von Persönlichkeitsentwicklung!

Echtheit, Authentizität

Die Gretchenfrage für soziale Kompetenzen lautet: Wie sehr kommt, was ich tue, aus meiner Mitte?

Je mehr ich Menschen unterstütze, weil ich sie mag,

je mehr ich hinter dem stehe, was ich tue, umso kraftvoller und einladender kommt dies an.

Je mehr ich lebe, was ich sage, umso wirksamer sind meine Worte.

Soziale Kompetenzen

Echtheit

- ❏ Ich bin in gutem Kontakt zu den vielen Aspekten meiner Persönlichkeit.
- ❏ Meine Werthaltung und meine Kommunikation passen zusammen.
- ❏ Nonverbale und verbale Botschaften stimmen überein.
- ❏ Meine Innenwelt, meine Gefühle, meine Gedanken stützen das, was ich sage und tue. Das heißt: Meine Sprache fließt aus meiner Haltung. Ich achte bewusst auf meine Worte.

Echte Wut??

Manche Führungskräfte gefallen sich darin, ihren Ärger ungebremst „authentisch" abzureagieren und bemerken nicht, was sie dabei kaputt machen.

Meine These: Gerade in meiner Rolle als Autorität prüfe ich, wie und in welchem Ausmaß ich andere mit meiner Wut konfrontiere.

- ❏ Wenn ich den Impuls „Zorn" in mir wahrnehme, dann ist das ein wichtiges Signal *für mich.*
- ❏ Ich kann solche Impulse *als Arbeitsauftrag* verstehen, ihnen einen konstruktiven Ausdruck zu geben.

Konstruktive Wut

Gerade zornige Gefühle auszudrücken ohne verletzend zu sein braucht einiges an Bewusstheit.

Es macht Sinn mir dafür passende Formulierungen zu überlegen, die mein Gefühl beschreiben, ohne zu beschuldigen:

„Das macht mich stinksauer, so wie ich das verstanden hab ..."

„Ich brauch jetzt Abstand, weil ich total wütend werde!"

„Das kommt bei mir so an, dass ich am liebsten laut losbrüllen würde."

Echte Wertschätzung

Respektvolle Sprache kann ich bewusst trainieren.

Zum Beispiel statt *„Da hast du mich falsch verstanden!"* zu sagen: *„Da fühl ich mich nicht verstanden!"*

Diese Sprachdisziplin ist ein Teil meiner Wertorientierung.

Sicherlich sind Beziehungsqualität und ganzheitlich gelebte Werte wichtiger als bewusst gewählte Worte: Meine innere Haltung wird ausstrahlen und andere erreichen. Zugleich prägt diese Haltung meine Kommunikation.

Ich trainiere respektvolle Kommunikation, indem ich bereit bin eine wertschätzende, fördernde, liebevolle Einstellung zu entfalten oder weiterzuentwickeln.

Vertrauen führt

Vertrauen ist eine wesentliche Qualität jeder Kooperation

nach: Sprenger, Reinhard: Vertrauen führt, Frankfurt 2002 (Campus)

Vertrauen wirkt

Der Unternehmensberater und Autor Reinhard Sprenger beschreibt folgende Wirkungen von Vertrauen:

- ❏ Vertrauen stärkt den Zusammenhalt in Beziehungen und lädt ein zur Wechselseitigkeit.
- ❏ Vertrauen erhöht Effektivität und macht flexibler. Es erspart Regulierungen, Kontrolle und Rechtfertigungsrituale bei Abweichungen.
- ❏ Vertrauen stärkt Kreativität, die Weitergabe von Wissen und Ideen.
- ❏ Vertrauen erhöht die Identifikation mit der Aufgabe: Es stärkt Eigenmotivation durch Eigenverantwortung und ermutigt Beteiligte zu eigenen Lösungen.
- ❏ Vertrauen vergrößert Freiheit, es erweitert Wahl- und Handlungsmöglichkeiten.
- ❏ Vertrauen stärkt Autorität

Keine Methode wird gut funktionieren, wenn Leitende dabei misstrauisch sind.

Vertrauen als Haltung üben

Vertrauen ist eine Ressource, die durch ihren Gebrauch vermehrt wird. Die Beteiligten in einer Kooperation sind immer zugleich Vertrauensgeber- und Vertrauensnehmer-Innen.

Vertrauen zu üben bedeutet, sich auf eine konkrete Erwartungshaltung einzulassen:

Ich erwarte, dass andere

- ❏ ihre eigenen Qualitätsansprüche entwickeln,
- ❏ ihre Tätigkeit angemessen selbständig organisieren,
- ❏ wohlwollend und kompetent,
- ❏ engagiert und verantwortlich handeln.

Ich mache mich dabei in gewissem Maße verwundbar, gehe ein überschaubares Risiko ein. Dieses Risiko ist eine Einladung, ein Angebot, ein Signal, es erzeugt Ansprüche.

Vertrauen als Weltsicht

Viele Menschen neigen dazu, die Vertrauenswürdigkeit anderer zu unterschätzen (und oft auch die eigene Vertrauenswürdigkeit zu überschätzen). Dabei wird nicht bewusst, wie sehr die eigene Erwartungshaltung mitwirkt.

Wir sind in unserer – immer selektiven – Wahrnehmung eher bereit, das zu sehen, was wir erwarten. Durch die Erwartung kreieren wir eine Wirklichkeit, das Bild dieser Wirklichkeit strahlen wir in feinen verbalen und nonverbalen Signalen aus. Das trägt dazu bei, dass andere ein bestimmtes Verhalten wählen.

Wenn wir erwarten, dass unser Vertrauen geschätzt wird, dann werden wir eher auf Situationen achten, in denen unser Vertrauen bestätigt wird.

Wer die Welt misstrauisch betrachtet, bemerkt viel eher das Enttäuschende und sieht nicht, wie oft sich andere als vertrauenswürdig erweisen. Manche nehmen nur Situationen, in denen sie enttäuscht werden, als Maß für ihr Weltbild.

Vertrauen ehrt und verpflichtet.

Vertrauen mit Augenmaß

Vertrauen schafft, wer sich *traut*, ein sinnvolles Risiko einzugehen.

Produktives Vertrauen ist keineswegs blindes Vertrauen.

In realistischer Einschätzung der Situation übergibt es die Bereiche in die Eigenverantwortung anderer, ihren Kompetenzen und Möglichkeiten entsprechend.

Es vertraut dem eigenen Urteil und fordert angemessene Selbstorganisation.

Im Einzelfall kann entschiedenes Eingreifen, Regelung und Kontrolle wichtig und hilfreich sein.

Sinnvoll ist im Normalfall zu vertrauen und im Einzelfall anders vorzugehen (und nicht umgekehrt!).

Misstrauen weckt Widerstand und wertet ab

Regeln können unterstützen, Orientierung geben.

Ein Übermaß an Richtlinien gilt jedoch als Ausdruck von Misstrauen:

Oft werden Regeln eingeführt, um einige wenige Menschen daran zu hindern, etwas zu tun, das der größte Teil der Beteiligten nicht tun würde: Alle werden in ihrer Bewegungsfreiheit eingeschränkt, weil 5 % diese missbrauchen könnten.

Regeln, die Misstrauen ausdrücken, können Widerspruch herausfordern. Kontrollierendes Führen mit detaillierten Anweisungen wird oft als abwertend empfunden. Die Zustimmung sinkt.

Kooperationen werden jedoch durch Einverständnis von Menschen zusammengehalten. Menschen erleben sich vor allem dann als vertrauenswürdig und kompetent, wenn ihnen *andere* vertrauen. Vertrauen kann daher existentiell wichtig sein! Es beinhaltet die Botschaft: „Ich verlasse mich auf *dich*, ich brauche *dich*, *du* bist wichtig!"

Grundstrategie: Vertrauen als Basis

Ich biete Vertrauen! Wird dieses bestätigt, kann ich es zur Selbstverständlichkeit machen.

In vielen Kooperationen zeigt sich, dass der gemeinsame Gewinn durch gegenseitiges Vertrauen groß ist und dass Vorteile auf Kosten anderer einen hohen Preis auf anderer Ebene nach sich ziehen. *„Der kluge Egoist kooperiert."*

Sollte Vertrauen enttäuscht werden, geht es darum, entschieden zu handeln, wenn möglich Wiedergutmachung einzufordern. Nach Aufarbeitung des Vertrauensbruches kann ich eine zweite Chance geben, noch einmal Vertrauen anbieten.

Offene, klare Konfrontation schafft Vertrauen, macht berechenbar. Duldung von Destruktivem erzeugt Misstrauen.

Es ist höchst ineffektiv, wenn Leitende bei Störungen auf ein letztes „Zuviel" warten, bevor sie einschreiten und reagieren.

Vertrauen wird im Konflikt erprobt

Beziehungsqualität zeigt sich in Konfliktsituationen. Leitende werden an ihrem Verhalten in schwierigen Situationen gemessen.

Wir vertrauen Menschen, die

- ❑ sich rasch um konstruktive Lösung bemühen,
- ❑ Widerstand beachten und aufarbeiten,
- ❑ auf Abweichungen passend reagieren,
- ❑ kritisches Feedback entgegennehmen,
- ❑ eigene Fehler offen ansprechen und korrigieren: „Das war nicht in Ordnung, mir ist wichtig, das wieder gut zu machen." Das lädt ein, zu vertrauen.

Selbst-Vertrauen

Wir vertrauen anderen, indem wir uns selbst vertrauen.

Indem ich mich selbst verlässlich fühle, mir bewusst bin, dass andere auf mich zählen können, indem ich meine, was ich sage, vertraue ich mir selbst. Ich vertraue meinen Ideen, habe Zuversicht in meine Kompetenz. Ich vertraue meinen Absichten und meiner Zuverlässigkeit. Das ist das Gefühl der eigenen Wertschätzung.

Selbstvertrauen umfasst die Fähigkeit mit Unerwartetem umzugehen: Die Erfahrung gemacht zu haben, dass ich auch in schwierigen Situationen Vereinbarungen einhalte, Zielen treu bleibe. Selbstvertrauen beinhaltet die Zuversicht, Widerstände bewältigen zu können, Enttäuschungen zu verkraften, Misserfolge als Teil des Lebensweges und des persönlichen Lernens zu bewältigen. So kann Selbstvertrauen auch durch schmerzhafte Erfahrungen wesentlich gestärkt werden.

Selbstvertrauen wächst zunächst dadurch, dass wir willkommen geheißen und respektiert werden, es entfaltet sich durch die Ermutigung, selbst zu denken, zu entscheiden, zu handeln. Selbstvertrauen wächst natürlich auch aus Erfolg, insbesondere aus Erfolg in der Bewältigung von Herausforderungen. Dieses Bewusstsein können wir stärken, indem wir Erfolge feiern.

Selbstvertrauen wächst aus dem Erleben der eigenen Treue: Treue in Ziele, in Vereinbarungen. Wer Vertrauen bricht, Vereinbarungen nicht hält, verletzt auch die eigene Selbstachtung.

Vertrauenswürdig sein

Der stärkste Input in die Kooperation ist, selbst vertrauenswürdig zu sein. Das bedeutet:

- ❑ Ich bin geradlinig und spreche Erwartungen und Wünsche offen aus.
- ❑ Ich gebe Fehler zu, nehme Kritik entgegen.
- ❑ Ich meine, was ich sage und handle danach.
- ❑ Andere können auf mich zählen, wenn sie Fehler machen oder Unterstützung brauchen, und ich vertraue darauf, dass sie mich darum bitten, wenn sie meine Hilfe benötigen.

Freiheit als Nährboden

Vertrauen wächst am besten in Freiheit.

Wenn die Möglichkeit, die Kooperation zu beenden, ausgeschlossen ist, besteht die Gefahr, dass wir diese auf unehrliche Weise aufrechterhalten. Wenn wir einander auch abwählen können, ist die Wahrscheinlichkeit größer, dass wir einander aufrecht begegnen.

***Es ist leichter zu vertrauen,
wenn wir die Freiheit haben zu gehen.***

Selbstsicherheitstraining

Wenn Sie das Gefühl haben, dass Training Ihrer Selbstsicherheit Sie weiterbringt, dann können Sie sich ein persönlich maßgeschneidertes Trainingsprogramm zusammenstellen.

Selbstsicherheit leben wir vor allem im Deklarieren unserer Bedürfnisse.

Achten Sie bei Auseinandersetzung darauf, dass Sie die Interessen anderer Menschen wahrnehmen, auch wenn Sie Ihren eigenen Interessen den Vorrang geben.

Konstruktives Durchsetzen gelingt auf der Basis von Wertschätzung und Verständnis.

Vielleicht erleben Sie sogar, dass das offene Einstehen für eigene Interessen es Ihnen erleichtert, auch die Interessen anderer Beteiligter anzuerkennen. Wer sich selbst nicht zugesteht offen um etwas zu bitten, wird Bitten anderer Menschen oft als unangenehm empfinden.

Jeder Tag bietet eine Fülle von Übungsmöglichkeiten für bewussten Umgang mit Bedürfnissen.

Hier Ideen für Selbstsicherheitstraining, mit der Einladung, diese nach Belieben zu variieren, zu ergänzen, auszuweiten. Sie können dabei sportlich und humorvoll üben, einfach so zu sein wie Sie sind.

Beispiele

Sie können Selbstsicherheit trainieren, indem Sie

- ❑ Bitten direkt aussprechen, ohne sie zu begründen.
- ❑ Bei Kritik darauf verzichten, sich zu rechtfertigen.
- ❑ Sich Anerkennung „holen", um Wertschätzung bitten.
- ❑ Fehler offen eingestehen.
- ❑ Wertschätzung freizügig geben, „das Gute" bewusst wahrnehmen.
- ❑ Wertschätzend und eindeutig Nein sagen üben ohne zu beschwichtigen.
- ❑ Störungen so rasch wie möglich mitteilen.
- ❑ Ungewöhnliches tun, das Ihnen entspricht und andere nicht beeinträchtigt, z.B. in der Straßenbahn Dehnungsübungen machen, oder fremde Menschen ohne besonderen Grund ansprechen.
- ❑ Sonderwünsche z.B. im Restaurant oder Kaffeehaus ohne Umschweife aussprechen und eine Ablehnung ohne Diskussion entgegennehmen.
- ❑ Im Restaurant offen und zugleich freundlich auszusprechen, wenn Ihnen ein Gericht nicht gepasst hat.
- ❑ in Situationen, in denen Sie nur der Höflichkeit halber da sind, selbstbewusst wählen, wann Sie ausreichend höflich waren und gehen.

Meditation

Von innen nach außen

Indem ich bei mir bin,
öffne ich mich für dich.

Indem ich mir selbst vertraue,
schenke ich dir mein Vertrauen.

Da ich für mich sorge,
kann ich dich unterstützen,
wenn du dies möchtest.

Weil ich mich liebe,
kann ich dir begegnen,
so wie du bist,
und denke über das,
was wir gemeinsam schaffen,
liebevoll.

Selbstwert als Energiequelle

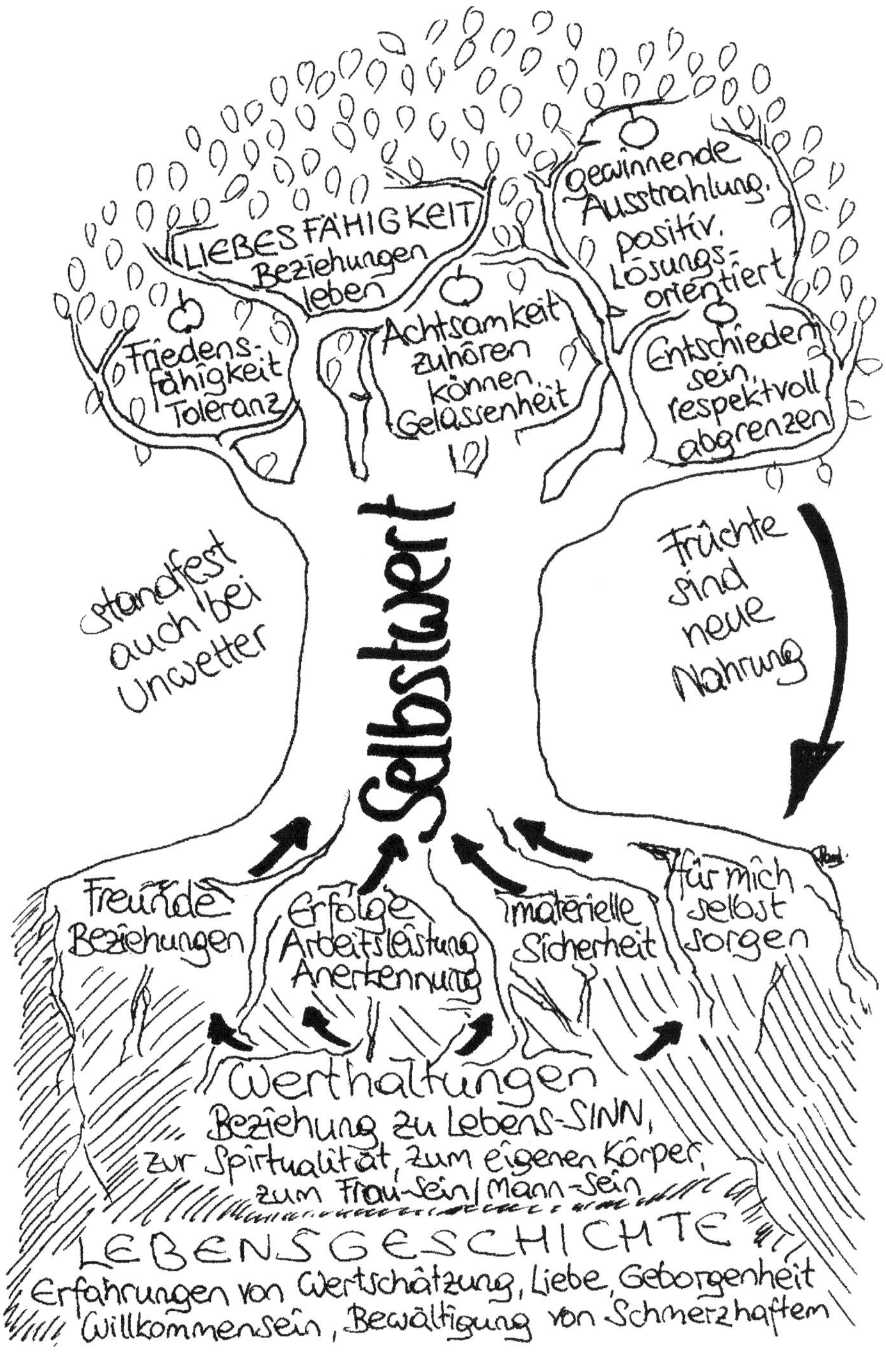

Ausgeglichener Selbstwert ist das gute Gefühl zu meinem Dasein, der positive Bezug zu meiner eigenen Persönlichkeit: Ich denke freundlich und wertschätzend über mich selbst.

Wir schaffen diesen Selbstwert durch unser Selbst-Verständnis, unsere Selbstbeschreibung. Lebensgeschichte, Beziehungen, Erfolge – all das sind Bausteine für unser Selbstverständnis.

Zugleich steht das Gefühl, das ich zu mir selbst habe, in enger Wechselbeziehung mit der Kommunikation: Ich erlebe mich als mehr oder weniger erfolgreich, effektiv, wertvoll. Jeder Bezug zu anderen Menschen berührt meinen Selbstwert und zugleich wird jede Interaktion mitgeprägt von meinem Selbstwert.

Selbstwertstärkung ist Kernthema der Persönlichkeitsentwicklung.

Selbstwert-Speisekarte

Aktuelle Zufuhr wahrnehmen – Wurzeln nutzen und heilen – innere Quellen schätzen

Anregung für den eigenen Selbstwert zu sorgen, sich innerlich zu nähren:

1. Sammeln Sie möglichst viele Ihrer persönlichen „Selbstwert-Schmankerln"
2. Prüfen Sie, welche Selbstwertzufuhr Ihnen regelmäßig sicher ist.
3. Wählen Sie eine weitere Köstlichkeit, die Sie sich gönnen wollen.

Diese „Speisekarte" kann Appetit auf ein 3-Gänge-Menü machen:

Gestaltung von Arbeit	Lebensgeschichte und Beziehung	Persönliches Auftanken
❑ Ich genieße Erfolge, bin dankbar für gutes Gelingen und Anerkennung, auch im Kleinen.	❑ Ich wähle und lebe Freundschaften, in denen wir einander gut tun und bestärken.	❑ Liebevolles, Nährendes und Wohltuendes nehme ich als Schatz in mir auf.
❑ Ich beginne meine Arbeit mit einem freundlichen Gedanken an meine Fähigkeiten.	❑ Ich genieße meine Ausstrahlung als Frau / als Mann, frei mich von Erotik beschenken zu lassen.	❑ Ich erprobe und nutze kreative Ausdrucksformen als Teil meines inneren Reichtums.
❑ Gute Wünsche nehme ich gerne entgegen und mache mir ein Bild, wie diese wirken.	❑ Ich bin dankbar für den Wohlstand und die Sicherheit, die mir das Leben schenkt.	❑ Ich genieße die Natur, umgebe mich mit Schönem und gestalte mein Umfeld liebevoll.
❑ Ich schließe eine Tätigkeit bewusst ab, halte kurz inne, entspanne mich und schaue auf das Erreichte.	❑ Ich bin innerlich verbunden mit all den Menschen, die mich in meinem Leben geliebt haben.	❑ Ich achte auf meinen Körper, pflege mich, genieße Kraft, Bewegung und Berührung.
❑ Ich intensiviere Zusammenarbeit mit Menschen, die mir gut tun und die mich unterstützen.	❑ Ich lasse mich von Liebe, Zuneigung, Wohlwollen und Vertrauen beschenken.	❑ Ich wähle bewusst, was ich zu mir nehme, und genieße wohlschmeckende Nahrung.
❑ In fordernden Aufgaben ermutige ich mich selbst und nehme wahr, was ich mir zutraue.	❑ Ich bin versöhnt mit traurigen und schmerzhaften Ereignissen meiner Lebensgeschichte.	❑ Ich lebe passende Formen allein zu sein, Abstand zu gewinnen, zur Ruhe zu kommen.
❑ Wenn ich gebe, genieße ich, dass andere nehmen, und bin offen für Dankbarkeit.	❑ In Herausforderungen vertraue ich auf Möglichkeiten, zu lernen und mich zu entfalten.	❑ Ich achte auf bestärkende, hilfreiche und nährende Gedanken, Bilder und Symbole.
❑ Ich beachte positive Veränderungen, vertraue auf Chancen von Weiterentwicklung.	❑ Ich erlaube mir, meine „Schwächen und Fehler" wohlwollend wahrzunehmen.	❑ Ich fühle mich verbunden, geborgen und beschenkt als Teil eines universellen Ganzen.
❑ Ich sehe in Meinungsverschiedenheiten auch das Ergänzende und Bereichernde.	❑ Ich würdige das, was mir wichtige Personen in meiner Kindheit gegeben haben.	❑ Ich gebe meinem Leben meinen ganz persönlichen Sinn und finde mich in meiner Aufgabe.
❑ Ich nehme meine Grenzen wahr und spreche diese an, so wie es mir entspricht.	❑ Ich verstehe all meine Erfahrungen als Teil meines Weges, der mich hier hergeführt hat.	❑ Ich empfinde mein Leben als einzigartiges Abenteuer, in dem mich jeder Schritt weiterführt.

Ihre Speisekarte können Sie ergänzen und als Gourmet mit persönlichen Zutaten gestalten.

Meditation

Menschlichkeit

Menschen menschlich begleiten.
Stärken bestärken.
Widersprüche bejahen.
Entfaltung unterstützen.

Segen bringen.
Liebevoll

Ermutigung

Ich freue mich, dass Du da bist!
Ich freue mich, dass es Dich gibt!

Du bist wertvoll in Deiner Einzigartigkeit,
einfach, weil es Dich gibt.
Du bist willkommen auf dieser Erde.

Dein Wesen ist wunderschön.
Hinter allem äußerlich Wahrnehmbaren,
hinter all Deinen Bemühungen und
Auseinandersetzungen,
ob erfolgreich und anerkannt oder nicht,
bist Du in deinem Wesen zuhause.

Jede Deiner innersten Regungen macht Sinn.
Wie auch immer Du Dich zeigst,
ob Du verstanden wirst oder nicht,
wie auch immer sich Deine Handlungen
auswirken:
Du lebst auf die beste Weise, die Dir möglich ist,
in Deiner Einzigartigkeit.

Du bist am richtigen Platz.
Genau da, wo Du bist ist Deine Aufgabe,
eine einzigartige Aufgabe,
die nur Du selbst erfüllen kannst:
Dein Leben.

Jede Lebendigkeit,
das Glänzen Deiner Augen, jedes Lachen,
jeder Augenblick Lebensfreude
ist ein Geschenk an die Welt.

Du selbst bist ein Geschenk!
Ich freue mich, dass Du da bist!

BAUSTEIN 4

WERTE LEBEN

Menschen begleiten – von innen geleitet:

Sie unterscheiden bestärkende und belastende Formen, Ideale zu leben. Sie vertiefen Ihre Bewusstheit eigener Werte und Ihre Achtsamkeit gegenüber der Werthaltung anderer.

Werte als Kraft und Hürde

Wertvorstellungen können auf unterschiedliche Weise in uns wirken: Sie können uns beflügeln und ausstrahlen oder uns einengen und erschöpfen. So kann auch die Kommunikation über Werte Motivation fördern oder aber Widerstand hervorrufen.

Wertorientierung: Ethik des Leitens

In diesem Abschnitt finden Sie Anregungen, Ihre Ideale zu prüfen und sich diese in prägnanten Leitsätzen bewusst zu machen.

WERTE ALS KRAFT UND HÜRDE

Werthaltung meiner Arbeit mit Menschen

Achtsamkeit und Wertschätzung sind die Grundlage für wirksame Arbeit mit Menschen.

Das Bemühen um angemessenes Verständnis für Personen, die ich als unangenehm empfinde, das Bemühen um eine stimmige Verbindung zu Menschen, die mich stören, bringt mich am meisten weiter.

Lernen von sozialer Kompetenz bedeutet auch, eigene Schatten zu erkennen, sich diese vertraut zu machen und daran zu arbeiten, sie zu integrieren. Das ist die wesentlichste Herausforderung des Lebens, ein Prozess, mit dem wir immer wieder konfrontiert werden.

Dem Bedürfnis nach Ganzheit, Heilung, Wachsen steht als Gegenpol das Bewusstsein des Unvollkommenen, die Akzeptanz von Fehlern und schlimmen Ereignissen im Leben, in der Welt gegenüber. Aus dieser Akzeptanz entwickeln wir Motivation als innere Zuwendung.

Die tiefste Quelle von Motivation ist die innere Zuwendung zu einer als sinnvoll, wertvoll empfundenen Aufgabe.

Wenn diese Hingabe aufgrund demotivierender Rahmenbedingungen oder lebensgeschichtlich bedingter Störungen nicht gelebt wird, fehlt etwas Wesentliches. Dieser Mangel an Sinn-haftigkeit und Wert-Orientierung ist eine häufige Ursache für unterschiedlichste Formen von Widerstand und für psychische und körperliche Krankheiten.

Werte und Ansprüche

Wir neigen oft dazu, das, was wir als notwendig oder richtig empfinden, als Wert zu sehen. Es kann jedoch sein, dass wir diesen Wert (zunächst) eher als Anspruch übernehmen. Innere Ansprüche sind eine einseitige Form, Werte zu spüren.

Werthaltungen wirken ganzheitlich

Werthaltungen beflügeln unsere Visionen, sie ordnen unsere Prioritäten, sie prägen unsere Ziele, stärken unser Durchhaltevermögen.

Werthaltungen ziehen an, sie geben Orientierung. Wir empfinden sie als wohltuend, nährend, vielleicht auch freudig. Werte beinhalten eine Qualität, die wir selbst erlebt haben.

Manche Menschen assoziieren Werte mit Helligkeit, Licht.

Ansprüche sind innere Forderungen

Wenn ein Wert jedoch nur in Form eines Anspruchs verinnerlicht wird, dann wirkt dieser nur auf der Ebene des Sollens und Müssens. Ansprüche sind von außen übernommene Leitlinien.

Ansprüche empfinden wir eher fordernd, treibend, vielleicht sogar unangenehm nagend, drückend. Sie können uns beschämt oder schuldig fühlen lassen.

Zum Beispiel: Wenn ich mich selbst oft überfordere, häufig in Stress gerate, dann wirken höchstwahrscheinlich Ansprüche in mir, die mich antreiben.

Es geht also darum, zwischen Leistungsfreude und Leistungsdruck zu unterscheiden: *Empfinde ich Spaß am Einsatz oder treibe/zwinge ich mich zur Anstrengung.*

Der Nachteil von Ansprüchen:

- ❑ Je fordernder diese uns antreiben, umso eher neigen wir zur Abwertung anderer, wenn diese unseren Ansprüchen nicht entsprechen.

  UND:

- ❑ Fordernde Ansprüche trüben die kritische Selbstwahrnehmung, das heißt wir werden manchmal nicht erkennen, wenn wir unserem Anspruch nicht nachkommen – oder wir finden Entschuldigungen, Ausflüchte, Sachzwänge für unser „Fehlverhalten".

Sehr viele Führungskräfte haben den *Anspruch* kooperativ zu führen, teamorientiert zu leiten und dieser hohe Anspruch vernebelt den Blick darauf, wie sehr sie im Alleingang entscheiden und wie wenig sie Teamprozesse initiieren und fördern. Dazu ein Bild:

Beispiel

Strenge Mutter

Angenommen ein Schulkind hat eine strenge Mutter, die jede Hausaufgabe peinlich genau kontrolliert. Sofort nach dem Mittagessen heißt es täglich: „Du musst deine Hausaufgabe machen! Streng dich an, mach keine Fehler. Es soll etwas werden aus dir!"
Es wird schwierig für das Kind, *Leistungsfreude* zu entwickeln, wenn der Leistungsdruck in Mutters „Sollen und Müssen" so dominant ist.
Höchstwahrscheinlich wird das Kind die Stimme der strengen Mutter speichern und mehr oder weniger bewusst strenge Leistungsforderungen an sich selbst stellen. Ob es diese in hohem, möglicherweise übermäßigem Einsatz erfüllt oder gegen diese mit starkem Widerstand rebelliert und Leistung vielleicht sogar krankhaft verweigert, ist eine andere Frage. Wir nehmen die Ansprüche unserer Eltern in uns auf, und wenn diese sehr fordernd und streng waren, werden sie sich oft fordernd und streng melden.

Persönlichkeitsentwicklung bedeutet, diese verinnerlichten Stimmen bewusst wahrzunehmen, ihnen einen passenden Platz im Gefüge der vielen Motivationen in uns zuzuweisen und mehr und mehr das Eigene zu entdecken, also eigene Werte ganzheitlich zu entwickeln.

Wenn Ansprüche als oberste Instanz in meinem Innenleben regieren, werde ich mich selbst streng fordern bzw. einschränken. Insbesondere, wenn mir diese Instanzen nicht bewusst sind, wirken diese oft wie ein unsichtbarer Käfig.

Ich stelle mir Leistungsfreude als Schiff vor, das mit gesetzten Segeln die Kraft des Windes nutzt. Ansprüche als Antrieb scheinen mir eher wie die Ruderer einer Galeere, die eingespannt werden, weil der Wind nicht ausreicht.

Sinnvoll ist immer wieder ein Innehalten, um mich zu fragen, in welcher Energie ich aktiv bin.

Angenommen, ich habe von klein auf den weit verbreiteten Anspruch gelernt „Andere zuerst!", dann fühle ich mich nicht berechtigt, offen für mich zu sorgen. Das wird Energie raubend und beengend sein: Die Spannung zwischen meinen Wünschen und dem Verbot mir zu nehmen kostet Kraft.

Oft bewirkt dies einseitige, extreme, auch widersprüchliche Verhaltensweisen: mal übertrieben bescheiden, mal „ausgehungert" im Übermaß zuzugreifen. Ich werde andere abwerten, die meinen Anspruch übertreten. Wenn ich selbst in diesem Sinne kritisiert werde, reagiere ich vermutlich mit starkem Widerstand gegen die Kritik oder ich fühle mich beschämt und werte mich selbst ab.

Ich kann lernen, ausgeglichen und angemessen für mich selbst zu sorgen, indem ich übe:

- ❑ mir meine Ansprüche und Bedürfnisse bewusst zu machen,
- ❑ mit Blick auf beide Energien/Impulse in mir Entscheidungen zu treffen,
- ❑ im inneren Dialog dieser Regungen auf offenen Ausdruck der inneren Stimmen zu achten und all diese als Teil meiner Persönlichkeit respektieren, unabhängig davon, ob sie mich gerade zu bewussten Zielen motivieren oder als Widerstand auftauchen.

Praxisbeispiel

Eine Sozialeinrichtung wurde privatisiert, starke Veränderungsprozesse lösten auch viel Unruhe aus. In einem Team-Coaching-Prozess fiel Teammitglied A besonders mürrisch und abwehrend auf.

Als das Team nach einer Weihnachtspause zum weiteren Coaching-Prozess zusammenkam, war A wie ausgewechselt: engagiert und fröhlich.

Auf die Frage, was ihn so verändert habe, antwortete der Mitarbeiter:

„Ich habe überlegt, ob ich nicht kündigen könnte, und mir die möglichen Folgen bewusst gemacht. Da habe ich erkannt, dass ich tatsächlich jederzeit gehen könnte. Nun habe ich mich aber doch entschieden zu bleiben und fühle mich dabei aber viel freier, so als wäre ein Druck weg, ich müsse in jedem Fall diesen Arbeitsplatz behalten."

Offensichtlich hatte dieser Mann einen Anspruch relativiert und konnte so eine neue, freiere Werthaltung leben.

Leiten mit Ansprüchen oder Anforderungen

Fast immer übertragen Menschen mit hohen Ansprüchen diese auf andere:

Wer streng zu sich selbst ist, wird in Leitungsfunktionen eine starke Tendenz zeigen,

- ❑ zu anderen streng zu sein,
- ❑ vielleicht moralisierend Forderungen zu stellen
- ❑ und bei Nichterfüllung von Ansprüchen zu abwertenden Beschreibungen zu neigen.

Wenn ich mich über ein Verhalten ärgere, es „unmöglich" finde, bedeutet das vermutlich, dass ich einen strengen, abwertenden Anspruch pflege.

Möglicherweise ist mir selbst gar nicht bewusst, in welchem Ausmaß ich mich durch eine innere Instanz einschränke, ich mir selbst auf die Finger klopfe: „Das tut man nicht! Sei nicht so egoistisch!"

Ärger über Verhalten anderer ist eine Chance zu erkennen, wie ich mich selbst einschränke.

Ansprüche können unterstützen

Ein Anspruch kann hilfreich sein als Zusatz- oder Ersatzmotor, wenn viel zu bewältigen ist, z.B. als ermutigende innere Stimme, die sagt: „Komm, das ziehen wir jetzt durch! Das ist wichtig, auch wenn's grad nicht so viel Spaß macht. Du schaffst das!"

Die Werthaltung Sparsamkeit z.B. wird mich oft vor unüberlegten Ausgaben bewahren. Wenn der Anspruch „immer sparsam zu sein" jedoch meinen Genuss an jedem Restaurantbesuch einschränkt, weil er mir ständig bewusst macht, wie viel Geld ich da ausgebe, dann ist dieser Anspruch übermächtig und einseitig.

Anspruch, sich zu freuen

Besonders kompliziert wird die Seelenlandschaft, wenn auch noch der Anspruch dazukommt, Leistungsfreude zu zeigen, also gerne leisten zu müssen.

Leider ist diese Erwartung immer wieder anzutreffen. Wenn Führungskräfte nach oberflächlichen Motivationsrezepten suchen um andere zu höherer Leistung anzutreiben, versteckt sich darin oft die bedenkliche Botschaft:

„Tu, was ich dir sage, und tu es gefälligst gerne!"

In diesem Klima ist das Entwickeln von echter Leistungsfreude besonders schwierig.

So gibt es Menschen, die zwanghaft freundlich sind, weil sie glauben es sein zu müssen, und von anderen als unecht, vielleicht sogar unangenehm empfunden werden.

Zu dieser Art von Führung passt das Wort: Motipulation. – Widerstand, gerade von eigenverantwortlichen Menschen, ist vorprogrammiert.

Anforderungen statt Ansprüche

Vermutlich orientieren sich viele Menschen an Werten im Sinne von Ansprüchen, ohne dass ihnen dies bewusst ist.

- ❑ Die Sprache des Anspruchs verpackt Werte als allgemeingültige Regel und leitet eine Forderung indirekt von dieser Norm ab, z.B. *„Man muss anständig, fleißig, höflich, sparsam, ordentlich, treu, angepasst sein!"*
- ❑ Ansprüche zeigen sich auch in der Angst, die Nichterfüllung könnte zur Regel werden: *„Wo kämen wir hin, wenn jeder ..."*

Dass Leitende Ansprüche vermitteln, ist weit verbreitet. Ansprüche sind so sehr allgegenwärtig, dass wir sie oft nicht als solche erkennen. Die folgende Formulierung enthält versteckte Kritik in Bezug auf einen (möglicherweise unklaren) Anspruch, was Teamqualität bedeutet: *„Wir sind – glaube ich – ein gutes Team, also sollten wir ..."*

Die Alternative ist, das, was ich möchte, als persönliche Forderung (oder als Bitte – je nach Kontext) auszusprechen: „*Ich* erwarte Engagement!" – „*Ich* brauche Ihre Mitarbeit!" – „*Ich* bitte um Konzentration!" – Hier ist die Anforderung deutlich, direkt und persönlich gestellt.

Kritische Selbstreflexion

Angenommen in einem Seminar hören Sie von Achtsamkeit als hohem Wert. Der Trainer, der dies vermittelt, ist eine starke Autorität, Sie übernehmen Achtsamkeit als neuen Richtwert für Ihr Handeln.

Im nächsten Stress denken Sie dann vielleicht: *„Jetzt hab ich über beide Ohren voll zu tun und achtsam sein soll ich auch noch?!"*

➨ Hier wirkt Achtsamkeit als Anspruch.

Werte ganzheitlich zu entwickeln braucht Zeit.

Das kann für den Wert Achtsamkeit bedeuten:

- ❑ Ich übe mich darin, auf mich selbst zu achten,
- ❑ ich genieße Achtsamkeit anderer,
- ❑ ich spüre, wie anderen meine Achtsamkeit wohl tut
- ❑ und mehr und mehr lebe ich Achtsamkeit so, wie es mir entspricht.

Meditation

Du bist

Sorge für dich selbst
und alles wird gut!
Dein Ziel bist du selbst:
dich zu erkennen,
dich anzunehmen,
dich lieb zu gewinnen.
Indem du ja zu dir sagst,
ja zu deinem ganzen Sein,
fließt alles wie von selbst
aus dieser Mitte.

Der Weg zu dieser Mitte
beginnt im Abschiednehmen,
im Loslassen von allem,
was du solltest, müsstest, hättest
und von dem Kampf, gut zu sein.

Die Mitte, die ist hier und jetzt:
Du bist – und das alleine schon ist gut.

Werte strahlen aus – Ansprüche engen ein

In der Arbeit mit Werten taucht oft Skepsis auf. Werte können normativ, einengend oder moralisierend wirken. Wenn wir Ideale vermitteln wollen, besteht die Gefahr, dass wir andere abwerten, die unsere Überzeugung nicht teilen.

Beispiel

Wenn ich aus Verantwortung für die Umwelt auf Autofahren verzichte, dann kann es passieren, dass ich andere als sorglos oder sogar destruktiv empfinde, wenn diese überallhin mit dem Auto fahren:

➡ **Persönliche Positionierung**

Wertorientierung ist eine persönliche Positionierung: *Ich* setze mich in Bezug zu dem, was ich als wichtig empfinde und handle danach. Es ist nahe liegend, dass dabei Gefühle mit im Spiel sind.

Ein wertvoller Beitrag für den Dialog über Werte ist, mir bewusst zu sein, dass auch die engagierteste Wertorientierung eine persönliche Wahl ist: Ich entscheide mich, die Welt aus dieser Perspektive zu betrachten.

Mit dieser Bewusstheit der individuellen Weltsicht kann ich andere einladen, meine Sicht zu prüfen, kann deren Nutzen vermitteln. Meine Wertschätzung für andere Wirklichkeiten werden dabei mit entscheidend sein, ob ein konstruktives Gespräch möglich ist: Unterschiede interessiert wahrzunehmen, stärkt wesentlich die Konfliktfähigkeit.

Wenn wir unsere Sichtweisen ausgetauscht haben und die Beteiligten bei ihrer bisherigen Sicht bleiben, dann kommen wir oft zu einem Punkt, wo weiteres Argumentieren zu einer Verhärtung der Standpunkte führt. Das kann frustrierend sein und zu Eskalation führen. – Ein Kollege nannte dies: „Die Wertekeule schwingen."

Bekenntniskriege sind auch im Kleinen destruktiv.

Statt der Forderung *„Nun sieh doch endlich ein, was hier richtig ist ...!"*, hilft die Frage weiter: *„Wie leben wir mit diesem Unterschied?"*

Was tun wir damit, dass du *A* bevorzugst und ich *B*?

Werte sind eine persönliche Wahl!

„Ich weiß, was gut ist für mich, und zugleich respektiere ich, dass etwas anderes gut für dich ist. Ich verzichte darauf, Recht haben zu müssen und überreden zu wollen."

Alternativen zum Wertekampf sind:

- ❑ Um etwas zu bitten, ohne zu erwarten, dass du meine Sicht übernimmst und mir bewusst sein, dass du im Entgegenkommen etwas gibst;
- ❑ Möglichst viele kreative Ideen für die Lösung der Situation zu sammeln und danach zu prüfen, ob es eine Möglichkeit gibt, die *beiden* Interessen/Werten entgegenkommt.

Die Herausforderung ist, konkrete Wertorientierung als Lebenseinstellung für sich selbst umzusetzen und zugleich Toleranz für „Andersgläubige" zu leben. Die Gefahr: Je höher die Ideale, umso tiefer die Abwertung.

Ein Aspekt in dieser Dynamik ist, ganzheitliche „integrierte" Werte von fordernden Ansprüchen zu unterscheiden.

These:

Wenn ich mich von einem Wert als umfassender Qualität angezogen fühle, dann ist meine Wertorientierung ausgewogen. In dieser ganzheitlichen Orientierung gelingt Respekt für andere. Meine Werthaltung wird als echt wahrgenommen.

Integrität strahlt aus.

Widerstand gegen Ansprüche

Indem Leitende Werte leben,
wirken sie kraftvoll und integer,
geben Orientierung und sind Vorbild.

Wenn jemand jedoch Werte „predigt", diese als Anspruch, vielleicht auch mit absoluter Gültigkeit formuliert, dann ist Widerstand wahrscheinlich.

Beispiel

Verkaufstraining

Ich erlebte einen Verkaufstrainer, der diese Strategie wählte:

„Wir müssen endlich wieder kundenorientiert werden! Alle Gedanken eines guten Verkäufers gelten dem Kundennutzen! Sie müssen es schaffen, Ihre Kunden zu begeistern!"

Einige der Zuhörenden zeigten Körpersignale, die ich als Ablehnung deute, manche gingen kopfschüttelnd in der ersten Pause, manche umringten den enthusiastischen Vortragenden mit Fragen.

➠ **Werte predigen**

Ich sehe drei grundsätzliche Möglichkeiten, auf diese Form von fordernder Wertdarstellung zu reagieren:

- ❑ Der Trainer gewinnt Anhänger, die seine Meinung teilen, die froh sind über seine Eindeutigkeit und die (derzeit) keinen Wert legen auf kritische und vielschichtige Auseinandersetzung.
- ❑ Ein Teil der Zuhörenden wird den inhaltlichen Ideen des Trainers zustimmen und die Art der Präsentation nebensächlich finden oder in Kauf nehmen.
- ❑ Manche werden die Worte des Trainers ablehnen (und vielleicht auch ihn selbst), unabhängig davon, ob sie dem Inhalt zustimmen. Oder auch die Auseinandersetzung mit dem Thema verweigern, einfach weil ihnen diese Art von Präsentation unangenehm ist: Sie empfinden sie als moralisierend, übertrieben, übergriffig.

Auch manche von denen, die sich im ersten Augenblick überzeugen ließen, werden später zweifeln: Nachhaltigkeit wird gestärkt durch persönliche Auseinandersetzung und autonome Entscheidung. Marktschreierische Überrumpelung bringt vielleicht schnelle (oft unüberlegte) „Einkäufe", aber kaum Stammkunden.

Sich der eigenen Wertehierarchie bewusst sein

Jede Person hat in ihrem inneren Pool der Motivationen verschiedene Werte, von denen ihr manche wichtiger sind als andere. Diese Prozesse lassen sich gut darstellen im Modell der Wertehierarchie.

Beispiel

Großmutter

Eine Großmutter lebt den Wert des Sonntagsgottesdienstes. Zugleich liebt sie ihre Enkel. Diese zeigen kein Interesse an Kirchenbesuchen und die Großmutter sieht ein, dass sie keine Möglichkeit hat, Einfluss zu nehmen. Sie akzeptiert dies gütig und schätzt ihre Enkel unvermindert.

Der höhere Wert ist für sie Liebe. Würde sie ihre Enkel für ihr Verhalten abwerten oder verurteilen, wäre ihr die Religiosität wichtiger.

➠ Sehnsucht nach bedingungsloser Liebe

Vermutlich entspricht es der Funktion von Großeltern am ehesten (und vielleicht auch ihrer Lebenserfahrung) Liebe als hohe Wertprioritäten zu leben: Diese Haltung wird erleichtert, weil die „Führungsverantwortung" im Wesentlichen bei den Eltern liegt. So kommen liebevolle Großeltern oft dem Ideal der bedingungslosen Liebe nahe.

Viele Menschen sehnen sich danach, diese bedingungslose Liebe von jeder Autorität, die für sie wichtig ist, zu erhalten. Als Leitungsperson kann ich diesem Ideal kaum jemals entsprechen, auch wenn ich mir dies wünsche.

Die eigene Wertehierarchie selbstkritisch wahrnehmen

Die Herausforderung für jede Leitungsfunktion ist jedoch, die eigene gelebte Wertehierarchie selbstkritisch wahrzunehmen.

Oftmals widerspricht das Handeln den kommunizierten Werten, die dann Ansprüche bleiben, vielleicht Visionen, möglicherweise aber auch nur Fassade.

Widerstände können ein Hinweis auf diesen Widerspruch sein. Gerade der Umgang mit Widerstand, mit Widerspruch und Konflikt zeigt Wertehierarchien der Leitung auf.

Meine Erfahrung spricht für die **These**:

Widerstände nehmen ab und werden leichter bearbeitbar, wenn Leitende Wertschätzung, Toleranz und Verständnis als hohen Wert leben und zugleich ihre Forderungen und ihre Grenzen offen vermitteln.

Werte stiften Identität

Menschliche Gemeinschaften definieren sich auch über eine gemeinsame Wertorientierung. Da das Abweichen von den Werten der Gemeinschaft eine Bedrohung darstellt, reagiert sie mit Sanktionen. Das bedeutet, dass der Zusammenhalt und die Einigkeit der höchste Wert ist. Dies kann in besonderen Situationen überlebensnotwendig sein, zumindest im Sinne der Identität dieser Gemeinschaft.

Andersdenkende werden ausgeschlossen oder verfolgt, weil die Identität der Gemeinschaft als wichtiger empfunden wird als die Einzelperson. So ist das Predigen von Werten und das Abwerten von „Andersgläubigen" weit verbreitet. Oft auch ohne, dass es die Betroffenen merken.

Praxisbeispiel

„Toleranz!?"

Ein europäischer Buddhist hielt einen interessanten Vortrag über Toleranz und Gewaltverzicht. Durch Fragen an die Zuhörenden versuchte er aufzulockern und zu beteiligen. So fragte er einen Mann unvermittelt und fordernd: „Hast du schon daran gedacht deinen Reichtum mit anderen zu teilen?" Als dieser nicht antwortete, kommentierte der Vortragende dies: „Menschen reagieren oft verwirrt, wenn ich ihnen ernsthafte Fragen stelle." Der Angesprochene war hoch verärgert.

➠ Werten – Abwerten

Der Buddhist lebte Besitzlosigkeit als Mönch. Dieser Anspruch an sich selbst war in dieser Situation wichtiger geworden als Toleranz, und das vermutlich, ohne dass der Vortragende selbst es bemerkte.

Leicht schleicht sich in den persönlichen Eifer eine absolutistische oder abwertende Tendenz ein: Die gute Absicht wird manchmal gefährlich, wenn sie zur allerbesten Absicht wird.

„Du musst tolerant sein!" ist ein intoleranter Satz. Auch die Formulierung: „Wir wollen uns anstrengen!" (gemeint ist: „Strengt euch an!"), oder „Pünktlichkeit gebietet uns der Anstand", sind für viele Menschen unangenehm normativ und können Widerstand wecken. Sie erleben, dass die Forderung, „die Moral" wichtiger ist als ihre Autonomie, möglicherweise wichtiger als sie selbst.

Werte als Qualität und Chance beschreiben

Indem ich von dem Nutzen spreche, den ein Wert bringt, indem ich die Auswirkungen von Werthaltungen aufzeige, indem ich Chancen darstelle, stehen über meinem inhaltlichen Angebot die Werte Autonomie, Eigenverantwortung und Toleranz.

Die Zuhörenden erleben, dass sie als Personen wichtiger sind als der Inhalt.

Beispiel

Verkaufstrainer

Als Verkaufstrainer kann ich z.B. sagen:

„Kundenorientierung bedeutet, in Geschäftsabläufen den Kundennutzen in den Mittelpunkt zu stellen, zusätzlichen, auch unerwarteten Nutzen anzubieten. Das ist eine besondere Chance, Kunden zu begeistern. Ich selbst habe mit dieser Strategie beste Erfolge erzielt."

➠ **Wertorientierung – Authentizität**

Lebendige persönliche Wertehierarchien verändern sich. Situativ geben wir einmal einem Wert, einmal einem anderen Priorität.

Die Herausforderung für Leitende sehe ich darin, sich an Werten zu orientieren, die für die Zusammenarbeit förderlich sind, und diese glaubwürdig umzusetzen: Ideale ganzheitlich zu leben. Dies bringt Authentizität und hohe Wirksamkeit – auch das sind wieder Werte.

Selbst das Bemühen etwas „wertfrei" zu betrachten ist ein Wert.

Praxisbeispiel

Stil-Beratung

Eine Farb- und Stil-Beraterin hielt einen Vortrag über Möglichkeiten, die eigene Persönlichkeit durch bewusste Kleidung zu verstärken. In manchen Phasen ihres Vortrags formulierte sie ihre Tipps ausgesprochen normativ, sie vermittelte Ansprüche wie z.B.: „Ein Mann darf außer Ehering und Uhr keinen Schmuck sichtbar tragen."

Einige in der Gruppe reagierten unwillig und in abwehrenden Rückfragen wurde deutlich, dass die Vorgaben der Trainerin auf Widerstand stießen, z.B. in der Bemerkung: „Wer sagt das, dass ein Mann das nicht darf?"

Die Trainerin ging auf die eigentliche Frage nicht ein, sondern verstärkte ihre Behauptung in einer abwertenden Bemerkung: „Nur Zuhälter und Schwule tragen Schmuck sichtbar."

Das war für manche in der Gruppe das entscheidende Argument, die gesamte Stil-Beratung für Schwachsinn zu halten.

Eine offene Formulierung gibt die Möglichkeit, eine Empfehlung für sich selbst zu prüfen und könnte in diesem Fall z.B. lauten: „Aus Studien zum Zeitgeist habe ich Ihnen Tipps zusammengestellt. Sie können sich damit auseinandersetzen und Ihr persönliches Auftreten stärken."

Konstruktives Durchsetzen

Offensichtlich kontraproduktive Auswirkungen beobachte ich immer wieder, wenn Leitende in eine Situation geraten, in der sie glauben, Widerstand, Widerspruch, Kritik *bekämpfen zu müssen.*

Oft wirkt dieser Kampf jedoch inkompetent – als Kampf aus Schwäche: Wer glaubt sich behaupten zu müssen, agiert aus einer gewissen NOT.

Ich kann mich sehr wohl dafür entscheiden, mich durchzusetzen. Dies ist jedoch etwas anderes als sich behaupten zu müssen.
Der Unterschied zwischen Durchsetzen aus Not (aus innerem Stress) und konstruktivem Durchsetzen liegt für mich im Vertrauen:

- ❏ Ich vertraue auf eine gute Lösung.
- ❏ Ich vertraue meiner Kompetenz, schwierige Situationen zu bewältigen.
- ❏ Ich vertraue in die Kooperationsbereitschaft anderer, auch wenn diese in Widerstand oder Konflikt für mich nicht sichtbar, von anderen Impulsen überlagert ist.

Konstruktives Durchsetzen ist grundsätzlich wertschätzend, einbeziehend, gesprächsbereit.

Praxisbeispiel

Betriebsausflug

In einer Schule leitete der Direktor den Lehrkörper in dem Bemühen Beteiligung und demokratische Ansätze zu ermöglichen. Er führte Umfragen durch, entschied jedoch letztlich oft gegen deren Ergebnis. Dies führte immer wieder zu Frustration, zu einer angespannten Stimmung bei Besprechungen und schließlich zum Rückzug. Es wurden immer weniger Vorschläge gemacht, die Beteiligung sank.

Besonders deutlich wurde dieser widersprüchliche Führungsstil, als der Schulleiter Vorschläge für den Betriebsausflug sammelte, von denen einer vorsah, einen zweitägigen Ausflug inklusive Nächtigung auswärts zu machen. Die Mehrheit der Anwesenden entschied sich für diese neue Idee. Danach wies der Schulleiter die Entscheidung mit den Worten ab: „Wir können doch niemanden dazu verpflichten, auswärts zu nächtigen, wenn er es nicht will" und organisierte einen eintägigen Ausflug. Empörung im Lehrkörper war die Folge.

➨ **Wie verstehen Sie diese Situation?**

➨ **Eigene Anliegen offen deklarieren**

Natürlich liegt es in so einem Fall auf der Hand zu denken, die Führungskraft müsse sich demokratischer verhalten und die Gruppenmeinung umsetzen. Wir können das Interesse des Leiters an einem einstimmigen Ergebnis auch als Verantwortlichkeit sehen: Ich sehe die Schwierigkeit vor allem darin, dass der Direktor seine Entscheidungskriterien bzw. seine Bedingungen nicht rechtzeitig deutlich sichtbar macht.

So z.B. hätte er in dieser Situation seine Position klar machen können: *„Wenn wir uns gemeinsam für eine neue Variante des Betriebsausfluges entscheiden, dann muss damit sicher gestellt sein, dass alle mitfahren. Da wir bisher nur eintägige Ausflüge gewohnt waren und vielleicht nicht alle einen Wochenendtag für unseren Ausflug investieren wollen, kann ich dieses Ziel nur unterstützen, wenn es hier kein Veto gibt. Sobald eine Person gegen einen zweitägigen Ausflug entscheidet, organisiere ich den eintägigen Ausflug. Was ihr privat zusätzlich macht, ist natürlich eure Sache."*

Dies wäre eine klare Form zu leiten. Auch wenn dieser sicherlich direktive Leitungsstil nicht allen angenehm ist, so gibt er doch eine eindeutige Orientierung.

Es ist demotivierend,
dem Team eine Entscheidung zu übertragen
und bei einem unerwünschten Ergebnis,
dem Team die Entscheidungskompetenz
wieder zu entziehen.

In bester Absicht übergeben Leitende oft Verantwortung, aber nur so lange, als das Ergebnis ihnen passt. Dies kann sehr frustrierend wirken. Widersprüchlich und irritierend ist auch, wenn hierarchisch gegliederte Organisationen fixe Zielvorgaben von oben als „Zielvereinbarungen" bezeichnen.

Direktives Führen kann in vielen Situationen gute Ergebnisse erzielen. Die Herausforderung ist, die Rahmenbedingungen für gemeinsame Entscheidungen und den Bereich der so genannten Chefsache eindeutig abzugrenzen.

So kann eine verantwortliche Führungskraft das Team bitten, Vorschläge zu sammeln, aufgrund derer sie als Führungskraft dann eine Entscheidung trifft, indem sie von Anfang an deutlich macht, dass es um Vorschläge geht und dass sie die Entscheidung bei ihr liegt.

Die Herausforderung wird vor allem darin liegen, offen deklariert zum eigenen Führungsstil und zur eigenen Verantwortung zu stehen.

Sehnsucht nach starker Führung erkennen

nach Gedanken von Katharina Lahninger

Es scheint, dass viele Menschen das Bedürfnis nach starker Führung haben, nach eindeutiger Wahrheit, nach klarer Orientierung.

Die vielen widersprüchlichen Werthaltungen, die in unserer Kultur nebeneinander stehen, die eigenen Ambivalenzen, die Polaritäten des Lebens fordern und verunsichern. Daraus ergibt sich der nahe liegende Wunsch, endgültige Antworten, Sicherheit, Halt in einer starken Führung zu bekommen. Dieser Wunsch kann so stark werden, dass Menschen auch bereit sind, ihre Autonomie abzugeben, um der Führung, die von Unsicherheit befreit, kritiklos zu folgen. – Sicherheit ist hier wichtiger als Autonomie.

Manche Menschen reagieren äußerst sensibel, wenn andere versuchen, ihnen Werte in Form von Ansprüchen vorzugeben. Sie empfinden dies als belehrend, moralisierend, manipulativ.

Andererseits gibt es auch Menschen, die es als entlastend empfinden, wenn ihnen jemand erklärt, was richtig und falsch, gut und schlecht ist. Sie müssen dann keine Entscheidungen treffen und Verantwortung dafür übernehmen.

Immer wieder geben Menschen denen Macht, die einfache, rasche Antworten versprechen. Diese Führenden sehen sich dadurch bestätigt. **Vorsicht also:**

Wenn andere mir folgen,
heißt das noch nicht,
dass mein Weg für sie richtig ist!

Ich ziehe es vor, lieber ein paar Fragen offen zu lassen und mich an Eigenverantwortung und Weiterentwicklung zu orientieren.

Soziale Kompetenz behutsam vermitteln

Widerstand gegen Fremdbestimmung kann auch dann auftauchen, wenn diese nur vermutet wird. Beim Vermitteln von sozialer Kompetenz kann dies leicht passieren.

Praxisbeispiel

Widerstand gegen „Aktiv zuhören"

In einem Führungskräfteseminar erklärte ich die Technik und den Nutzen der Gesprächstechnik „Aktiv zuhören": „... mit dieser Technik mache ich deutlich, wie ich die andere Person verstanden habe. Diese kann mich dann korrigieren oder weiter sprechen. Meine Erfahrung ist, dass aktives Zuhören ein besonders wertvoller Beitrag für ein konstruktives Gespräch ist. Ich lade euch jetzt ein, diese Technik in Paaren zu üben. Ihr könnt dabei Erfahrungen sammeln, wie es sich auswirkt, wenn eine Person sich voll und ganz auf das Zuhören konzentriert ..."

Eine Führungskraft wirft ein: „Ja aber im Arbeitsalltag hab ich doch nie die Zeit, immer allen zuzuhören, immer nur verständnisvoll zu sein. Außerdem kommen die Mitarbeiter doch zu mir, um Anweisungen und Rat zu bekommen. Wieso muss ich da aktiv zuhören?"

➠ **Was würden Sie tun?**

➠ Aktiv zuhören

Ein Einwand wie oben ist kein Einzelfall. Ich vermute, dass Widerstand gerade gegen diese Übung besonders häufig ist, weil sich fast alle Menschen sicher sind, dass sie gut zuhören können (auch dann, wenn das nicht stimmt).

Jedenfalls ist meine erste Intervention in dieser Situation: aktiv zuhören! Ich wiederhole den Einwand mit meinen Worten. Manchmal entwickelt sich daraus ein kurzes Gespräch, in dem ich ausschließlich aktiv zuhöre. Danach frage ich die Führungskraft, ob sie sich verstanden fühlt. Erst jetzt erkennt die Führungskraft, dass ich gerade die Technik des aktiven Zuhörens angewandt habe, und dass dies hilfreich war.

Dann betone ich nochmals mein Anliegen: „Ich zeige euch eine Gesprächstechnik, die ich als sehr hilfreich erlebe. Ihr selbst entscheidet, wie und wann ihr diese Technik anwendet. Keinesfalls mache ich hier irgendwelche Vorschriften für eure Kommunikation. Ich schlage vor, dass ihr das aktive Zuhören übt, seine Wirkung erlebt und im Alltag entscheidet, wie und in welchem Ausmaß ihr es anwendet."

Häufig betonen Führungskräfte dann am Ende dieser Seminare, dass sie sich zum Ziel setzen, aktives Zuhören in der Arbeit konkret zu nutzen.

Sehr spannend fand ich denselben Widerstand in einem Seminar mit Auszubildenden. Noch stärker als bei Erwachsenen wurde das Vorstellen einer Gesprächstechnik von den Jugendlichen als Vorgabe interpretiert, sie müssten ab jetzt immer aktiv zuhören, um gut zu kommunizieren.

➠ Methodische Idee

Nachdem ich beim ersten Mal große Mühe hatte, diesen Widerstand abzubauen, nutze ich seither gerne folgenden methodischen Weg:

Ich bitte eine Person in einem Rollenspiel eine Praxisgesprächssituation zu spielen und höre aktiv zu. Dieses Gespräch nehme ich auf Video auf und lasse danach die Jugendlichen selbst analysieren, was ich beigetragen habe. So entdecken sie, dass das Zusammenfassen des Gehörten Verständnis und Interesse zeigt. Kaum jemand hat dies während des Gesprächs bemerkt.

Erst danach erkläre ich die Technik des aktiven Zuhörens und betone auch hier, dass ich im Seminar zu einer Erfahrung einlade und mir keinesfalls anmaße vorzuschreiben, wann und wie jemand verständnisvoll zuzuhören hat.

Das Feedback der Auszubildenden ist bestens.

Wertorientierung und Burn-out

In SINN-vollen Aufgaben erfolgreich sein

von Katrin Haugeneder und Paul Lahninger nach: Funke, Günter: Personale Pädagogik, www.guenterfunke.de
Vortrag in Linz, Feb 2001

Die Erforschung des Phänomens Burn-out zeigt, dass hohes Arbeitsausmaß und Zeitdruck alleine nicht zu chronischer Erschöpfung führen, sondern der Verlust der Sinnorientierung:

Wenn wir nur „funktionieren" und nicht (mehr) innerlich beteiligt sind, dann sind wir burn-out gefährdet.

Burn-out

„Ausgebrannt" sein, das ist arbeitsbedingter anhaltender Erschöpfungszustand, der schrittweise fortschreitet: Es beginnt oft damit sich beweisen zu müssen – oft nach einer Kränkung (!) Freude oder Hingabe gehen verloren, das führt dann dazu, dass eigene Bedürfnisse vernachlässigt, Entscheidungen vermieden und Konflikte verdrängt werden.

Wenn sich der Anspruch, immer noch weiter leisten zu müssen, verselbstständigt, kann das bis zum Gefühl des Persönlichkeitsverlustes führen: „Sich selbst nicht mehr spüren", weil nur mehr das Funktionieren zählt.

Eine interessante Kur bei fortschreitender Burnout-Gefährdung ist die Disziplin der 20-Minuten-Pause: Etwa alle 2 Std. entspannt sich die betroffene Person in einer bewusst abgegrenzten Auszeit, am besten im Liegen und Tagträumen, jedenfalls ohne jede Anforderung oder Störung. Diese hohe Pausenqualität wird auch Heilreaktion genannt, weil der Organismus dabei trainiert wird, zu entspannen, sich selbst zu spüren, Bedürfnisse wahrzunehmen, und die Forderungen der antreibenden Ansprüche regelmäßig unterbrochen werden. So kann sich wieder natürliche Freude an Arbeit und Erfolg entwickeln.[1]

Gesunde Leistungsbereitschaft orientiert sich an *inneren* WERTEN.

Äußerliche Motivationen hingegen sind störungsanfälliger: Einen guten Eindruck zu machen, Anerkennung zu bekommen, eine Fassade aufrecht zu erhalten: All diese äußerlichen „Mittel zum Zweck" – Motivationen (sekundäre oder formale Motivationen) – sind kein Ersatz für die Orientierung an Werten:

Wer auf offener See zu rudern beginnt,
wenn das Segel einen Riss bekommt,
anstatt das Segel zu reparieren,
wird bald erschöpft sein.

Widerstände können dabei Alarmsignale sein und aufzeigen, dass etwas fehlt.

Wenn Leitende angepasstes Funktionieren fordern und die Auseinandersetzung mit dem Sinn einer Aufgabe verweigern (oder ihr nicht gewachsen sind), kann Führung als Entwertung empfunden werden.

Maschinen funktionieren,
erfüllen einen ZWECK –
Menschen engagieren sich,
leben Werte und SINN.

1 Ernest Rossi: 20 Minuten Pause, die ultradiane Heilreaktion, Paderborn, 2004

ZWECKORIENTIERUNG – WERTORIENTIERUNG

Ein gewisses Ausmaß an funktioneller Zweckerfüllung ist zumutbar und sicher zu bewältigen. Dieses Ausmaß ist individuell, je nach Lebenseinstellung unterschiedlich groß. **Aber**: Wenn der größere Teil der Aufgaben als rein zweckgerichtetes Funktionieren erledigt wird, ohne mit dem Herzen dabei zu sein, wird die Tätigkeit kaum befriedigen und kann zu innerer Leere und letztlich zu Burn-out führen.

Qualitäten erfüllender Arbeitshaltung

Wir erleben Arbeit als SINN-voll durch eine oder mehrere dieser Qualitäten:

- ❑ schöpferisch, gestalterisch
- ❑ selbstbestimmt, frei, persönlich
- ❑ verantwortlich, engagiert handeln.

So führt Einsatz zu Erfüllung, auch bei hoher Anstrengung und Müdigkeit.

Wer sich jedoch hauptsächlich verpflichtet fühlt, sieht sich gedrängt, gezwungen, kontrolliert, fremdbestimmt, erlebnisarm. Anstrengung erschöpft dann viel mehr, Entspannung kann Leere hinterlassen.

Widerstand kann in solchen Situationen ein Hilferuf sein und Auftrag zur Neuorientierung:

- ❑ Welche Werte berühren, bewegen mich?
- ❑ Was bringt die Aufgabe in mir zum Schwingen? Welches Lebensgefühl kann in meine Tätigkeit fließen?
- ❑ Wie kann ich meine Kreativität nutzen? Oder brauche ich eine andere Aufgabe, die mir ermöglicht „das Beste in mir" einzubringen?
- ❑ Wie lebe ich Austausch und Wertorientierung im kollegialen Team?

Solche Fragen können ganz persönlich reflektiert werden. Spannend ist, sich darüber auszutauschen, Werte und Sinn zum gemeinsamen Thema zu machen. Ein kleiner bewusster Schritt, möglichst ein gemeinsamer Ansatz in einer der Sinn-Qualitäten, kann Motivation deutlich stärken.

Ganzheitliche Werte sind zugleich Ziel und Motor für unsere Lebensreise.

Werte gehören zum innersten Teil dessen, was wir als Identität wahrnehmen und als Selbstverständnis beschreiben. Werte sind Bausteine für das, was wir in den unterschiedlichsten Lebenssituationen als Lebenssinn empfinden. In meiner Leitungsaufgabe begleite ich die Auseinandersetzung mit Werthaltungen und dem Sinn der Tätigkeit.

Gesund durch konstruktive Konfliktlösung im inneren Team

Ansprüche und Bedürfnisse moderieren

Gesundheit umfasst die ganze Persönlichkeit. Wir können in allem, was wir tun, für unsere Gesundheit sorgen, indem wir auf die eigenen Bedürfnisse achten und Lösungen für innere Konflikte finden.

Krankheit als Konflikt-Ausweg im inneren Team

zusammengestellt von Reinhold Rabenstein nach Friedemann Schulz von Thun: Miteinander reden 3, Das innere Team, Hamburg 2001, S 117: innere Teamkonflikte managen[1]

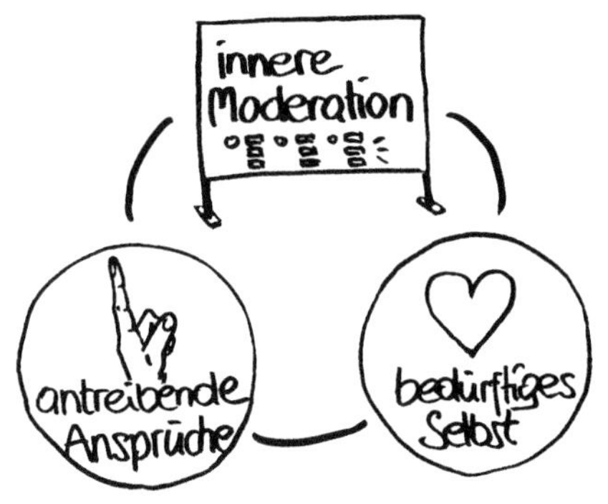

In bewusstem Selbst-Management leitet eine übergeordnete Instanz, die „Moderation" den Dialog zwischen Ansprüchen und Bedürfnissen, und trifft Entscheidungen, um für das eigene „bedürftige Selbst" zu sorgen und einen Ausgleich für hohe Anforderungen zu finden. Wenn wir uns in unangenehmem Stress fühlen, können wir annehmen, dass die „antreibenden Ansprüche" Druck auf das „bedürftige Selbst" ausüben.

Das antreibende Ich wird oft höher bewertet und von äußeren Anforderungen verstärkt, z.B.: „Man muss alle Aufgaben rasch und fehlerfrei erledigen." Die Ansprüche werden übermächtig, bedürftiges Selbst und Moderation äußern sich leise.

Symptome schützen das bedürftige Selbst

Diese Einseitigkeit, dieser Nicht-Dialog mit eigenen Bedürfnissen, wirkt sich ungünstig auf den Organismus aus. Übersteigerte Aktivität, kann zu Kopfschmerzen, Herzrasen, Magenschmerzen, führen. Auch Flucht-Tendenzen in Alkohol / Drogen können „auftreten". „Auftreten" passt gut zum Bild der inneren Bühne:

Symptome stellen sich schützend zwischen die fordernden Ansprüche und das bedrohte, bedürftige Selbst. Da die Stimme „Ich brauche Entspannung, Zeit für mich allein!" nicht gehört wird, schafft ein Krankheitssymptom Schonung. Eine konstruktive Lösung ist daher die Stärkung von Moderation und Auseinandersetzung mit dem bedürftigen Selbst.[2]

1 Literaturtipp zum Thema: Dethlefsen, Thorwald und Dahlke, Rüdiger: Krankheit als Weg, Deutung und Be-Deutung der Krankheitsbilder, München, 1988, C. Bertelsmann Verlag Siehe auch: René Reichel, Reinhold Rabenstein: Kreativ beraten, Münster 2001, Ökotopia Verlag, S. 112

2 Methoden zur Aufarbeitung innerer Konflikte: Zusammenspiel von Ich-Instanzen (S. 184), Schiebekampf zur Zielsetzng (S. 177)

WERTORIENTIERUNG: ETHIK DES LEITENS

Ethik des Leitens: Arbeit mit Idealen

Autoritäten wirken ganz wesentlich durch ihre Ausstrahlung und durch ihr authentisches Vorbild. Diese Qualität wird getragen durch ganzheitliche innere Werthaltung.

Ausstrahlung und Vorbild sind wirksamer als jedes gesprochene Wort.

- ❑ Wenn ein Chef z.B. von Teamqualität spricht und selbst nicht dazu beiträgt, sondern als Einzelkämpfer auf eigene Vorteile aus ist, so wird kein noch so nachdrückliches Wort überzeugen.
- ❑ Wenn ein Ausbildner von Selbständigkeit spricht und bei jeder Abweichung Anpassung fordert oder widersprüchliche Meinungen bekämpft, dann wird Anpassung als höherer Anspruch wahrgenommen als die Selbstständigkeit.

Der Kampf gegen Abweichungen ist verständlich: Wenn sich Leitende mit einem Ziel identifizieren, sich kämpferisch dafür einsetzen, besteht die Gefahr, dass sie sich von abweichenden Haltungen bedroht und letztlich auch persönlich abgelehnt fühlen.

Sich Werthaltungen ganzheitlich zu Eigen zu machen, diese zu leben und überzeugend auszustrahlen, ohne Widerspruch zu bekämpfen, ist ein beachtlicher, oft auch langer Weg der Persönlichkeitsentwicklung.

Orientierung an Idealen

Die Orientierung an Idealen ist für viele Menschen ein erster Schritt, sich Werthaltungen ganzheitlich zu Eigen zu machen. Die Herausforderung dabei ist, auch das *eigene* Abweichen vom Ideal selbstkritisch wahrzunehmen.

Auf den nächsten beiden Seiten lädt eine Sammlung von anspruchsvollen Werthaltungen für Leitungs- und Führungsaufgaben zur Auseinandersetzung ein. Die Gedanken orientieren sich an der systemischen Arbeit.[1]

1 Methoden zur Arbeit mit Thesen: siehe Paul Lahninger: leiten · präsentieren · moderieren S 247-249

Thesen Ethik des Beg-Leitens

nach: Mathias Vargha von Kibedt, Vortrag in Gmunden, Jän. 04

„Hinter jeder Methode steht eine Haltung"

wertschätzend

Respektvoll gebe ich Raum für Entwicklung.
Ich achte Menschen jenseits von Sympathien und vertraue auf Lernfähigkeit und Lernbereitschaft.

ergebnisoffen

Die Lernenden schaffen ihre eigenen Lernprozesse und Schritte der Umsetzung.
Als Leiter-In bin ich Gastgeber-In dieses Geschehens.

moderierend

Ich bin Moderator-In von Lernprozessen.
Der Erfolg ist eine gemeinsame Leistung und ein Geschenk, das in der Gruppe / im Team entsteht!

einzigartig begleiten

Ich orientiere mich am Prozess der Gruppe und wähle passende Angebote für die konkrete Situation in der Gruppe / im Team, die immer einzigartig ist!

offen für Kritik

Da ich zu dem stehe, was ich zu geben habe, bin ich interessiert an Kritik.
Kritik, die mich verunsichert, ist ein Auftrag, mich / das, was ich gebe, weiterzuentwickeln.

im Dialog mit Widerstand

Widerstand deute ich als Angebot zur Kommunikation.
Ich prüfe, ob es Sinn macht, den Rahmen, z.B. die Methode, das Tempo, zu verändern.

lernend

Ich bin offen für Fortbildung und Weiterentwicklung.
Ich verstehe mich selbst als lernend und bin dadurch verbunden mit den Lernenden, die ich begleite.

Thesen Ethik des Führens

zusammengestellt von Robert Graf und Paul Lahninger

zutrauend
Ich traue anderen zu, dass sie Aufgaben selbstständig lösen.
Wenn erwünscht, gebe ich Unterstützung und fördere Entwicklungsprozesse, auch durch angemessene Anforderungen.

neugierig
Ich gehe offen auf andere zu und respektiere ihre Sicht der Welt.
Ich bin interessiert, diese einfühlend zu verstehen, unabhängig davon, ob ich mit dieser einverstanden bin.

Orientierung gebend
Ich informiere andere über meine Vorstellungen, Werte, Ziele.
Das bedeutet auch Mut zu Konflikt und Auseinander-Setzung.

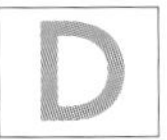

authentisch
Was ich von anderen erwarte, lebe ich vor.
Selbstkritisch prüfe ich mein Handeln an meinen Werten und lade zu offenem Feedback ein.

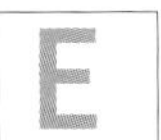

partnerschaftlich
Ich teile mein Wissen und meine Informationen und sorge dafür, dass alle an einem Strang ziehen können.
Ich verstehe Erfolge als gemeinsame Erfolge im Team.

anerkennend
Ich würdige die Erreichung vereinbarter Ziele, nehme das Positive in jeder Person wahr und unterstütze die Freude über Erfolge nach Herausforderungen.

selbst-bewusst
Ich achte auf meine Energien.
Indem ich für mich sorge, kann ich geben.
Ich würdige meine Quellen, Wurzeln und meine Grenzen.

Ethik des Leitens / Ethik des Führens

Selbstreflexion

Werthaltungen, als Thesen oder als Leitbild betrachtet, geben Orientierung beim Leiten / Führen.

❑ Wähle deine Lieblingsthese und mache dir Bilder dazu.

❑ Überlege, welche These dir besonders wertvoll erscheint.

❑ Welche These empfindest du eher als Anspruch: „Das soll(te) ich tun."
Welche weckt vergnügte, freundliche Assoziationen?

❑ Welche der Thesen lebst du, und auf welche Weise?

❑ Was könntest du tun, um diese Werthaltung zu stören oder zu behindern?

❑ Sammle einige Beispiele für Interventionen und Methoden, die du verwendest: Zu welcher These passen diese jeweils?

Anregung: Eine Möglichkeit, die Orientierung an einer bestimmten Werthaltung zu stärken, ist, sich diese optisch präsent zu halten, z.B. auf der ersten Seite einer Arbeitsmappe.

Gruppenübungen

1. Schneiden Sie das Thesenblatt (S. 112, 113, evtl. mehrmals kopieren) in seine 7 Teile und verteilen Sie diese. Jede Person erhält ein bis drei Streifen.
Nun setzen sich jeweils 2 Personen zusammen und interviewen einander:
- ❑ *Was sagt mir dieses Ideal?*
- ❑ *Welche Bilder tauchen dabei auf?*
- ❑ *Kennst du Methoden/Interventionen, die dieses Ideal (auch ansatzweise) umsetzen, Methoden, die dieses verhindern?*
- ❑ *In welchem Ideal könnte es sein, dass andere dich anders erleben als du dich selbst?*

2. Jede Person erhält einen Satz Thesen, wählt eine Lieblingsthese und eine, die persönlich am meisten als herausfordernd empfunden wird.
Diese persönliche Auswahl ist Ausgangspunkt für das Gespräch.
Thema des Gesprächs kann auch die Unterscheidung zwischen dem „Du sollst!" des Anspruchs und einer wohltuenden Vision sein.

Kritik annehmen

Meine Wertschätzung ist besonders gefragt, wenn ich kritisiert werde

Kritik interessiert anhören, gelassen entgegennehmen, zum Anlass nehmen mich in die Welt meines Gegenübers einzufühlen – eine beachtliche Herausforderung!

Wie schnell kommt bei Kritik der Impuls, mich zu verteidigen, für meine Unbescholtenheit zu kämpfen, andere von meinem Gutsein überzeugen zu wollen.

Lassen wir einmal die Situation beiseite, in der es um Aufklärung von Missverständnissen geht, in der es sinnvoll ist, etwas klarzustellen.

Viele Menschen reagieren auf jede Kritik mit einem automatischen Reflex, sich zu rechtfertigen.

Wer sich rechtfertigt, schwächt sich.

Wenn ich beginne, mich zu verteidigen, heißt das, dass ich kämpfe. Kann sein, dass die Kritik tatsächlich ein Angriff war, kann sein, dass ich diese als Angriff deute – in jedem Fall bedeutet verteidigen, dass ich die Sicht meines Gegenübers verändern möchte – mehr oder weniger kämpferisch: Ich rechtfertige mich, weil es mir unangenehm ist, dass eine Person mich kritisch sieht. Wenn ich aufbrausend mit einem „Gegenangriff" reagiere, zeige ich damit, dass ich es nicht ertrage, dass jemand mich anders sieht, als ich es will. Je heftiger ich reagiere, umso mehr Schwäche zeige ich.

Zugleich ist es ziemlich unwahrscheinlich, dass ich durch diesen Kampf (verteidigen ist kämpfen!) andere gewinne.

Kritik nach oben fördern

Immer wieder zeigt sich, dass Personen in Leitungsfunktionen wenig Rückmeldung bekommen. Besonders dann, wenn sie konkrete „funktionelle" Macht haben: Eine Führungskraft kann Mitarbeitern kündigen, eine Ausbildungsleiterin kann den Abschluss verwehren. Dadurch fehlt nicht nur ein wertvoller Input für „die Oberen", konstruktive Kritik fördert Beziehungsqualität, und: Beteiligte können ihre soziale Kompetenz nicht zeigen und entwickeln.

Je steiler die Hierarchie, umso geringer ist üblicherweise das Feedback nach oben. Viel wertvolles Potential geht verloren, wenn eine wechselseitige Feedbackkultur fehlt.

Wenn Beteiligte kritisch mitdenken und ihre Kritik ist nicht willkommen, dann ist Widerstand vorprogrammiert.

Auch Personen, die in Teams informell führen, also aus einer gleichrangigen Position heraus viel Einfluss haben, bekommen oft weniger Feedback als andere Teammitglieder!

Ich denke, es ist ein wichtiger Teil jeder Leitungsfunktion, eine offene Feedbackkultur zu unterstützen. Dabei erkennen Leitende auch die Kompetenz derer, die kritisch und zielorientiert mitdenken.

Feedbackkultur können wir als Leitende nur fördern, indem wir selbst Kritik grundsätzlich willkommen heißen und darauf verzichten, uns zu rechtfertigen. Als Leitsatz, Kritik entgegenzunehmen, kann der kundenorientierte Umgang mit Reklamation dienen:

Danke, dass Sie uns darauf aufmerksam machen, wir kümmern uns darum!

Sorry!

Eine angemessene Entschuldigung ist ein Zeichen von Stärke (auch wenn eine ängstliche Stimme in mir schreit: „Nur ja nicht klein beigeben!!")

Manchmal ist eine hypothetische oder relative Entschuldigung passend , z.B.:

„Wenn ich zur Verwirrung beigetragen habe, entschuldige ich mich dafür." (➡ „wenn!!")

„Sorry!, für meinen Anteil am Missverständnis," (➡ „für meinen Anteil!!")

Die relative Entschuldigung macht Sinn, wenn ich es *entgegenkommend* meine. Leeres Taktieren kann ich mir sparen.

Einfach anhören – Punkt

In vielen Situationen ist es noch sinnvoller, als Autorität angemessene Kritik einfach nur anzuhören, nonverbal Verständnis zu signalisieren und nur mit einem „O.K." oder „Danke." zu antworten.

Kritik nehmen in 3 Schritten

bejahen → verstehen → entgegenkommen

Kritik willkommen heißen bedeutet: Hier bekomme ich Information. Andere teilen mir ihre Wahrnehmung, ihr Verständnis der Situation, ihre Bedürfnisse mit, wenn auch oft verschlüsselt oder sogar abwertend formuliert.

Kritik kann immer Impulse zur Korrektur und Weiterentwicklung beinhalten.

❑ **bejahen**

So kann eine erste Antwort die Botschaft beinhalten: *„Gut, dass du mir das sagst!"* oder *„Es ist mir wichtig, Ihre Sicht der Dinge zu erfahren."*

❑ **verstehen**

Wenn die Kritik unangenehm, z.B. abwertend formuliert war, formuliere ich diese um und frage nach, ob das so gemeint war. Wenn jemand z.B. sagt *„Ist ja das reinste Chaos hier! Verrückt!"*, kann ich antworten: *„Versteh ich richtig, Sie kennen sich hier nicht aus?"*

In jedem Fall ist aktives Zuhören sinnvoll: Ich teile mit, wie ich es verstanden habe. Beim Zuhören bemühe ich mich um Verständnis und sammle keine Gegenargumente.

❑ **entgegenkommen**

Wenn ich die Situation verändern möchte und kann, dann frage ich nach, welche Wünsche konkret gemeint sind. Zum Beispiel zur Kritik am Chaos: *„Wie kann ich Ihnen helfen, hier Überblick zu bekommen?"*

Manchmal ist es passender, einfach nur Entgegenkommen zu signalisieren. Zum Beispiel: *„Ich nehme ernst, was du gesagt hast. Ich denk das noch mal durch."* oder *„Ihre Rückmeldung war wichtig. Tut mir leid, dass es für Sie schwierig war."*

❑ **anhören und abgrenzen**

Natürlich habe ich immer die Möglichkeit, Kritik, die mir unangemessen erscheint, zurückzuweisen. Zum Beispiel: *„Das ist meine Entscheidung. Bitte akzeptiere das so."* oder *„Darüber möchte ich jetzt nicht diskutieren."* oder auch *„Das finde ich sehr heftig und kämpferisch. Ich möchte darauf so nicht antworten."*

Diese Abgrenzung wirkt meist viel stärker als eine Verteidigung.

❑ **umdeuten und abgrenzen**

Kritik, die ich als übergriffig empfinde, kann ich sehr elegant zurückweisen, indem ich sie umdeute. Zum Beispiel kann ich auf die Kritik *„Du bist aber kleinlich!"* antworten: *„Wenn kleinlich sein bedeutet, meine Arbeit genau zu nehmen, dann bin ich gerne kleinlich."*

Übung Mit Kritik umgehen

Angenommen Sie bekommen die Rückmeldung „*Ich finde, du verteidigst dich oft, wenn du kritisiert wirst.*" und Ihr Impuls ist zu sagen „Ja, aber nur, wenn die Kritik übertrieben oder unsachlich ist!", dann ist die folgende Übung besonders empfehlenswert:

Beobachten Sie, wie Sie mit Kritik umgehen. Bitten Sie andere dazu um Feedback.
Wenn Ihr erster Impuls ist, sich zu rechtfertigen, dann können Sie ein paar Wochen lang üben, ganz bewusst auf Kritik nicht zu antworten, außer mit aktivem Zuhören.

Beispiel:

„Du bist wohl nie pünktlich"

Variante 1:
Rechtfertigung

A: „Du bist wohl nie pünktlich!"

B: „Das ist erst das zweite Mal, dass ich zu spät komme, und beide Male war der Stau schuld!" (➨ Rechtfertigung)

A: „Dann musst du eben früher wegfahren!" ➨ verschärfte Kritik)

B: „Du bist aber heute grantig." (➨ Abwehr mit Gegenbeschuldigung)

Variante 2:
Zustimmung

A: „Du bist wohl nie pünktlich!"

B: „Stimmt, du musstest schon zweimal auf mich warten. Tut mir leid!"

A: „Ich hasse es, warten zu müssen!" (➨ spricht das Bedürfnis an!)

B: „Kann ich gut verstehen! Ich werde mich nächstes Mal bemühen, früher wegzukommen."

Kritik anhören – Kritik thematisieren

Die beiden folgenden Praxisbeispiele können Sie nutzen, um sich in die Situation einzufühlen und Ihre persönliche Tendenz zu antworten durchdenken.

Praxisbeispiel

Partygespräch

A: „Was machen Sie beruflich?"

B: „Ich bin Trainer."

A: „Trainer, da haben Sie aber einen lässigen Beruf."

B: „Lässig?" (➠ aktiv zuhören)

A: „Trainer bekommen eine Menge Geld dafür, dass sie die Teilnehmer einander erzählen lassen, was diese ohnedies schon wissen. Trainer nützen doch nur die Situation aus."

Wie würden Sie reagieren?

B: (In der konkret erlebten Situation verteidigt sich der Trainer zunächst:) *„Na, wofür bereite ich mich dann jedes Mal gewissenhaft vor, wenn ich ein Seminar habe?"*

A: *„Seminare bringen ja doch nichts, das ist nur so ein blöder Trend."* (verschärfte Kritik)

B: (verteidigt sich) *„Ich bekomme aber häufig gute Rückmeldungen, dass die Seminare was gebracht haben."*

A: *„Ja, Schmeichler gibt's überall. Ich jedenfalls habe noch kein Seminar erlebt, das etwas gebracht hat."* (festgefahrene Situation)

B: *„Erzählen Sie mal, das interessiert mich. Welche Seminare haben Sie schon besucht?"*

A: (erstaunt) *„Wieso wollen Sie das wissen?"*

B: *„Eigentlich finde ich Ihre Kritik sehr wichtig. Ich möchte gerne hören, was Sie erlebt haben und wieso Sie zu dieser Meinung kommen. Können wir uns irgendwohin setzen, wo es ruhiger ist? Ich bitte Sie mir das genauer zu erzählen."*

A: *„Ja, können wir machen."*

So entwickelte sich ein interessantes Gespräch, bei dem A von zwei Seminaren seines Betriebes erzählte, bei denen er die Auswahl der Lerngruppe als sehr unglücklich erlebt hatte. Weiters kritisierte er, dass die Firma den Teilnehmenden keine Möglichkeit gab, das Gelernte tatsächlich anzuwenden.

Der provokative Angreifer zeigte sich als Gesprächspartner, der Interesse an der Arbeit des Trainers entwickelte und wichtige Punkte für die Zielsetzung eines Seminars beschrieb. Schließlich bat er um Zusendung der Seminarprospekte: „Das könnte etwas für mich sein." Wäre der Trainer auf der Schiene der Verteidigung geblieben, so hätte sich das Gespräch wohl kaum in dieser Form weiterentwickelt.

➠ ehrliche Zuwendung

Wenn, wie in diesem Beispiel, eine Person, die zuerst kritisch abwertend war, am Ende des Gespräches sehr interessiert um weitere Informationen bittet, so könnte der erste Gedanke sein: „Den habe ich gut herumgekriegt." Genau darum geht es nicht.

Wenn ich versuche andere Menschen mit Tricks auf meine Seite zu bekommen, so kann dies da und dort erfolgreich sein. Für wirksame und ganzheitliche Menschenführung wird so eine Linie jedoch nicht viel bringen.

Das wird in diesem Fallbeispiel besonders deutlich: Wenn ich mich auf ein Gespräch einlasse, auf einen dialogischen Prozess, dann begünstigt dies die Entwicklung weiterer Ideen oder das Ansprechen persönlicher Motive und Impulse.

Meine ehrliche Zuwendung, mein aufrichtiges Interesse ist gewissermaßen meine Leistung. Dies ist sicher ein wertvoller Beitrag. Was die andere Person daraus macht, ist ihre Sache!
Wenn sie, wie in diesem Beispiel, eine andere Seite zeigt und möglicherweise sogar selbst etwas dabei lernt, so ist dies der Weg, den sie selbst geht. Als Gesprächspartner gehe ich mit.
Diese Haltung ist das Wesen dessen, was wir als „coachen" bezeichnen.

Praxisbeispiel

Kritik nach Diskussionsabbruch

In einer Seminarreihe war eine Teilnehmerin, die immer wieder relativ lang brauchte, um ihre Diskussionsbeiträge auszubreiten. Diese waren durchaus sinnvoll, nach meinem persönlichen Geschmack jedoch oft zu lang und zu rational.

Im dritten Teil der Seminarreihe ergab sich wieder eine dieser Situationen in einem Plenumsgespräch, wo sie zu einer weitschweifigen Erklärung ausholte. Ich unterbrach sie mit den Worten, dass mir das jetzt zu lang sei und dass ich gerne zur nächsten Übung weitergehen würde.

Diese Übung war ein Gespräch in einer Dreiergruppe. Die Teilnehmerin, die ich unterbrochen hatte, war mit zwei anderen Teilnehmerinnen beisammen, die ihr recht nahe standen. Sofort merkte ich, dass sie aufgeregt und heftig über den Abbruch der Diskussion sprachen und nicht an der Fragestellung arbeiteten.

Wie würden Sie reagieren?

➠ Thematisieren / Verständnis zeigen

Nach wenigen Minuten brach ich die Übung mit folgenden Worten ab: „Ich merke, hier gibt's eine Störung." Zur besagten Teilnehmerin sagte ich: „Ich bitte dich zu sagen, was dir am Herzen liegt."

Daraufhin erklärte sie heftig, wie unangenehm sie die Unterbrechung empfunden hatte und wie sinnlos es wäre, wenn es hier keinen Raum für Gespräche gäbe.

Im ersten Augenblick war ich ziemlich verunsichert. Deshalb bat ich zunächst die Gruppe der Reihe nach zu der Situation Stellung zu nehmen, um einen Überblick über die allgemeine Stimmung zu bekommen.

So äußerten einige Personen, dass ihnen mein Gesprächsabbruch auch sehr abrupt gekommen wäre, andere meinten eher, dass es ja auch wichtig sei, mit den Seminarthemen weiterzukommen, oder dass ihnen die Situation nicht besonders wichtig erscheine.

Während dieser Wortmeldungen schien die Atmosphäre in der Gruppe hochkonzentriert und offen. Das gab mir Sicherheit, dass die Situation sich bald wieder entspannen würde.

Nachdem alle Personen sich zu Wort gemeldet hatten, entschuldigte ich mich für den Gesprächsabbruch und erklärte, dass ich in meiner Einschätzung von Effektivität und Tempo offensichtlich nur einem Teil der Gruppe gerecht geworden wäre. Damit war die Sache erledigt.

Am Ende des Seminars bekam ich beste Rückmeldungen für den Umgang mit dieser Situation.

Kritik und Rechtfertigungstendenz

Thesen zum Widerstand gegen Feedback

von Eva Scala und Paul Lahninger

Feedbackregeln werden oft nicht eingehalten.

Es ist ein Phänomen, dass auch Menschen, die ausgewogen wirken und selbstsicher auftreten, oft dazu neigen, sich reflexartig und unnötig vehement zu verteidigen.

Ganz offensichtlich wird hier das Bemühen sichtbar, Dinge richtig zu machen, gut zu sein, sich vor Angriffen zu schützen.

Die Frage ist, warum wir unser Bemühen durch kritische Rückmeldungen gefährdet sehen, so als würde die Sicht anderer Menschen die eigene Motivation in Frage stellen: Wir neigen dazu, uns zu schützen, und wenn wir einen Fehler gemacht haben, dann wollen wir wenigstens unsere gute Absicht betonen.

Thesen zum Phänomen „sich verteidigen zu müssen"

- ❑ Sehr viele Menschen erleben in Erziehung und Ausbildung jahrzehntelang die Orientierung an richtig und falsch: das Falsche ist unerwünscht und zieht unangenehme Konsequenzen nach sich. Jeder Fehler birgt die Gefahr, persönlich zurückgewiesen zu werden: „Wenn ich nicht brav bin, werde ich nicht geliebt ..."
- ❑ Unsere religiöse Tradition spricht viel von gut und böse: Für das Böse-Sein gibt es dramatische Bilder von ewiger, grausamster Bestrafung.
- ❑ Als Kinder, zum Teil auch als Jugendliche und wenn wir in hierarchischen Systemen wenig Macht haben, machen wir häufig die Erfahrung, dass kritische Rückmeldungen abwertend, bloßstellend, beschämend gegeben werden. So wird Kritik mit Abwertung oder Beschämung assoziiert, auch wenn die Kritik konstruktiv ist.

Diese Erfahrungen scheinen sich in einer Abwehr von Kritik festzusetzen, in einer Art innerer Instanz, die anspringt, so wie ein Wachhund, der gelernt hat, jeden Besucher anzubellen, der einen Stock trägt, gleich ob es ein Spazierstock oder ein Knüppel zum Zuschlagen ist.

Persönlichkeitsentwicklung stärkt unsere Möglichkeiten, uns diese schützende Instanz im eigenen Inneren vertraut zu machen, um kritische Rückmeldung als hilfreiche Information anzunehmen.

Verzicht, sich zu rechtfertigen, entlastet:
Es ist, wie es ist!

Dem Widerspruch zustimmen – mit Dissens leben

Bei allem Bemühen um konstruktive Lösung von Konflikten, wird es immer wieder auch Konflikte geben, die wir nicht oder nicht zufriedenstellend lösen können. So ist es – nach ehrlichem Engagement – manchmal auch notwendig, Dissens anzunehmen.

Eine der größten Herausforderungen im Leben ist das Bejahen von unlösbaren Konflikten und damit das Akzeptieren von Unfertigem und Leidvollem.

Für ein ehrliches Ja zur Nichtharmonie, zum Unerwünschten, nicht Bewältigbaren, braucht es einen Prozess des Abschieds und der Trauerarbeit.

Dieser Prozess unterscheidet ganz wesentlich die Dissensfähigkeit von Verhaltensweisen der Flucht und Resignation. Der Abschied vom Ideal der Konsens-Lösung befreit und schenkt neue Energien. Flucht und Resignation hingegen schwächen und binden Energien.

Wesentlich dabei ist das Veränderbare vom Unlösbaren zu unterscheiden und Chancen wahrzunehmen, Energien zur Bewältigung von lösbaren Konflikten sinnvoll zu investieren.

konfliktfähig – konsensfähig – dissensfähig

In gewisser Weise bilden 3 Begriffe eine Steigerung:

konfliktfähig
bereit, sich Konflikten zu stellen

konsensfähig
bereit, eine Einigung zu erzielen

dissensfähig
bereit, mit Widerspruch zu leben

Dissensfähig sein bedeutet:

- Die eigenen Grenzen, auch Unvermögen akzeptieren.
- Den Anspruch aufgeben, Einigkeit erreichen zu müssen.
- Sich trotz bestehender Differenzen versöhnen.

Gerade dann, wenn wir uns in einem Konflikt nicht einigen können, ist Entgegenkommen besonders wertvoll: Wir können einen Ausgleich für das derzeit nicht Lösbare schaffen.

Toleranz

Diese Dissensfähigkeit bildet die Grundlage einer wohltuenden Toleranz, z.B.:

- Wenn trotz entgegen gesetzter Lebensstile wie in pubertierender und „bürgerlicher" Freizeitgestaltung innerhalb einer Wohnung Zusammenleben möglich ist.
- Wenn stark unterschiedliche Persönlichkeiten mit gegensätzlichen Werthaltungen in einem Team einander trotz aller Widersprüche anerkennen und schätzen.

Mit Dissens leben – Abschied vom Ideal

Wenn wir mit einer Person einfach nicht mehr klar kommen und das wiederholte Bemühen um Aussprache und Harmonie scheitert, dann bietet uns die Dissensfähigkeit die Chance, in Kontakt zu bleiben. Dies erfordert Abschied

- vom Ideal der Konfliktlösung,
- von der Sehnsucht nach Harmonie und Einigkeit.

Auch das Annehmen der eigenen Erfolglosigkeit, der Grenzen des (derzeit) Machbaren hat mit Abschied zu tun.

Trennung kann dann eine konstruktive Lösung sein, wenn Zusammenleben oder -arbeiten nicht mehr sinnvoll erscheint, weil der Preis für Konsens zu hoch wäre. Auch für diese reale Trennung braucht es Dissensfähigkeit für ein gutes Auseinandergehen. Dies bedeutet:

- Wertschätzung der Person,
- Würdigung dessen, was war und
- Abschied von den Vorstellungen, was hätte sein sollen.

Gerade hier wird deutlich, wie die Anerkennung dessen, was nicht gelungen ist, uns abschließen lässt und frei macht.

Je nach Tiefe und Dauer der Beziehung mit der anderen Konfliktpartei braucht dies seine gute Zeit, vergleichbar mit dem Trauerjahr nach dem Tod einer nahe stehenden Person.

Dieser Abschied kann oft eine neue Form der Beziehung ermöglichen, manchmal auch eine überraschende Lösung des Konflikts, der durch das Loslassen der Erwartungen seine emotionale Schwere und Verstrickung verloren hat.

Nicht die Zeit ist es, die heilt,
sondern die persönliche Verarbeitung –
und diese braucht Zeit!

Eine bejahende Einstellung zur Vorläufigkeit und Unvollkommenheit zu finden, Nicht-Harmonie als Teil des Lebens zu sehen, ist eine Fähigkeit, die uns stärkt und wachsen lässt.

Übung Phänomen „Ja zum Leben im Sterben“

nach Engelbert Winkler (vgl.: „Ein Spiel mit der Welt“, Winkler Engelbert „Das Abendländische Totenbuch, der Tag an dem Elias starb“, Hamburg 1996, S. 161 - 168

Die Nahtodforschung berichtet, dass Menschen an der Grenze des Todes in einem Rückblick ihr Leben ablaufen sehen – in Gelassenheit und Distanz, amüsiert über die eigenen Fehler und mit einer erstaunlichen Akzeptanz für Schicksal und Behinderungen.

Fast alle in solchen Untersuchungen erfassten Menschen entwickeln an der Grenze zum Tod ein neues Lebensgefühl in intensiver Zuwendung zu den Mitmenschen, mit tiefem Vertrauen, zufrieden und offen für jede kleine Schönheit des Lebens.

Übungsvorschlag

Eine interessante Übung besteht darin, das eigene Leben so zu betrachten, als würden uns die Augenblicke im letzten großen Abschied diesen gelassenen, annehmenden Rückblick schenken.

Diese Vorstellung stärkt Lebensfreude und Selbstsicherheit, insbesondere für (noch) nicht lösbare Herausforderungen.

BAUSTEIN 5

METHODISCH WIRKSAM GESTALTEN

Motivation fördern durch Initiative, Kreativität und Know-how:

Sie erhalten erprobte Modelle und Ideen für Lernprozesse, Training, Moderation und Teamentwicklung. Gute methodische Vorbereitung hilft wesentlich vermeiden, dass Widerstand auftritt. Zugleich können Sie sich Arbeitsschritte für die Arbeit mit Motivationen und Demotivationen zurechtlegen.

Initiativ leiten – vom Start weg wirksam

Sie vermeiden unklare Situationen und Widerspruch durch Zielstrebigkeit, passende Methodik, durch Methodenmarketing und behutsamen Umgang mit Feedback.

Bearbeitung von Motivationen moderieren

Motivation, gute Stimmung und Energie können Sie bewusst fördern. Für herausfordernde Situationen wählen Sie angemessene Methoden, Motive zu bearbeiten und Lösungen zu erfinden.

Führungskompetenz trainieren

Anregungen für Train-the-Trainer- und Führungskräfte-Seminare, für kollegiale Unterstützung und persönliche Reflexion.

INITIATIV LEITEN – VOM START WEG WIRKSAM

Die Magie der ersten Worte

Durch die Sprache erschaffen wir unsere Wirklichkeiten.

Die Worte, die wir wählen, sind Bausteine für das, was geschieht. Worte lenken unsere Aufmerksamkeit und aktivieren konkrete Gehirnaktivität.

Worte sind ein Hilfsmittel um andere zu erreichen, um Beziehung aufzunehmen und zu gestalten, um gemeinsame Ziele präsent zu machen, auszuhandeln oder zu verändern. Wir wählen Worte, um bei anderen Menschen anzukommen, Verständnis zu leben beziehungsweise Verständnis zu erreichen.

Bewusst auf das zu achten, was wir sagen, ist eine beachtliche Herausforderung, die wir trainieren können. Dies gelingt wohl am besten, wenn wir es uns zur Gewohnheit machen, auch auf die eigenen Gedanken, auf die Sprache des inneren Dialoges zu achten:

Indem ich auf meine Sprache achte,
überprüfe ich meine Werthaltungen.
Indem ich Worte wähle,
die meinen Werthaltungen entsprechen,
stärke und lebe ich diese.

In der Zusammenarbeit haben die ersten Worte eine besonders hohe Auswirkung: Sie geben die Denkrichtung vor, stellen die Weichen. Wenn meine ersten Worte die Zuhörenden in eine andere Richtung lenken, als ich beabsichtige, geht Energie verloren. Oft bemerken wir dies gar nicht oder wir reagieren nicht korrigierend, sondern verärgert.

Die ersten Worte kann ich bewusster planen als spätere Sequenzen der Kommunikation. So bereite ich meine ersten Sätze praktisch für jedes Seminar, für jede Klausur, für jedes Verhandlungsgespräch vor.

Praxisbeispiel

Verspätete Begrüßung des Hausherrn

Der Leiter eines Bildungshauses hatte es sich zur Gewohnheit gemacht, wann immer möglich, am Beginn einer Veranstaltung die Gäste persönlich zu begrüßen und Detailinformationen zum Haus zu geben. Wenn er verhindert war, versuchte er, dies später nachzuholen. So kam er in einem Seminar nach der ersten Pause und holte seine Begrüßung folgendermaßen nach:

„Es tut mir leid, dass ich nicht zu Beginn des Seminars da sein konnte. Ich wäre gerne pünktlich dabei gewesen, hatte jedoch einen wichtigen Termin. Nun möchte ich Sie trotzdem in unserem Haus willkommen heißen ..."

Woran denken Sie bei dieser Begrüßung?

➠ Aufmerksamkeit auf vermeintliche Fehler lenken

Kaum einer der Anwesenden hätte sich über die Verspätung Gedanken gemacht, wenn der Leiter ganz selbstverständlich in der ersten Pause gekommen wäre, ohne darauf hinzuweisen, dass er eigentlich früher hätte da sein wollen. Dies als Versäumnis zu sehen, ist lediglich die Innensicht des Leiters und seines Anspruchs (er kann seine Gäste genauso in der Mittagspause ansprechen). Indem er von einer Verspätung spricht, lenkt er die Aufmerksamkeit der Zuhörenden auf einen vermeintlichen Fehler. (Natürlich könnte auch eine Person in der Gruppe sein, die sich denkt, diese Begrüßung hätte an den Anfang des Tages gehört. Es scheint mir jedoch ungeschickt, die Aufmerksamkeit aller auf dieses Thema zu lenken.)

Ungünstig finde ich auch den Hinweis auf einen „wichtigen Termin" – genau genommen bedeutet das, dass das Gespräch mit den Gästen weniger wichtig ist.

Möglicherweise wird diese entschuldigende Begrüßung sogar als störend empfunden. Dies wäre dann nicht nur vergeudete Energie sondern auch kontraproduktiv im Sinne der Absicht.

Immer wieder bin ich erstaunt, wie oft Leitende sich in eine schlechte Ausgangsposition begeben, indem sie unpassende Einstiegsworte wählen, die ablenken, belanglos wirken oder unerwünschte Nebensächlichkeiten in den Mittelpunkt der Aufmerksamkeit stellen.

Dazu gehört auch die weit verbreitete Unsitte, mit einer Art Beschwichtigung oder Selbstabwertung zu beginnen: „Ich werde mich kurz fassen." oder „Keine Angst, es wird nicht allzu schwierig werden." oder „Fangen wir an, dann sind wir bald fertig." oder ganz schlimm: „Ich weiß, wir haben heute ein trockenes Thema. Ich werde euch auch nicht allzu lange langweilen ..."

➠ Gewinnende Sprache

Spüren Sie nach, wie Sie die folgende Variante „Verspätete Begrüßung des Hausherrn" empfinden:

„Ich sehe, Sie haben hier schon fleißig gearbeitet, das freut mich. Als Hausleiter heiße ich Sie hier herzlich willkommen. Gerne beantworte ich Ihre Fragen zu unserem Haus. Ich wünsche Ihnen ein gute Zusammenarbeit in angenehmer Atmosphäre."

Die Energie geht hier in eine ganz andere Richtung. Wie anders wird die Ausstrahlung des Leiters sein, wenn die Energie in die Richtung seines Angebots mit einem Hinweis auf Attraktives im Haus geht.

Hier sind Sie richtig!

Vom Thema ablenken kann auch das weit verbreitete Ritual, sich mit allen Ausbildungen vorzustellen, manchmal wirkt das wie eine Rechtfertigung: „Ich darf leiten, weil ich so viel gelernt habe."

Die wesentliche Botschaft, die wir als Leitende möglichst vom Start weg vermitteln können, ist:

- ❑ Die Angesprochenen sind hier und jetzt willkommen.
- ❑ Sie werden als Person beachtet und wertgeschätzt.
- ❑ Ihr individuelles Engagement ist gewollt.
- ❑ Sie können Unterstützung bekommen, wenn sie diese brauchen.
- ❑ Es geht (auch) um ihre Bedürfnisse und ihren Nutzen.
- ❑ Wir arbeiten auf der Grundlage der vereinbarten Ziele zusammen.

Diese Botschaften werden manchmal explizit ausgedrückt, oft in andere Aussagen mitverpackt. Je mehr ich diese Haltungen in meinem Inneren lebe, umso mehr werde ich dies ausstrahlen. Zum Beispiel kann in einem inhaltlich völlig belanglosen Smalltalk mit einem Nachbarn, hundertmal mit denselben Worten geführt – „Wie geht's? – Wieder viel Arbeit? Na dann schönen Tag noch!" – die Botschaft ausgedrückt werden: „Schön, dass du mein Nachbar bist!" Hier sind die Worte nebensächlich, was wirkt ist die Echtheit der Zuwendung, das Innehalten in der Begegnung, die die innere Haltung zueinander in körpersprachlichen Signalen vermittelt.

Diese Wesens-Elemente wirken in jeder Kommunikation. Sie gelingen umso eher, je mehr ich darauf vertraue, dass ich mich bei Bedarf auch abgrenzen kann, oder Lösungen finde, wenn etwas nicht zusammenpasst.

Selbstvertrauen und Selbstwert lassen uns andere Menschen glaubwürdig willkommen heißen.

Grundlage für die Botschaft „Hier sind Sie richtig!" ist das eigene Vertrauen: „Hier bin ich richtig!"

Zielorientiert informieren

In jeder Präsentation wirkt Zielstrebigkeit: Ich vermittle klare, direkte Aussagen.

Wenn wir zuerst ausführlich erklären, was wir *nicht* sagen wollen, geht Energie verloren, manchmal wird sogar das Ungewollte stärker präsent bleiben und zu Widerspruch führen, wenn es am Anfang steht.

Die Präsentationstechnik, sich zuerst mal gegen etwas abzugrenzen, ist jedoch weit verbreitet. Mehrmals habe ich beim Hören solcher Ausführungen deutlichen Widerstand wahrgenommen.

Wenn ich z.B. in einem Vortrag über Selbstwert diesen als einen Prozess der Selbstbeschreibung darstellen möchte, kann es sehr irreführend sein, erst ausführlich zu erklären, dass es „traditionelle Selbstwert-Konzepte" gibt, die von einer in der Kindheit erworbenen, festgelegten Größe ausgehen. Bis ich mit diesen Ausführungen fertig bin, habe ich vielleicht schon das Interesse einiger verloren.

Es wirkt wesentlich kraftvoller, sofort mit klaren, positiven Aussagen zu beginnen.

In meinem Beispiel: „Selbstwert, das ist das Gefühl, das Sie jetzt gerade zu sich selbst haben ..." Danach kann ich – sofern mir die Abgrenzung zu anderen Konzepten wichtig erscheint – fragen:

„... und wie haben Sie bisher Selbstwert verstanden? Haben Sie eher an eine festgelegte, erworbene Größe gedacht oder an eine fließende, aktuell veränderbare Vorstellung von sich selbst?"

Meditation Liebevoll leiten

als Wertorientierung

Ich achte dich in deiner Eigenart.

So wie du bist, so ist es gut für dich,
auch wenn wir hier in dieser Arbeit nur manches davon brauchen können.

Ich weiß, dass du dein Bestes gibst, und denke mit dir gerne nach,
wie du aus deiner Vielfalt all das auswählst, was dich und uns noch weiter bringt.

Ich werde achtsam sein, wenn – so wie ich es sehe – die Ziele hier gefährdet scheinen
und wenn uns das in eine Auseinandersetzung führt.

Sag du es mir, wenn du mich brauchst.
Ich bitte dich um dein Vertrauen und ebenso vertraue ich und schätze dich.

Regeln vereinbaren und Orientierung geben

Vorhersehbare Störungen können vorbeugend abgefangen werden, indem Leitende von Anfang an Initiative ergreifen.

Regeln sind eine sinnvolle und vertraute Möglichkeit, Konflikte zu lösen, noch bevor diese auftauchen. Für den Fall dass es brennt, wissen alle wo's lang geht, die Notausgänge sind beschriftet.

Das Fingerspitzengefühl findet ein passendes, gut verträgliches Ausmaß an Regeln und formuliert diese in einer attraktiven, zielorientierten Form.

Anfangssituationen in Gruppen lösen ein gewisses Maß an Unsicherheit aus.

Regeln können Klarheit geben. Zielorientierung verstärken und zur Sicherheit beitragen.

Eine wesentliche Frage ist, ob Regeln allen Beteiligten nutzen. Jedenfalls macht es Sinn, dies zu überprüfen bzw. nachzufragen, ob der Wunsch nach weiteren Regeln besteht.

In vielen Situationen habe ich keine Macht, einen Regelverstoß zu sanktionieren. Ich kann die Abweichung jedoch kommunizieren, wähle Interventionen, um daran zu arbeiten. So wird es oft stimmiger sein, diese Regeln von vornherein als Appell einzubringen. Die Zustimmung der Beteiligten kann diese dann zu Vereinbarungen machen.

Die folgenden Beispiele von Regeln haben sich in Seminaren und Teamprozessen bewährt. – Je nach Situation ist es angemessen, diese als Appell zu formulieren und um Zustimmung zu bitten.

Der besondere Effekt dieses Impulses zu Beginn:

- ❑ Sie sprechen über Bedingungen für ein gutes Gelingen. (Damit kommunizieren Sie auf der Meta-Ebene: Kommunikation über die Kommunikation.)
- ❑ Sie leiten initiativ (warten nicht erst auf Schwierigkeiten).
- ❑ Sollten später Störungen auftauchen, ist es meist leichter, diese zu thematisieren.

Regeln für Seminare und Team-Meetings

Eigenverantwortung

eigene Grenzen beachten – Störungen mit Respekt ansprechen.

Vertraulichkeit

Persönliches „bleibt hier", nach außen gilt Verschwiegenheit.

Feedback

beschreibend und dem Betreffenden persönlich geben – ohne Diskussion nehmen.

Verbindlichkeit

Aufträge und Zeiten einhalten, Abweichungen deklarieren.

Hier und Jetzt

konzentriert (z.B. handyfrei) mitarbeiten, auch in den Pausen „dableiben".

Lernen wirksam gestalten

Tipps für gute Beteiligung, z. B. für erfolgreiches Lernen, passen in vielen Situationen als Einstiegs-Initiative und können der gemeinsamen Orientierung an nachhaltigen Qualitäten dienen: Ich lenke die Aufmerksamkeit neben inhaltlichen Zielen auf einen guten (Lern-)Prozess.

Hilfreiche Tipps für effektives Lernen

Lern-Fitness trainieren

- ❏ regelmäßig und angenehm gestalten
- ❏ leicht ernähren und viel Wasser trinken
- ❏ körperlich fit: Sport unterstützt!

Sich selbst coachen: Motivation stärken

- ❏ Bewusst und diszipliniert hinwenden, positiv einstimmen
- ❏ Langsam und leicht beginnen: Erfolgserlebnisse schaffen!
- ❏ Das Lernen planen, Ziele setzen

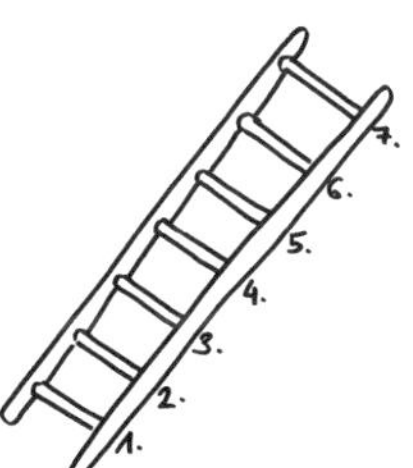

Das Lernen organisieren

- ❏ Mit Überblick beginnen, Ordnung schaffen, mit Zusammenfassen schließen
- ❏ Überschaubare Sinneinheiten als Lernportionen
- ❏ Entspannen und aktivieren davor, Pausen zwischendurch und Ruhe nach dem Lernen: Verdauen!

Techniken

- ❏ Sinne nutzen: Bilder, Rhythmus, laut lernen, aktiv sein, spielerisch gestalten, schreiben und zeichnen, kreativ sein
- ❏ Systematisch wiederholen, z.B. auf Karteikärtchen
- ❏ Selbstprüfung und Selbstbelohnung stärkt Erfolgserlebnisse

Prüfungsvorbereitung

- ❏ So lernen, wie ich geprüft werde, Prüfung „spielen", schriftlich, mündlich, kurze oder lange Fragen, beim Lernen so tun, als ob ich bei der Prüfung wäre
- ❏ Prioritäten herausschreiben; Was brauche ich unbedingt?
- ❏ Vor der Prüfung noch „Luft": Pause, Entspannung, z.B. malen.

Niederschwellig und richtungweisend

„low level interventions"

Für manche Zielgruppen sind Übungen bereits sehr fordernd, die in anderen Zielgruppen selbstverständlich zum Repertoire gehören.

Die Vertrautheit von Methoden sowie die Erwartung an eine bestimmte Form von Auseinandersetzung ist ein wesentliches Kriterium für die Methodenwahl. Es ist von Vorteil, im Sinne der Zielsetzung auch Methoden bereit zu haben, die erfahrungsgemäß in unterschiedlichsten Zielgruppen gut angenommen werden.

Selbstverständlich sind die eigene Sicherheit und das eigene Vertrauen in die Methode wie auch in die Gruppe wesentliche Elemente, die den Boden schaffen, auf dem sich Menschen auch auf neue unbekannte Erfahrungen einlassen.

Speziell zu Beginn einer Zusammenarbeit ist es erleichternd – und oft auch Energie schonender – mit „sehr einfachen Methoden" zu beginnen, die die Qualität der Zusammenarbeit fördern.

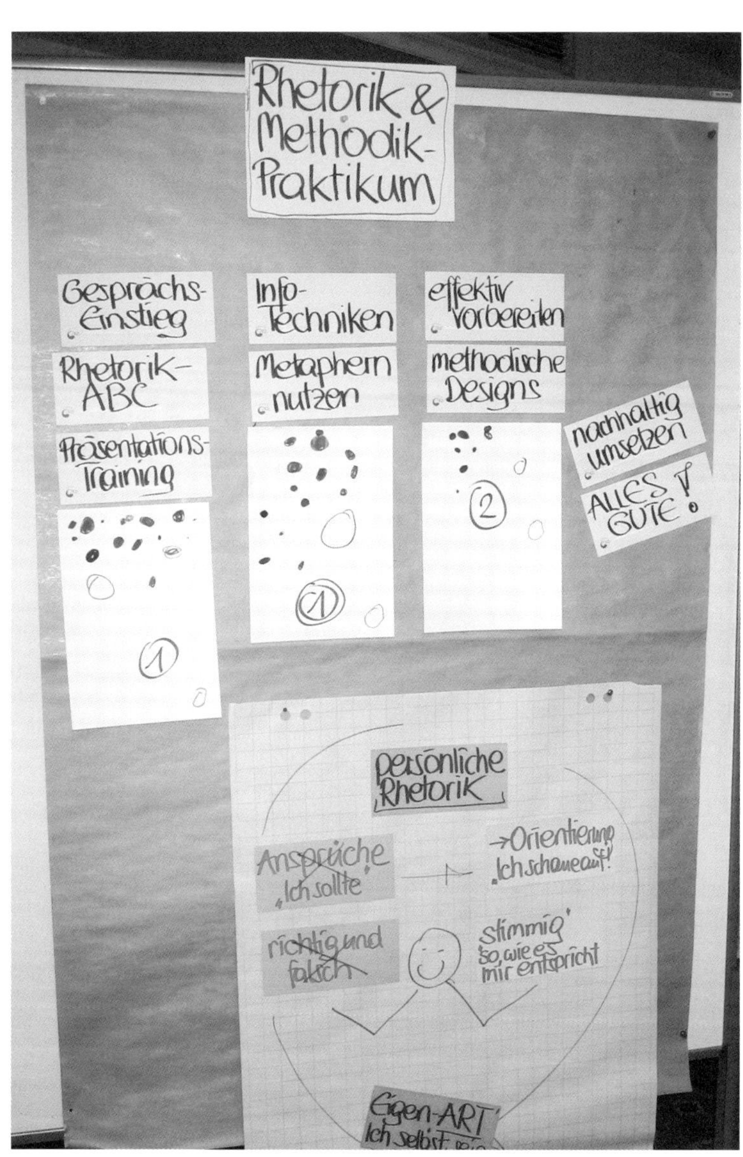

Impulse im Vortragssaal

Begegnung in offener Atmosphäre

Eine sehr einfache und wirksame Möglichkeit ist, nach der Eröffnung die Anwesenden einzuladen, jeweils vier Personen in Reichweite zu begrüßen, sich kurz vorzustellen und ein paar Worte miteinander zu wechseln.

Dieser Impuls dauert nur zwei Minuten und kann die Atmosphäre wesentlich beleben.

Punktabfragen

Die Aufmerksamkeit können wir durch Fragestellungen erhöhen und Beteiligung durch Aufforderung zu sichtbaren Stellungnahmen bewirken.

Dabei lassen sich auch Widerstände, Vorbehalte, Zweifel ansprechen.

Sinnvoll sind abgestufte Antwortmöglichkeiten, die eine quantitative Aussage ermöglichen, z.B.:

- „Wie sehr sind Sie vom Thema X betroffen? – Bitte auf der Skala von 1 – 10 einen Punkt ankleben." oder:
- „In welchem Ausmaß stellen sich dir offene Fragen? Bitte zeige das Ausmaß mit den Fingern einer hoch gestreckten Hand: je mehr Finger, umso mehr Fragen."

Praxisbeispiel

Stress bewältigen

Nach einem Vortrag vor 65 Personen aus derselben Organisation meldeten sich einige Personen vehement zu Wort und betonten, dass in der gegebenen beruflichen Situation Stress-Bewältigung fast unmöglich sei. Andere Stimmen, die dagegen argumentierten, wurden lautstark kritisiert. Die Stimmung schien bedrückt, die Negativ-Orientierung war dominant.

Ich unterbrach die Diskussion, mit dem Hinweis, dass das Ziel der Veranstaltung nicht sei, sich zu einigen, wie schwierig es wäre, mit Stress zurecht zu kommen, sondern Ideen für Bewältigung auszutauschen. Ich bat alle, für sich einzuschätzen, wie gut sie Stress in ihrer Arbeit bewältigen und diese Einschätzung mit den Fingern der hoch gestreckten Hand zu deklarieren: Kein Finger bedeutet: keine Bewältigung, 5 Finger bedeuten: beste Stressbewältigung.

Mehr als ein Drittel der Anwesenden streckte 4 oder 5 Finger hoch – diese Personen bat ich vorzukommen und lud alle ein, zu applaudieren. Die Atmosphäre war schon deutlich verändert.

Einige der Vorgetretenen waren bereit, je ein konkretes Beispiel zu erzählen, wie sie in ihrer Arbeit hohe Anforderungen gut bewältigen.

Ich schrieb diese Beispiele mit. Die Anerkennung für diese Berichte wurde jeweils noch mal durch Applaus deutlich gemacht. Die Zufriedenheit mit dieser Arbeitseinheit war sehr hoch.

Ratespiele

Auch Ratespiele gehören zu den eher vertrauten Aufgaben, die in unterschiedlichsten Konstellationen Austausch und Lebendigkeit fördern können.

Kleine Auswertungsübung zum Thema „Gute Zusammenarbeit"

Die Teilnehmer-Innen finden sich in Paaren (A und B) zusammen.

Jede Person visualisiert für sich das Bild einer guten Situation in der Zusammenarbeit.

Nachdem alle ihr Bild innerlich hergeholt haben, erhalten sie die Aufgabe, sich zu überlegen, welche Situation die gegenübersitzende Person gewählt hat.

Person A beginnt mit ihrem Tipp: „Ich glaube, du hast die folgende Situation ausgewählt ..."

Person B berichtigt und erzählt von der Situation, die sie ausgewählt hat.

Natürlich wird dies nun auch im Wechsel umgekehrt durchgeführt.

Hier noch eine einfachere **Variante**:

Nachdem jede Person die gute Situation für sich selbst festgelegt hat, erzählt sie selbst über sich. Person B gibt eine kurze Rückmeldung, z. B.: *„Hatte ich erwartet, dass du über diese Situation sprichst." Oder: „Ich hatte vermutet, dass du etwas anderes ausgewählt hast."*

Körperlich aktivieren

Körperübungen tragen wesentlich zu einer guten Arbeitsatmosphäre bei.

Der Körper ist die Grundlage unserer Energieversorgung, auch der Energieversorgung für das Gehirn, also für geistige Arbeit.

Lockerungs-, Entspannungs- und Dehnungsübungen bis hin zu Gruppentänzen und Spielen bieten ein reichhaltiges und vielfältiges Repertoire. Hier werden die speziellen Vorlieben und Erfahrungen der leitenden Person einfließen. Yogaübungen sind genauso gut möglich wie einfache Aufwärmübungen aus dem Fitnesscenter.

Gerade bei diesen Übungen, die zunächst nicht direkt mit dem Arbeitsziel zu tun haben, kann Widerstand auftauchen.

Ich vermute, dass ein Teil dieser Widerstände einfach aus der Scheu kommt, sich vor anderen Menschen zu bewegen, und dass wir mit solchen Übungen ein gesellschaftliches Tabu berühren. Viele Menschen haben den Anspruch, sich in der Öffentlichkeit „gesittet", ernsthaft und sachorientiert zu bewegen. Spielerisches, lockeres Bewegen wird in die Freizeitkultur verlagert und scheint spezielle Rahmenbedingungen und spezielle Kleidung zu erfordern: Fitnesscenter, Sportanlagen, Skipisten.

Ich finde immer wieder Spaß daran, möglichst einfache Übungen zu erfinden und anzuleiten, in denen die Anwesenden auch im Sitzen ihren Körper aktivieren können, ohne dass dies als aufwändige Unterbrechung der inhaltlichen Arbeit erlebt wird.

Übung Nackenmassage

Idee: Paul Lahninger
nach: traditionellen Yoga-Vorbereitungsübungen
Absicht: entspannen und lockern
Arbeitsform: einzeln
Dauer: 1 bis 3 min.

Ich lade die Anwesenden zu einer kurzen Verschnaufpause ein und bitte sie,

- ❏ sich im Sitzen ganz vorne auf dem Stuhl möglichst aufrecht zu halten,
- ❏ die Hände rechts und links hängen zu lassen und
- ❏ in einem weiten Kreis langsam über den Kopf zu heben,
- ❏ sie dort zu verschränken und dann hinter den Kopf in den Nacken zu legen.

Ich begleite die weiteren Bewegungen gerne mit ein paar Kommentaren wie z.B.:

„Während intensiver Arbeit tut es gut, sich einmal ordentlich durchzustrecken, zu schauen, dass es auch dem Körper gut geht, und dem Geist eine Pause zu erlauben.

- ❏ Die Hände, die nun im Nacken liegen, üben keinen direkten Druck auf den Kopf aus, sondern werden einfach vom Kopf in dieser Situation gehalten.
- ❏ Der Kopf hält das zusätzliche Gewicht der Arme, was noch verstärkt wird, wenn die Ellenbogen vor das Gesicht wandern.
- ❏ Indem wir auf die aufrechte Körperhaltung achten, richten wir die Wirbelsäule aus und die Verbindung zwischen Kopf und Körper wird gestärkt
- ❏ Nun können die Handballen ganz leichte Massagebewegungen links und rechts auf die Nackenmuskulatur ausüben.
- ❏ Dann können die Hände sanft unter Berücksichtigung der Frisur oder des Make-ups über den Kopf nach vorne zum Gesicht streichen.
- ❏ Das Gesicht in beide Hände nehmen und den Kopf langsam sinken lassen, sodass dieser nun von den Händen getragen wird.
- ❏ Wer Lust hat, kann die Augen schließen und eine kurze Entspannung genießen ...
- ❏ Die Hände richten mit leichtem Druck auf die Stirn den Kopf wieder auf, bis dieser senkrecht auf der Wirbelsäule sitzt.
- ❏ Wer die Augen geschlossen hat, öffnet diese nun, um wieder so wach und präsent da zu sein, wie es gerade gut möglich ist."

Übung Joggen im Wald

Idee: Paul Lahninger
Absicht: Aktivieren mit bestärkenden Assoziationen
Arbeitsform: Paare, frei im Raum verteilt
Dauer: 5 bis 10 min.

Die folgende Übung erlebe ich als lustvoll und energetisierend, wobei diese etwas an Bereitschaft zur Bewegung voraussetzt.

Die Bilder, die ich in der Anleitung dieser Übung verwende, sind vertraut und ich vermute, dass dies dazu beiträgt, dass diese Übung bei den unterschiedlichsten Zielgruppen bestens ankommt.

Hier eine mögliche Form der **Anleitung** für den Start in den gemeinsamen Arbeitstag:

„Wer von euch war heute früh schon im Wald joggen? – Gut, ich lade alle ein, hier ein bisschen von dieser wohltuenden Möglichkeit nachzuholen.

Wählt euch bitte je eine Person und stellt euch zu zweit im Raum verteilt auf. Vereinbart, wer Person A und wer Person B ist.

Alle Personen, die jetzt A gewählt haben, bitte ich nun, sich vorzustellen, dass sie fest mit dem Boden verbunden sind.

❑ Du spürst den Boden unter deinen Füßen, so als hättest du Wurzeln, und vielleicht ist es für dich auch ein angenehmes Bild, dir vorzustellen, wie es wäre ein Baum zu sein.

❑ Du kannst deine Arme wie Äste in die Luft strecken, bist verbunden mit dem Boden und offen für die Weite über dir ...

❑ vielleicht sanft berührt und bewegt vom Wind, mit Blättern, die rauschen und atmen.

Alle die B ausgewählt haben, lade ich jetzt ein zu einem kleinen Joggingausflug in den Wald.

Hier mache ich selbst demonstrativ mit und laufe Schlangen durch die Personen A, die nun den Wald darstellen.

Nach zwei/drei Runden:

Nun ist es so, dass alle Joggenden einen Lieblingsbaum haben.

❑ Kehre zu dem Lieblingsbaum zurück, von dem aus du vorher begonnen hast zu laufen.

❑ Du kannst diesen Baum begrüßen, ihn vielleicht berühren und dich freuen, dass er hier so kraftvoll vor dir steht.

❑ Dann frag den Baum, ob es für ihn in Ordnung ist, dass du dich bei ihm etwas abstützt, um bei ihm ein paar Dehnungsübungen zu machen.

Ich demonstriere Dehnungsübungen, z.B.: in weitem Schritt, die Wade des nach hinten gestreckten Beines dehnen oder auf einem Bein stehend, das andere und diagonal dazu die Hand weit weg zu strecken, was die Möglichkeit ergibt, mit der hoch weg gestreckten Hand anderen Personen im Wald zu winken.

„Nun, da wir so gut aufgewärmt und gedehnt sind, stellt sich jede Person vor ihren Baum, meditiert kurz über das Baum-Sein und denkt sich, dass es doch wunderschön sein muss, Wurzeln bis in die Erde zu haben, fest mit der Erde verbunden zu sein, Äste nach oben in den Himmel zu strecken, vom Wind bewegt weiten Raum über sich zu haben. So werden alle, die gerade gejoggt haben, zu Bäumen ...

Und die Bäume meditieren darüber, wie es wäre, ein Mensch zu sein, der im Wald joggen gehen kann. Sie versuchen ein paar erste vorsichtige Schritte und werden zu Menschen, die durch den Wald joggen."

So wiederholt sich der Ablauf nun für die jeweils zweite Person.

Übung Geben und Nehmen im Team

Idee: Paul Lahninger
Absicht: gemeinsame Koordination einer anspruchsvollen Bewegung, Konzentration, Rhythmus und Zusammenspiel im Team fördern.
Arbeitsform: im Kreis stehend.
Dauer: 2 bis 5 min.

Für diese Übung bitte ich die TeilnehmerInnen sich zu einem Kreis aufzustellen. Hier eine mögliche Form der Anleitung.

„Ich lade ein zu einer Übung, die etwas Konzentration braucht. Es geht um das Zusammenspiel von zwei gegenläufigen Bewegungen, die im Gehirn koordiniert werden. Zugleich hat diese Übung eine schöne Symbolik: Es geht um Geben und Nehmen.

Wir üben dies zuerst einzeln, dann paarweise, dann in der Gesamtgruppe.

1. einzeln

- ❑ Die Hände formen wir so, wie wenn wir je einen Ball in der Hand führen wollen. Wer mag, kann sich vorstellen, tatsächlich etwas in der Hand zu halten: Energie.
- ❑ Beim Geben bewegt sich eine Hand – die gewölbte Handfläche zeigt nach unten – in Brusthöhe vom Körper weg nach vorne. Ausgestreckt beschreibt die Hand einen Bogen nach unten, sodass die Hand nun den imaginären Ball nach oben hält.
- ❑ Hier beginnt die nehmende Bewegung: Die nach oben geöffnete Hand bewegt sich in Bauchhöhe hin zum Körper.
- ❑ Dort dreht sich die Hand wieder im Bogen aufwärts und beginnt – Handfläche zeigt wieder nach unten – die gebende Bewegung nach vorne.

Wenn wir nun gegengleich die zweite Hand dazunehmen, ergibt sich eine Art verkleinerter, drehender Schwimmbewegungen wie beim Kraulen.

Lass die Bewegung noch ein paar Mal fließend geben und nehmen – während die eine Hand gibt, nimmt die andere Hand." ...

2. paarweise

... „Nun bitte ich jede zweite Person, sich mit dem Blick nach außen so in den Kreis zu stellen, dass sich jeweils Paare gegenüberstehen. – So können Geben und Nehmen zweier Personen ineinander greifen.

Während die eine Person rechts gibt und links nimmt, nimmt und gibt die gegenüber stehende Person jeweils spiegelgleich.

Achtet auf einen gemeinsamen Rhythmus und genießt die ruhige Bewegung." ...

3. gesamte Gruppe

... „Nun bitte ich alle Personen im Außenkreis einen Schritt seitwärts zu gehen, sodass ihr sozusagen versetzt zu 2 Personen im Innenkreis steht.

Dadurch könnt ihr

- ❑ mit der linken Hand von der Person links vor euch nehmen und
- ❑ zugleich mit der rechten Hand an die Person rechts vor euch geben.

Alle geben und nehmen gleichzeitig und sind eingebunden in den Kreis."

METHODEN-MARKETING

„Deine Investition lohnt sich!"

Mit „Methode" meine ich eine Struktur, die Kommunikation regelt und fördert. Das Anleiten von Methoden ist eine wichtige Kompetenz für jede Leitungsfunktion.

Methoden-Marketing als Metapher aus der Geschäftwelt bedeutet, das Ziel, den Nutzen einer Methode in attraktiver Form zu betonen.

Ich bewerbe methodische Angebote als wertvollen Beitrag für das Gelingen.

Wesentliche Kriterien für die Auswahl von Methoden sind:

- die eigene Sicherheit,
- die Zuschreibung von methodischer Kompetenz,
- die Erwartungen der Zielgruppe,
- das Sachziel,
- zeitliche und räumliche Bedingungen

Wenn ich die Gruppe mit einer neuen Methode herausfordere, dann braucht es als Ausgleich für diese Risikobereitschaft Sicherheit: Das kann die Neugierde der Gruppe sein, ihr Vertrauen in meine Führung, meine Ausstrahlung oder die Botschaft, dass die Methode nutzbringend sein wird – eben mein Methodenmarketing.

Nutzenorientierte Formulierungen

Körperübungen, die für viele Erwachsene in unserem Kulturkreis eine Herausforderung bedeuten, leite ich z.B. folgendermaßen an:

- „Das lange Sitzen ist ja nicht gerade gesund. Der Energiefluss ist im Stehen erwiesenermaßen besser."
- „Ich lade ein, dass wir etwas für unsere Wirbelsäule tun, sozusagen das Rückgrat stärken – vielleicht wirkt das ja auch symbolisch!"
- „Lernen und Gehirnaktivität wird durch Bewegung sehr gefördert! Durch regelmäßiges Joggen können Sie tatsächlich besser geistig arbeiten. Für hier und jetzt biete ich eine kleine Bewegungsübung an."
- „Es ist erstaunlich, wie sehr Konzentrationsübungen die Denkarbeit fördern. Probieren wir mal, wie das wirkt."
- „Ich biete eine Übung an, die witzig wirken mag, einfach als wohltuende Auflockerung nach unserer anspruchsvollen Arbeit."

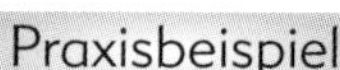

Praxisbeispiel

Abwehr gegen Körperübung

A: „Dieses Herumgehupfe bringt doch nichts!"

B: „Du möchtest eine Aktivierung mit weniger Körpereinsatz?"

Nach der nächsten Pause mit Blick auf A: „Jetzt eine Übung, von der ich glaube, dass sie auch für dich passt!"

Informieren und moderieren

Eines nach dem anderen

Methodische Vermischungen können Widerspruch hervorrufen.

Ein Beispiel dafür sehe ich in dem weit verbreiteten Unterrichtsstil, in dem Vortragende sich bemühen durch Fragen an die Zuhörenden das, was sie vortragen wollen, gemeinsam zu erarbeiten.

Mehrmals habe ich erlebt, dass Vortragende dabei nur die Antworten gelten lassen, die ihrer eigenen Vorstellung entsprechen. – Die Zuhörenden werden darauf beschränkt, Stichworte zu liefern, die ins Konzept passen.

Fragen von Lehrenden, die nur eine Antwort zulassen, können unangenehm einengend wirken: Es scheint so, als ob die Anpassung hier wichtiger ist als selbstständiges Denken. Noch unangenehmer wird diese Form von Gesprächsführung in einem Dialog zwischen zwei Personen. Das kann dazu führen, dass Beteiligte nichts mehr sagen, einfach weil sie sich innerlich gegen diese Anpassung wehren.

Das gut gemeinte Anliegen der Leitenden nach Beteiligung, nach Kooperation löst Widerstand aus, weil hier der Anspruch nach Anpassung, nach „richtigen" (eigentlich: nach erwarteten) Antworten mitschwingt.

Beispiel

Verkaufsgespräch

Völlig kontraproduktiv erlebte ich diesen „erfragenden" Gesprächsstil in einem Verkaufsgespräch für ein Wasseraufbereitungsgerät:

„Was ist das Wichtigste zum Überleben?"... „Richtig, Wasser! Sicher wissen Sie auch in welchem Prozentsatz der Körper aus Wasser besteht?" ...

„Ja genau, 65 %! Was trinkt daher der gesundheitsbewusste Mensch?"

Am liebsten hätte ich geantwortet: „Täglich 2 l Schnaps!"

Was hier übertrieben deutlich wird, beobachte ich relativ häufig: Leitende drängen andere in die Rolle von Zulieferern, die Lückentexte ausfüllen.

Meine These

- ❑ Wenn ich informiere, dann biete ich selbst die ganze Information an, die mir wichtig ist. ➨ Ich gebe Input.
- ❑ Wenn ich an der Sichtweise oder dem Informationsstand anderer interessiert bin, stelle ich offene Fragen. ➨ Ich gewinne Einblick.
- ❑ Wenn ich Auseinandersetzung und Reflexion initiieren möchte, biete ich einen methodischen Impuls und bin neugierig, was andere daraus entwickeln. ➨ Ich moderiere Prozesse, in denen Beteiligte eigenverantwortlich arbeiten / lernen.

Ich erlebe, dass ein klarer Wechsel dieser drei Aspekte produktiv ist und die Beteiligung unterstützt. Ein passendes Mischungsverhältnis zu finden, ist eine wesentliche methodische Herausforderung.

Informationen wirksam präsentieren

Die Kreativität der Präsentation
stärkt Aufmerksamkeit, Engagement und Lernerfolg

10 Techniken

am Beispiel „selektive Wahrnehmung"

Diese Informationen zur selektiven Wahrnehmung können im Verkaufstraining, in der Vorbereitung auf Bewerbungsgespräche oder als Hinweis auf Konfliktdynamik dargeboten werden. Bei einer Präsentation zu diesem Thema stelle ich einen passenden Mix aus den folgenden 10 Techniken zusammen. Wir tun dies meist auch spontan, wenn wir Aussagen verstärken wollen.

Sachinfo pur

„digitale" Information

Bei der Wahrnehmung anderer Personen überdeckt der erste Eindruck viele weiteren Details. Der erste Eindruck steuert unsere selektive Wahrnehmung.

Zitat

Ein bekannter Manager sagte: „Wir haben nur Minuten, oft nur Sekunden Zeit, in neuen Kontakten Sympathien zu gewinnen. So rasch entscheidet sich unser Gegenüber unbewusst (!), was er oder sie von uns hält."

Slogan

Es gib keine 2. Chance für einen ersten Eindruck!

Bericht

eigenes Erleben , persönliche Betroffenheit

Oft bin ich erstaunt, wie sehr mein erster Eindruck von einer Person mit späteren Wahrnehmungen übereinstimmt. Manchmal stimmt der erste Eindruck aber auch nicht und ich muss mich aufraffen, mein Bild von der Person zu korrigieren.

Beispiel/Geschichte

Ich habe einmal erlebt, wie eine Lehrperson ungehalten reagierte, als ein Schüler, den sie für schwach hielt, eine gute Leistung brachte. Vielleicht habt ihr das auch schon einmal erlebt, so ein abwertendes „Na, diesmal Glück gehabt!" Oder gar: „Hast du geschwindelt?" Dies ist Festhalten am bisherigen Eindruck!

Grafische Darstellung

Hier als Fluss-Schema:

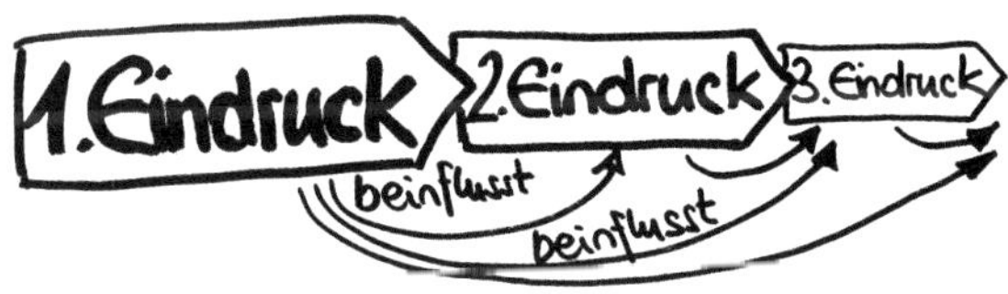

Dramatisierung

Dinge, Vorgänge, Gedanken sprechen lassen – hier als Comic visualisiert

Metapher/Gleichnis

Der erste Eindruck ist wie die Premiere. Die ersten Kritiken der Medien beeinflussen sehr stark den späteren Erfolg einer Inszenierung.

... als Comic

Die Metapher wird bildhaft verknüpft

... szenisch dargestellt

Grundsätzlich kann jede Informationstechnik durch szenische Darstellung verstärkt werden. Im vorliegenden Beispiel kann eine Person als erster Eindruck auftreten, die dem 2. Eindruck den Weg weist.

Es können Kritiker die Premiere loben und für das Gesehene werben oder in einem Rollenspiel kann der erste Eindruck seine Gedanken aussprechen: z.B.: „gut gekleidet, sympathisch, gepflegte Sprache...! – Also ein charaktervoller Mensch..."

Wort als Merkhilfe

Ein Stichwort wird spielerisch mit dem Inhalt verknüpft, z.B. als Kreuzwort

Powerpoint gezielt einsetzen

Technik kann unterstützen, aber auch kontraproduktiv wirken

Das Medium Powerpoint ermöglicht eine einfache, strukturierte Vorbereitung einer Präsentation, bietet Gestaltungs-Hilfen, Show-Elemente und kann wie ein Film „ablaufen". Diese Vorarbeit kann mir viel Sicherheit geben.

Das Medium wirkt jedoch ermüdender als z. B. Plakate oder Pinnwände. Schwierigkeiten, Widerstände können auftauchen, wenn Powerpoint-Präsentationen zu lange oder zu häufig eingesetzt werden. – Die einfache Handhabung der Technik kann leicht dazu verführen.

Wirksam wird das Medium durch sparsamen Einsatz und gute Vorbereitung:

- ❑ **Erwartung der Zielgruppe klären**

  Ist diese Powerpoint-Präsentation ein Plus, Abwechslung, Standard?
  Wird Powerpoint zu oft eingesetzt?
  Ist Konsumhaltung/Passivität wahrscheinlich?

- ❑ **Medienwechsel vorsehen und Zeitlimit setzen**

  Eher nur bis maximal 12 Folien in 10 bis 15 Minuten präsentieren, dann eine andere Kommunikationsform wählen.
  Inputs bilden einen Teilschritt, die Hauptarbeit liegt in beteiligender, direkter Kommunikation und Umsetzungsaufträgen. – Lehren führt nicht unmittelbar zu Lernen!

- ❑ **Nicht das Medium die Show machen lassen!**

  Die präsentierende Person soll eindrucksvoller sein als das Medium: Die Person schafft Bezug und Kontakt! Das Medium darf nicht das Tempo vorgeben: Ich passe das Tempo den Zuhörenden an! Ich präsentiere und das Medium begleitet mich (nicht umgekehrt)!
  Tipp: Bereiten Sie Ihre Präsentation so vor, dass Sie auch ohne Powerpoint – oder bei einer technischen Panne – wirksam vortragen können.

- ❑ **Animationen/grafische Elemente**

  Sehr sparsam einsetzen und so nutzen, dass diese die Aussagen unterstützen – und nicht davon ablenken.

Risiken abklären

- ❑ Eine „perfekte" Medienpräsentation kann starr und distanziert wirken:
  Die Lebendigkeit liegt in der direkten Kommunikation von Menschen.
- ❑ Passen Bild und Ton nicht zusammen, wird die Aufmerksamkeit überstrapaziert.
  Exakte, passende Texte zu den Folien erfordern präzise Vorbereitung!

Mediale Show-Effekte können zu Konsumhaltung führen und ermüden.

Dazu ein Zitat eines geübten Zuhörers: „Powerpoint läuft so wunderbar ins Gehirn hinein, aber oft durchs Gehirn durch und gleich wieder hinaus."

Alternativen nutzen

- ❑ Zusammenhänge gemeinsam „live" entwickeln.
- ❑ Selbstgezeichnete Folien, auch mit eigener Handschrift, wirken persönlich.
- ❑ Plakate und Pinnwände können im weiteren Seminar-Verlauf sichtbar bleiben und für Auswertungen genutzt werden.
- ❑ Plakate sind „handfest", „berührbar" und können hängen bleiben, um den Gesamt-Zusammenhang zu stärken und die Inhalte nebenbei aufnehmen zu können (➠ peripheres Lernen).

Unterschiedliches Vorwissen als Nutzen erleben

Praxistipps für inhomogene Gruppe

Letztlich ist jede Gruppe inhomogen: Personen mit unterschiedlichem Interesse und unterschiedlichem Vorwissen finden sich zusammen.

In manchen Situationen ist diese Inhomogenität jedoch eine besondere Herausforderung für die Leitung, z.B. wenn manche eine grundlegende Technik beherrschen und andere Personen diese noch nicht kennen.

Eine Möglichkeit mit dieser Situation umzugehen, ist zunächst einmal zu fragen, wer diese Technik bereits kennt.

- Möglicherweise können Sie diesen Personen eine besondere Aufgabe stellen, z.B. anderen bei einer Übungsphase Rückmeldungen zu geben.
- Eine andere Möglichkeit ist, diese Personen zu fragen: „Wie ist das jetzt für euch, wenn wir Folgendes erarbeiten?"

Meine Erfahrung ist, dass diese Personen zustimmend und wohlwollend reagieren, vielleicht sogar eine besondere Wertschätzung darin sehen, dass ihre Kompetenz bzw. ihr Vorwissen jetzt für alle sichtbar gemacht wurde. Sie ersparen sich damit, dass die Personen mit mehr Vorwissen im Laufe der Erarbeitung sagen: „Das kenne ich schon." oder dass sie eine kritische Wortmeldung machen, um zu zeigen, dass sie sich in diesem Bereich bereits auskennen.

Es besteht immer die grundsätzliche Möglichkeit, bereits vorhandenes Wissen zu vertiefen, auf eine neue Situation zu übertragen, Varianten kennen zu lernen. Auf diese Möglichkeiten können Sie bewusst hinweisen.

Je mehr Vorwissen da ist, umso leichter wird es sein, selbstständige Arbeitsphasen, kollegialen Austausch, Lernpartnerschaften zur Weitergabe von Wissen und Fertigkeiten zu initiieren.

Teamentscheidung vorbereiten

„Sich vorbereiten" bedeutet Informationen aufbereiten und methodische Schritte zu planen. Die Vorbereitung auf die Moderation eines Team-Prozesses ist oft besonders anspruchsvoll.

Ein Team ist eine Gruppe, die an einer gemeinsamen Aufgabe arbeitet, für die die Mitglieder gemeinsam Verantwortung übernehmen.

Für die Vorbereitung auf die Moderation einer Teamentscheidung sind die folgenden Überlegungen hilfreich. Je klarer diese Themen schon in der Vorbereitung (z.B. im Interview mit Beteiligten) herausgearbeitet werden, umso günstiger.

Ziel der Moderation:

Auf welche(n) konkrete(n) Entscheidungsschritt(e) können wir diesen Arbeitsprozess einschränken: (Nicht immer bei Null anfangen, und nicht zuviel verlangen!)

Welche Macht hat das Team real, zu entscheiden und umzusetzen:

(Oder sollen Vorschläge erarbeitet werden, die auf anderer Instanz entschieden werden?)

Welche Hierarchie, welche Funktionsverteilung gibt es im Team:

Welcher Entscheidungsmodus ist vorgesehen, entspricht dieser der Teamkultur: (Mehrheitsbildung, Einstimmigkeit, Durchsetzungstendenzen mächtiger Personen im Team?)

Gibt es bisherige (nicht) erfolgreiche Regelungsprozesse / Arbeitsphasen:

Ist Widerstand wahrscheinlich, gibt es verdeckte Konflikte, was sind heiße Themen hinter dem deklarierten Anliegen:

Wie offen, direkt, klar ist die Kommunikation im Team? Gibt es Tabuthemen:

Praxisbeispiel

Freie Gruppenwahl

In einem großen Seminar für 36 Personen mit drei Trainern wurde am Ende der gemeinsamen Startphase im Plenum die Wahl der Seminargruppe und damit der Trainerperson freigegeben. Die 3 Trainer stellten sich auf je eine Seite des Raumes und baten die 36 Personen sich so aufzuteilen, dass jeweils 12 Personen zu einem Trainer kämen. Trotz dieser Vorgabe gingen 16 Personen zu einem Trainer, die beiden anderen wurden von entsprechend weniger Personen angesteuert.

➠ ***Wie würden Sie reagieren?***

Nachdem der Trainer, der den meisten Zulauf hatte, vergeblich gebeten hatte, dass Personen in eine andere Gruppe wechseln, fanden sich die drei Trainer zu einer kurzen Besprechung in der Mitte des Raumes zusammen. Dort überlegten sie, was sie nun tun könnten.

Die anderen im Raum diskutierten ebenfalls, so dass die Trainer in dieser Phase wenig Aufmerksamkeit bekamen. Die Situation war nun bereits insofern verändert, dass es nicht mehr darum ging, eine Person wegzuschicken, sondern das Trainerteam in der Mitte des Raumes versuchte von dort aus gemeinsam die Gruppenteilung erneut zu moderieren.

Die Trainer entschieden sich, die Forderung nach gleicher Gruppengröße aufzugeben und eine unterschiedliche Gruppengröße bis zu 14 Personen zuzulassen. Danach baten sie die Anwesenden die Wahl des Trainers neu zu überlegen und diese Bereitschaft zum Wechsel zu deklarieren. Tatsächlich fanden sich nun zwei Personen bereit von der größten Gruppe in die kleinste zu wechseln. Der Trainer dieser Gruppe dankte den beiden, bat sie um ihr Vertrauen und lud sie ein, auszusprechen, wenn sie eine besondere Erwartung an das Seminar hätten. Das weitere Seminar verlief mit gutem Erfolg.

➠ Rotation im Leitungsteam

Bei einem späteren Seminar mit derselben Ausgangsposition, entschied sich das Trainerteam zu einer besonderen Form des Gesamtablaufs, um die Wahl der Seminargruppe bzw. der Trainerperson zu entschärfen. Jeder der Trainer begann mit einer Gruppe, dann gab es 2 Phasen der Rotation, wodurch jede Gruppe der Reihe nach von jedem der Trainer geleitet wurde. In der Schlussphase arbeitete jeder Trainer wieder mit der Gruppe, mit der er begonnen hatte. Dieses Modell wurde als interessant und bereichernd empfunden.

ARBEITSBLATT

Nutzenorientierung konkret

Übung Den Blick auf das Ziel lenken

Idee: Paul Lahninger
Absicht: Training einer Sprache, die den Nutzen für die Beteiligten in den Mittelpunkt stellt.
Arbeitsform: einzeln
Dauer: ca. 10 min.

Dieses Training einer Sprache, die den Nutzen für die Beteiligten in den Mittelpunkt stellt, stärkt zugleich die eigene innere Orientierung am Nutzen als wesentlichem Aspekt von Motivationsentwicklung.

Beispiel 1

Eine Lehrperson erkennt, dass die Lernenden Schwierigkeiten haben, sinnvolle Lernstrategien anzuwenden. Daher möchte sie Lernen zum Thema machen und auch Funktionsweisen des menschlichen Gehirns erklären.

Wie würden Sie diese Informationen beginnen:

Beispiel 2

Ein Personalentwickler möchte Führungskräften Instrumente für die Zielvereinbarung präsentieren.

Wie würden Sie dieses Angebot nutzenorientiert formulieren:

Beispiel 3

Eine Berufsberaterin lädt zu einem Informationsabend und beginnt diesen mit Informationen zur persönlichen Karriereorientierung.

Wie würden Sie diese Informationen nutzenorientiert formulieren:

Beispiel 4

Eine Führungskraft erlebt, dass das Team sich häufig überlastet fühlt und dass Spannungen bestehen, die die reibungslose Zusammenarbeit belasten. Sie möchte daher einen Teamcoach einladen.

Wie würden Sie diese Gedanken zielorientiert formulieren:

Beispiel 5

Eine Moderatorin leitet eine Diskussion. Die Auseinandersetzung wird heftig und sie möchte eingreifen und die Positionen schriftlich festhalten.

Wie würden Sie diese Unterbrechung nutzenorientiert formulieren:

Anmerkung: Vorsicht !

Wenn ich einer anderen Person einen Nutzen anbiete und diese Person lehnt diesen ab oder erkennt ihn nicht für sich, dann ist es meist günstiger, dies einfach zu akzeptieren (ohne um meine Sicht zu kämpfen, oder der anderen Person den Nutzen einreden zu wollen). Offensichtlich hat mein Gegenüber derzeit andere Bedürfnisse.

Ich kann jedoch mit anderen Strategien dran bleiben, z.B. indem ich die andere Person um etwas bitte, weil es für mich wichtig ist. Mir bewusst zu sein, dass es etwas ist, das ich möchte, auch wenn ich damit anderen möglicherweise einen Nutzen biete, ist wesentlich.

Achtsamkeit ist eine gewinnbringende Investition.

Beispiele Formulierungen, die Nutzen und Ziel ansprechen

Beispiel 1:

„Meiner Einschätzung nach könnt ihr die Wirkung des Lernens noch wesentlich erhöhen. Ich biete euch jetzt ein paar Informationen an, durch die ihr die Funktionsweise des Gehirns besser verstehen und Strategien entwickeln könnt, um effektiver zu lernen."

Beispiel 2:

„Eine der wesentlichsten Führungsaufgaben sehe ich darin, Ziele zu vereinbaren und zu überprüfen. Vielleicht sehen auch Sie Möglichkeiten, diese Zielorientierung in Ihrem Team zu verstärken. Ich präsentiere Ihnen 5 konkrete Instrumente, mit denen Sie ab sofort eigene Erfahrung sammeln können."

Beispiel 3:

„Vielleicht sind Sie konkret auf Arbeitssuche, vielleicht sind Sie auch interessiert daran, Ihren Arbeitsplatz zu wechseln, um etwas zu finden, das besser zu Ihnen passt. Genau das ist mein erstes Thema. Worin liegt Ihre persönliche Erfolgsorientierung? Was möchten Sie erreichen? Was passt zu Ihnen? Zu dieser Frage der eigenen Karriereorientierung nun ein paar Informationen."

Beispiel 4:

„Wir haben in letzter Zeit besonders hohe Anforderungen zu bewältigen. Ich schätze es, wie sehr ihr euch engagiert. Zugleich erlebe ich Spannungen und bin mir sicher, dass wir die Kooperation verbessern können. Ich möchte in diese Verbesserung unserer Zusammenarbeit investieren und einen Teamcoach einladen, der uns dabei begleitet, zu schauen, wo Zusammenarbeit gut gelingt und in welchen Bereichen wir sie verbessern können, um reibungsloser und effektiver auch hohe Anforderungen bewältigen zu können."

Beispiel 5:

„Ich bitte Sie jetzt kurz inne zu halten. Ich habe das Gefühl, dass es günstiger ist, einfach einmal die unterschiedlichen Standpunkte festzuhalten, wie sie sind, ohne andere gleich davon überzeugen zu wollen. Ich bitte Sie, mir einen Beitrag nach dem anderen nochmals langsam zu erklären, sodass ich diese hier für Sie alle mitschreiben kann. Sie erhalten dadurch eine Übersicht der Meinungen und danach können wir gemeinsam entscheiden, wie Sie damit weiterarbeiten wollen."

Arbeit mit Feedback

Die Arbeit mit Feedback birgt Chancen und Risiken. Einerseits geben Befragte in unterschiedlichsten Organisationen an, dass Sie zu wenig Anerkennung und Wertschätzung bekommen, andererseits sind Widerstände eine häufige Reaktion auf Rückmeldungen. Hier zwei Beispiele über konfliktreiche Auswirkungen von Feedback.

Praxisbeispiel

Extreme Ablehnung

Das folgende Beispiel wurde mir aus der Teilnehmerperspektive erzählt:
In einem Rhetorikseminar hatte jede Person der Lerngruppe einen Kurzvortrag zu halten. Der Trainer nahm diese Vorträge auf Video auf und gab kritisches Feedback, zeigte möglichst viele Fehler – auch als Beispiele – auf.
Einige Personen aus der Gruppe reagierten mit starker Abwehrhaltung. Am deutlichsten zeigte diese Ablehnung eine Teilnehmerin, indem sie sich mit dem Rücken zum Vortragenden setzte und während seiner Ausführungen ihre Unterlagen feinsäuberlich in kleinste Schnipsel zerriss.
Angenommen es passiert Ihnen, dass Sie in eine solche Extremsituation geraten ...

Wie reagieren Sie?

➠ Variante 1: **Ganz nach Plan**

Bei einer derart starken Demonstration von Ablehnung und Missachtung ist fraglich, ob ich als Trainer noch handlungsfähig bin. Möglicherweise ist hier auch ein Gespräch nicht mehr möglich, insbesondere wenn diese Teilnehmerin eine Stimmung ausdrückt, die andere in der Gruppe teilen.

Eine Möglichkeit zu reagieren wäre, diese Person zu ignorieren und mit dem Vortrag so gut wie möglich fortzufahren (dies war die „NICHT-Intervention", die der betroffene Kollege gewählt hatte). Das weitere Seminar wird eher ein Sich-drüber-Retten sein, wenn solch eine massive Störung nicht bearbeitet werden kann.

➠ Variante 2: **Einzelgespräch**

Das Seminar unterbrechen und mit der betreffenden Person ein Gespräch unter vier Augen führen: So kann ich abschätzen, ob ein Gespräch vor der Gruppe sinnvoll ist. Dabei besteht auch die Möglichkeit, diese Person zu bitten zu gehen.

➠ Variante 3: **Abbruch**

Natürlich ist auch der Abbruch des Seminars grundsätzlich möglich und gewissermaßen eine ehrliche Lösung, wenn ich merke, dass die Teilnehmenden tatsächlich nichts mehr von mir nehmen können.

➠ Variante 4: **Thematisieren**

Die Situation vor der Gruppe zur Diskussion bringen: Dies ist meine bevorzugte Variante, ich brauche hierfür die Bereitschaft Kritik entgegen zu nehmen und die Sicherheit weitere Angebote machen zu können.

Nach Anhören der Kritik könnte ich z.B. sagen:
„Ich sehe, dass hier einiges schief gelaufen ist und nehme Ihre Kritik zu meiner bisherigen Leitung sehr ernst. Ich verstehe, dass Ihnen der Praktikumsteil in dieser Form wenig gebracht hat. Ich möchte Ihnen jetzt noch Inputs zum Thema referieren, von denen ich überzeugt bin, dass sie hilfreich sein können, und bitte Sie, einfach nur auf die Inhalte zu achten, und was diese Ihnen sagen."

Eine Möglichkeit die Situation zu klären kann eine Abfrage sein, in der jede Person für sich zeigen kann, wie sehr sie noch offen ist, weiter zu arbeiten.

Diese Abfrage zu moderieren und dabei darauf zu achten, dass nicht ablehnende Personen vorpreschen und das Gruppenergebnis stark beeinflussen, bedarf jedoch meiner Handlungsfähigkeit. Es wird doppelt schwierig, wenn ich die Anwesenden zum Beispiel zu einer Punktabfrage bitte und sich dann der Widerstand gegen diese Methode richtet. Vielleicht brauche ich als Trainer eine Pause, um mir klar zu werden, wie ich jetzt vorgehen kann.

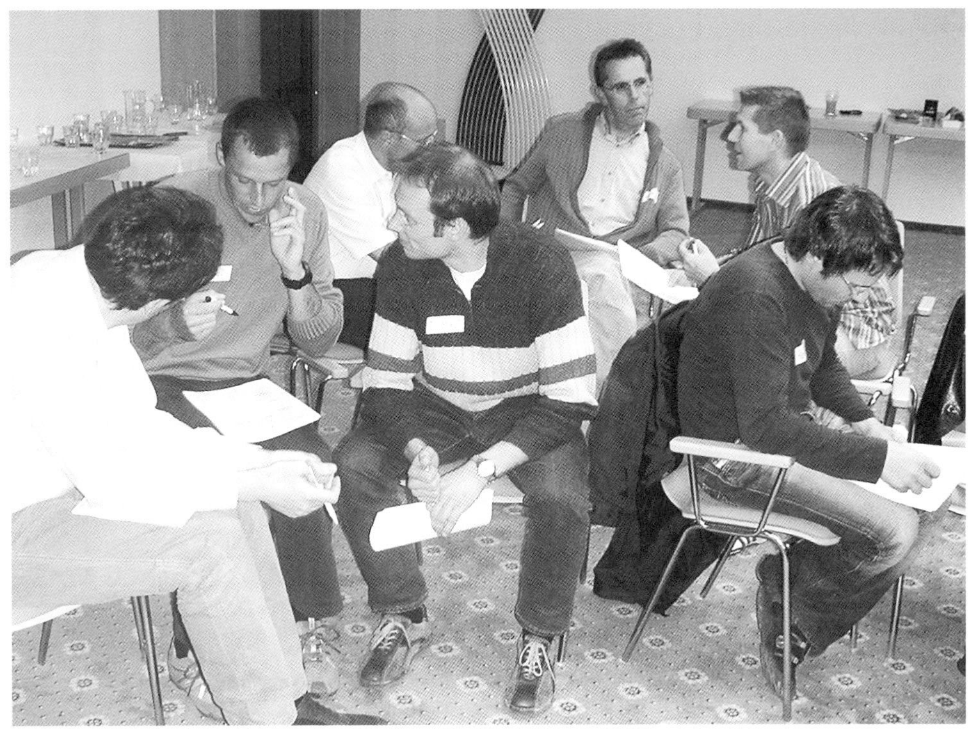

Praxisbeispiel

Rivalisierende Teilnehmer

In einem Seminar wurden die Teilnehmer aufgefordert, einander Rückmeldungen zu geben. Manche nutzten diesen Auftrag offensichtlich, um sich in Szene zu setzen und miteinander zu rivalisieren.
Der Seminarleiter schritt nicht ein. Einige Personen nahmen Rückmeldungen sehr persönlich und reagierten mit deutlichen Selbstzweifeln.
Die Stimmung nach diesem Feedbackprozess war bedrückend unangenehm. Im weiteren Seminar war kaum noch Beteiligung spürbar.

➠ Feedback braucht Beziehungsqualität, die trägt

Wenn ich als Leiter kritisches Feedback gebe oder die Teilnehmenden auffordere sich gegenseitig kritisches Feedback zu geben, dann berühre ich damit den persönlichen Bereich, gewissermaßen die Intimzone der Beteiligten.

Viele Menschen fühlen sich durch Kritik persönlich in Frage gestellt, nehmen sie als Angriff auf ihre Ich-Instanz wahr.

So leite ich Übungen mit Feedback behutsam an und wähle den Zeitpunkt sehr sorgfältig. Die Voraussetzung um kritische Rückmeldungen nehmen zu können, ist ein Vertrauensgefühl, dass das Feedback hilfreich und förderlich ist.

Eine einfache Möglichkeit dies zu unterstützen ist, mehr Gewicht auf bestärkendes, „positives Feedback" zu legen. Insbesondere als Trainer achte ich immer auf die Balance zwischen Bestätigung, Bestärkung einerseits und kritischen Anregungen andererseits. Manchmal werde ich von Teilnehmenden aufgefordert, mehr kritische Rückmeldungen zu geben. Das ist ein Hinweis auf Vertrauen. Behutsamkeit beachtet das Risiko, dass einzelne Personen Rückmeldungen ablehnen oder sich davon verunsichert fühlen. Ich gehe davon aus, dass diese Verunsicherung oft nicht mitgeteilt wird!

Zugleich gilt die Feedbackregel: Rückmeldungen entgegennehmen, ohne diese zu diskutieren!

Ich kann die Wahrnehmung einer anderen Person nicht verändern, so wie ich das Bild im Spiegel nicht wegdiskutieren kann.

Ein guter Zeitpunkt um Feedback zu geben ist sicher der Moment, in dem dieses aktiv angefragt wird.

Feedback zielorientiert formulieren

Qualitäten von Feedback

- ❏ konkret, situationsbezogen
- ❏ unmittelbar: möglich rasch
- ❏ beschreibend (und nicht bewertend)
- ❏ deklariert als subjektive Sicht
- ❏ wertschätzend und einfühlend

Feedback kann auf Schwächen hinweisen, die Aufmerksamkeit auf Versagen und Ängste lenken und diese manchmal sogar verstärken.

Möglicherweise wirkt die Angst vor Fehlern noch aus der Schulzeit nach, in der Falsches rot angestrichen wurde, die Anzahl der Fehler gezählt und beurteilt wurde, Fehler zu machen oft mit Versagen gleichgesetzt wurde und dies unangenehme Folgen hatte: Strafen, Unwillen, beschämende Worte, Abwertung ...

Ich erlebe oft, dass Erwachsene diese Einteilung in Richtig und Falsch auf die Ebene des sozialen Lernens und der Persönlichkeitsentwicklung übertragen.

Sehr deutlich ist mir dies in Rhetorik-Seminaren aufgefallen: Lernende sind bemüht, es „richtig" zu machen, stellen sich selbst zu sehr in Frage, geraten in Stress und wirken dadurch erst recht unsicher oder holprig.

In gewissem Sinn hat eine Trainings-Situation für Rhetorik, insbesondere, wenn Lernende noch keine Erfahrung mit Video-Training haben, etwas Unnatürliches und verursacht mehr oder weniger Stress.

Fast grausam und kontraproduktiv erlebe ich dann Feedback, das die Unsicherheit als Schwäche benennt. Nervosität wird meist verstärkt, wenn wir uns zu direkt mit ihr befassen.

Meine These:

Unsicherheit ist völlig natürlich als Zeichen eines hohen, vielleicht überhöhten Aktivierungsniveaus. – Sicherheit gewinnen wir, indem wir auf Bestärkendes achten.[1]

Feedback „von oben"

Offene und angemessen häufige Rückmeldungen stärken fast immer Teamqualität und Motivation.

Feedback geben ist ein wesentlicher Teil von Führungskompetenz.

Zugleich wird dem Feedback der leitenden Person mehr Gewicht gegeben als den Rückmeldungen anderer – fallweise ist also auch Zurückhaltung sinnvoll.

Üben Sie, kritisches Feedback hilfreich zu geben. – Dies ist immer zielorientiert!

1 siehe Paul Lahninger: „leiten · präsentieren · moderieren", Ökotopia Verlag, 3. Auflage, München 2003, S 159

ARBEITSBLATT

Übung Feedback zielorientiert

Idee: Paul Lahninger
Absicht: Training der eigenen Feedbackqualität
Arbeitsform: Einzelarbeit oder Rollenspiel
Dauer: 10 – 15 Minuten

Zielorientiertes Feedback beinhaltet ein gewünschtes Lösungsbild oder einen Ansatz für einen Entwicklungsschritt. Dies hat nichts mit Beschönigen zu tun: Ich wende mich dabei hin zur Lösung, hin zum Ziel. Vergleichbar mit einer Situation, in der mir kalt ist: Ich kann dabei erstarren und zitternd sagen: „Mir ist so kalt, mir ist so kalt!" Dies wird das Kälteempfinden verstärken. Lösungsorientierung fragt: „Was kann ich tun, damit mir wärmer wird?"

Beispiel

Kritikpunkt: Ich empfinde eine Präsentation als monoton.

➠ ***Zielorientiertes Feedback:***
Du kannst die Wirkung deiner Präsentation erhöhen, indem du deinen Ausdruck variierst, mal schneller, mal langsamer, mal etwas lauter, auch mit Abwechslung in der Stimmmelodie sprichst.

Beobachtung	Feedback-Idee in direkter Rede
Person **A** wirkt unruhig und nervös.	
Person **B** erklärt etwas sehr schnell. Andere haben Mühe ihr zu folgen.	
Person **C** überschreitet eine vereinbarte Regel	
Person **E** kommt offensichtlich schlecht gelaunt und abweisend zu einem Gespräch.	
Person **F** wirkt in einer Präsentation unecht, wie gekünstelt.	

Beispiele Ziel-, entwicklungs-, lösungsorientiertes Feedback

Je nach Kontext passt eine der folgenden Formulierungen.

Ich habe den Eindruck ...

- ❑ *dass es dich weiterbringen könnte; ...*
- ❑ *dass du dazu gewinnen könntest, wenn du...*

Ich bitte dich darum, dass du ...

Ich schlage vor, dass du ...

zu **A**: *„... auf das schaust, was dir Sicherheit gibt."*

zu **B**: *„...einmal innehältst und die Wirkung deines Engagements beobachtest."*

zu **C**: *„... die Vereinbarung achtest und jedenfalls vorher mit mir besprichst, wenn du davon abweichen möchtest."*

zu **D**: *„... lieber einfacher und weniger auf einmal darstellst und auf den roten Faden schaust."*

zu **E**: *„...deine Bereitschaft zur Zusammenarbeit zeigst oder mir sagst, wenn du lieber ein anderes Mal darüber reden möchtest."*

zu **F**: *„ ... einen Ausdruck wählst, der gut zu dir passt und in dem du dich leicht und selbstverständlich ausdrücken kannst."*

Häufig wird die angesprochene Person nachfragen, wie sie denn gewirkt hätte.

Vorsicht: Das kann ein Einstieg in Rechtfertigung, ein Abwehren des Feedbacks bedeuten.

Erfahrung und Intuition können entscheiden helfen, ob ein längeres Gespräch Sinn macht.

Natürlich können auch unmittelbar kritische Rückmeldungen wichtig sein.

Wer auch das unerwünschte Verhalten beschreiben will, kann dennoch die Zielorientierung „daneben stellen", z.B.: *„Ich fühl' mich durch diese Worte zurückgewiesen UND bitte dich mein Anliegen einfach mal anzuhören."*

„Zielorientiertes Feedback" ist eine interessante Möglichkeit und wert, damit zu experimentieren. – Ich selbst habe beste Erfahrungen damit gemacht.

Übung Rückmeldungen als Wünsche

Teamqualität verbessern durch Feedback und aktives Zuhören

Idee Paul Lahninger nach der Methode: „Direkte Konfrontationssitzung", „Beraten mit Kontakt", Eva Renate Schmidt u. a., Offenbach/M, 1995 Burckhardthaus-Laetare Verlag, Seite 336

Offene Rückmeldungen sind eine wertvolle Investition in die Beziehung und ein wesentlicher Impuls zu lernen. Rituale, die Anerkennung beinhalten, als regelmäßige Routine einzuführen, kann Team- und Beziehungs-Qualität wesentlich fördern.

Wähle für das Feedbackgespräch auch Personen, die du lieber meidest. – Dieses Gespräch kann besonders viel bringen!

Übungsvorgabe:

1. Im ersten Wunsch sprichst du Anerkennung, Zufriedenheit aus.
   Bitte verwende die vorgegebene Formulierung:
   Ich wünsche mir, dass du weiterhin ... lebst/zeigst/tust".

2. Im zweiten Satz sprichst du einen offenen Wunsch als konstruktive, lösungsorientierte Kritik aus.
   Ich wünsche mir, dass du mehr ... lebst/zeigst/tust".

Ablauf:

A äußert einen Wunsch.

B fasst das Gehörte mit eigenen Worten zusammen.

A ❑ bestätigt, richtig verstanden zu sein oder

❑ wiederholt das Anliegen.

Wenn A das Anliegen wiederholt, fasst B das Gehörte nochmals mit eigenen Worten zusammen – so lange bis A bestätigt, richtig verstanden zu sein.

A äußert den zweiten Wunsch.

B fasst das Gehörte mit eigenen Worten zusammen.

B soll sich hier nicht rechtfertigen oder die Wünsche von A abschwächen oder zurückweisen.
Hier geht's nur darum auszusprechen und zuzuhören.

A ❑ bestätigt, richtig verstanden zu sein oder

❑ wiederholt das Anliegen ...

Wechsel: B äußert Wünsche ...

Beispiel

A: Ich wünsche mir, dass du weiterhin so viele Ideen einbringst.

B: Du wünschst dir, dass ich weiterhin viel einbringe?

A: Ja, genau.

A: Ich wünsche mir, dass du meine Leistungen mehr siehst.

B: Du wünscht dir mehr Wertschätzung?

A: Ich wünsche mir, dass du anerkennst, wie sehr ich mich engagiere!

B: Du wünschst dir, dass ich dein Engagement deutlicher anerkenne?

A: Genau, das wünsche ich mir.

Wechsel: B äußert Wünsche ...

Variante mit einer zusätzlichen Übung sich einzufühlen:

Jede Person schreibt die beiden Wünsche an den Gesprächspartner auf.

Bevor diese ausgesprochen und übergeben werden, versucht jede Person zu erraten:

Was glaube ich, dass du dir von mir wünschst.

Dieses Ansprechen von Vermutungen über die Sicht anderer wird in der systemischen Tradition zirkuläres Fragen genannt.

Die Qualität des Wünschens

Die Vorgabe ist hier, lösungsorientiertes Feedback zu geben. Dies wird angedacht durch die Formulierung: „Ich wünsche mir, dass du *mehr* ..." Fast immer wirkt dies einladender als eine Negation. Zum Beispiel: „Ich wünsche mir, dass du dir mehr Zeit nimmst, mir zuzuhören." (anstatt: „Ich wünsche mir, dass du nicht so ungeduldig bist.")

Der Vorteil dieser Feedbackstruktur ist, dass ich gar nicht auf die Rekonstruktion dessen, was war, zu sprechen komme. Ich erlebe, dass diese Rekonstruktionsversuche sehr schnell zur Schuldfrage führen und fast immer kontraproduktiv sind. Wenn eine Rückmeldung mit den Worten „Tatsache ist, dass du ..." beginnt, so weckt dies häufig Widerstand. Eskalation in Konflikten wird gerade durch unsere selektive und verzerrte, konstruierende Wahrnehmung mitbewirkt.

Je größer Stress und Spannung,
umso enger die Wahrnehmung
und umso mächtiger die Interpretation
und Bewertung des Wahrgenommenen.

Übung Drei, zwei, eins, go!

Feedbackgespräche ausgewogen führen

Idee: Reinhold Rabenstein und Paul Lahninger
Absicht: ein Feedbackgespräch ausgewogen gestalten
Arbeitsform: Paargespräch
Dauer: 5 – 15 Minuten

Diese Methode beachtet das Bedürfnis nach Zustimmung und unterstützt die Orientierung am Gelungenen und Passenden.

Menschen möchten gerne gut sein, Kritik tut weh. Achtsamkeit für diese Sensibilität ist eine Investition in Teamqualität. So macht es Sinn, den Zeitpunkt und die Situation bewusst zu wählen: Stressfrei, unter 4 Augen, in wohlwollender Grundstimmung können viele Menschen kritische Rückmeldungen besser entgegennehmen. Es bringt wenig, wenn sich die Angesprochenen angegriffen fühlen und (innerlich) zu kämpfen beginnen.

Gesprächsregel

Drei: Du formulierst **3 Wertschätzungen**.

Zwei: Du formulierst **2 kritische Punkte**, die du rückmelden möchtest.

Eins: Du formulierst **1 konkreten Auftrag** / 1 Idee / 1 Vorschlag: Dieser ist zielorientiert / lösungsorientiert!

Go: Du findest einen guten **Gesprächsabschluss**, ohne dich auf eine Diskussion einzulassen, bist jedoch offen, Detailinformationen zu geben oder Wünsche nach Klärung zu akzeptieren.
Du kannst auch kurz rückfragen, wie es der anderen Person mit deiner Rückmeldung geht. Dies soll jedoch keine Einladung zu Rechtfertigungen sein, sondern dein Interesse an einem guten Einvernehmen ausdrücken.

Gesprächsbeispiel

Drei: „Ich bin dankbar für deinen Einsatz.
Ich spüre, wie sehr du dich engagierst.
Ich fühle mich sehr entlastet."

Zwei: „Dabei ist mir wichtig, dass ich möglichst wenig korrigieren muss."
„Diese Fehler hier finde ich ärgerlich."

Eins: „Ich bitte dich, jeden Text nochmals sorgfältig zu prüfen."

Go: „Geht das in Ordnung so?"

Vorsicht: Kein aber!

Die Gefahr ist, dass der zweite Teil des Gespräches den ersten Teil entwertet. Dies passiert vor allem durch die Verbindung der beiden Gesprächsteile mit „aber", z. B.:

„Ich bin ja recht zufrieden mit deiner Arbeit, aber in letzter Zeit ..."

In diesem Satz ist der erste Teil bestenfalls eine Einleitung, die Wertschätzung wird durch das Wort „recht" bereits abgeschwächt. Ebenso abschwächend wirken die Wörter: eigentlich, ziemlich, im Großen und Ganzen.

Beispiel für eine wertschätzende Formulierung:

„Ich bin mit deinem Einsatz zufrieden. Und jetzt wünsche ich mir ..."

Wertschätzendes und kritisches Feedback verbinden

- ❑ Ich achte darauf, dass das wertschätzende und das kritische Feedback mit dem Wort „und" oder mit dem Wort „zugleich" verbinde, es muss deutlich sein, dass beides gleich wichtig ist und nebeneinander stehen darf.
- ❑ Wenn ich in einer konkreten Situation eine Kritik anbringen möchte und es mir unpassend erscheint, Anerkennung einer Leistung in dieses Gespräch einfließen zu lassen, so kann der Ausdruck meiner Wertschätzung auch ganz persönlich sein, z.B.:

  „Ich möchte mit dir reden. Ich habe da ein Anliegen. Es ist mir sehr wichtig, mit dir in gutem Einvernehmen zu arbeiten. Ich schätze unsere Zusammenarbeit."

  In diesen Sätzen wird meine Wertschätzung für die Person deutlich.

Anmerkung: Ich persönlich mag das Wort Lob nicht. Bei Lob denke ich an brav sein, also an Anpassung bzw. an den Wunsch der Führung nach Anpassung: Ich werde gelobt, damit ich weiterhin brav und fleißig bin. Das wirkt wie eine mechanistische Vorstellung, vielleicht sogar manipulativ.

Daher spreche ich wesentlich lieber von Anerkennung einer Leistung oder Wertschätzung. Wertschätzung kann ich Menschen auch unabhängig von ihrer Leistung entgegenbringen. Das ist ein wertvoller Beitrag für jede Kooperation.

BEARBEITUNG VON MOTIVATIONEN MODERIEREN

Das Beste für hier und jetzt

Die Freude der Anwesenden, ihre Motive, ihre Ziele und im Idealfall ihre Begeisterung gehören zum Wertvollsten, sind der eigentliche Motor des Geschehens.

Diese anzusprechen, entdecken zu helfen, diese zu begleiten und zu unterstützen sehe ich als meine Führungsaufgabe.

Interessant ist, dass die bewusste Arbeit mit Interessen, Freuden und Begeisterungen der Beteiligten sehr oft auch dann eine positive Auswirkung auf Atmosphäre und Einsatz haben, wenn diese mit dem gemeinsamen Arbeitsziel nicht in Zusammenhang stehen.

Für diese Arbeit mit dem Thema Begeisterung hier drei Methoden, die sich besonders in eher lustloser Stimmung und bei Motivationsschwierigkeiten hilfreich gezeigt haben.

Übung Gute Orte hereinholen

Idee: Paul Lahninger
Absicht: gute Energien nutzen
Arbeitsform: Paarinterview, als Minivariante auch in einer geleiteten Meditation möglich
Dauer: im Paarinterview 2-mal je 3 bis 10 min., in der Meditation ca. 3 bis 5 min.

Diese Übung bietet sich geradezu an, wenn z. B. an einem sehr schönen, sonnigen Sommertag einige Personen in einer Seminar-/Arbeits-Gruppe wehmütig meinen: „Heute wäre ich gerne auf dem Berg oder an einem See."
Auch wenn gerade ein Energieloch in einer Besprechung auftritt, kann diese Übung belebend wirken.

Ablauf

Die Beteiligten finden sich in Paaren zusammen und interviewen sich gegenseitig.

❏ Denke an einen Ort, an dem du jetzt gerne wärst. Wenn du magst, kannst du dabei die Augen schließen. Stell dir diesen Ort intensiv vor ...

(z.B. „Am Meeresstrand entlang gehen ...")

❏ Wie fühlt sich das an? Beschreibe ein paar Körperwahrnehmungen. ...
(z.B. „Ich spüre die Wärme, die ruhigen Schritte, höre Seemöven ...")

❏ Was ist das Gute, das dir diese Situation schenkt? ...
(z.B. „Ich bin einfach da, ganz zufrieden, fühle mich wohl ...")
Hinweis: Wenn Negationen auftauchen, bitte umformulieren!
(z.B. statt „Ich habe keinen Stress," – „Ich bin ruhig.")

❏ Welchen deiner Bedürfnisse kommt diese Situation entgegen? ...
(z.B. „Ich kann dort gut ausgeglichen sein, mich selbst wahrnehmen.")

❏ Lass dir Zeit mit deiner Aufmerksamkeit von diesem guten Ort hier in diesen Raum zu kommen. Das gute Gefühl kannst du mitbringen.

(Pause)

❏ Was kannst du hier und jetzt für zumindest ein angesprochenes Bedürfnis tun?
(z.B. „Ich kann auf das Tempo achten und schaue, ob es für mich passt. Ich kann mir erlauben mitzuteilen, wenn mir eine Diskussion festgefahren erscheint und notfalls um eine Pause bitten.")

Übung Begeisterung wahrnehmen

Idee: gekürzte Variante nach Ulrike Pramendorfer, Linz
Absicht: Aufmerksamkeit auf den Körperausdruck lenken, wohltuende Selbstwahrnehmung verstärken; sinnvoll auch bei Arbeit an rhetorischen Qualitäten
Arbeitsform: 3er Gruppen, am besten im Stehen
Dauer: 3-mal je 2 bis 5 Minuten

Die Aufmerksamkeit auf Erfreuliches, auf persönliche Vorlieben und Begeisterung zu richten tut ganz einfach wohl. Ein wertvoller Input für ein Team ist, wenn z.B. in Betriebsausflügen die Teammitglieder einander zeigen, was sie in der Freizeit erfüllt, sei es Sport, Kunst oder ein besonders geliebter Ort.

In der folgenden Mini-Übung können die Anwesenden etwas davon im Arbeitraum lebendig werden lassen.

Ablauf

Dreiergruppen finden sich zusammen:

Person A beginnt und erzählt von einer Situation, in der sie Begeisterung empfindet.

Person B hört zu, fragt nach.
In einer intensiveren Version können Sinneswahrnehmungen systematisch abgefragt werden: Was siehst du? Was hörst du? Was spürst du? ...

Person C achtet auf den Körperausdruck von A und gibt am Ende der Darstellungen dazu Feedback: In welcher Mimik, Bewegung, Atmung, Körperposition, in welchem Augenausdruck, Klang der Stimme, ... habe ich deine Freude, deine Begeisterung wahrgenommen.

Beispiel

A: „Der Blick vom Berggipfel ins Tal ist etwas Wunderbares für mich!"

B: „Was ist dabei besonders wohltuend für dich?"

A: „Die Sonne strahlt mich an, alles unten ist weit weg, ich fühle mich frei!"

B: „Wie spürst du dieses Frei-Sein?"

A: „Es ist so leicht, als könnte ich fliegen!"

C: „Du hast die Augen weit geöffnet, gelächelt, das Bild mit der Hand in den Raum gezeichnet, hast entspannt gewirkt, in ruhigen Bewegungen."

A: „So viel hab ich gezeigt? – Toll!
Ein gutes Gefühl!"

Übung 10 % mehr Wohlbefinden

„genial einfach"

Wohlbefinden wird stark von der Wahrnehmung unserer Gedanken beeinflusst. Nach einem Ärger bleibt dieser in Gedanken und in Körperreaktionen oft lange danach präsent. Diese inneren Wahrnehmungen bewirken, dass weitere Stresshormone ausgeschüttet werden, besonders dann, wenn ich die Situation nicht verändern kann (z.B. ich stehe mit dem Auto im Stau). Meine Gedanken verstärken die Unlust. Wenn ich also merke, dass ich nicht gut drauf bin, drückt das meine Stimmung noch weiter. Manchmal scheint es, wir wären diesen Stimmungen in uns ausgeliefert – und doch sind wir es selbst, die diese beeinflussen.

Wir können trainieren, unser Wohlbefinden zu verbessern, auch in fordernden Situationen. Nicht sinnvoll wäre jedoch, Unangenehmes überdecken zu wollen.

Die folgende Übung ist eine „genial einfache" Methode, das eigene Wohlbefinden zu steigern, auch, um sich dem Unangenehmen zu stellen.

1. Einschätzen

Schätze dein derzeitiges Wohlbefinden auf einer Skala von **1 bis 10**:

1	2	3	4	5	6	7	8	9	10
☐	☐	☐	☐	☐	☐	☐	☐	☐	☐

miserabel durchschnittlich Spitze: alles passt!

2. Sammeln

- ❏ Sammle ein paar vertraute Strategien, für dein Wohlbefinden zu sorgen, z.B.:

  Kaffeepause, Spazieren gehen, ein Telefonat mit einem Freund, gute Musik ... oder einfach durchatmen, um dir etwas Gutes zu tun:
- ❏ Stell dir eine Strategie davon bildhaft vor ...
- ❏ Schätze dein Wohlbefinden erneut auf der Skala von 1 bis 10 ein:

  Es könnte sein, dass diese Vorstellung dein Wohlbefinden kaum merklich verbessert.

  Also z. B. auf der Skala von 7 „ganz gut" auf 7,5 „gut" hebt.

3. Steigern = „10 % mehr"

Probiere folgende Steigerung:

- ❏ Entspanne dich, atme tief durch und wenn's passt, schließe die Augen.
- ❏ Erinnere dich intensiv an eine Situation, in der du dich sehr gut gefühlt hast.
- ❏ Stell dir diese Situation mit allen Wahrnehmungen möglichst konkret vor.
- ❏ Atme nochmals tief durch und öffne die Augen, beende bewusst die Entspannung, z.B. indem du dich streckst.

Wie ist dein Wohlbefinden? Nochmals um einen halben Skalenwert besser?

10 % mehr -Training

Durch tägliches Üben ist es möglich sich in kurzer Zeit zu entspannen und zu stärken. Es kann sogar sein, dass allein der Gedanke an die 10-Punkte-Skala ein inneres Schmunzeln und mehr Wohlbefinden bewirkt. Das Beste daran: Du bist dabei völlig unabhängig von äußeren Bedingungen.

6 Stimmungsgesichter

Idee: nach Reinhold Rabenstein, siehe auch: René Reichel, Reinhold Rabenstein: Kreativ beraten, Münster 2001 (Ökotopia Verlag) S 216
Absicht: differenzierte Wahrnehmung der aktuellen Stimmung oder der Stimmung zu einem Thema.
Arbeitsform: Paar-Rundgang
Dauer: 5 – 15 min.

An den Seiten des Raumes hängen sechs Bilder, die verschiedene Stimmungen ausdrücken. Auch Landschaftsbilder bieten eine gute Möglichkeit.

Die Beteiligten finden sich in Paaren zusammen und wandern so zwei Runden durch den Raum.

- ❑ In der ersten Runde erzählt eine Person von ihren Assoziationen zu den Stimmungsbildern, die andere Person hört zu.
- ❑ In der zweiten Runde werden die Rollen gewechselt.

Die Gespräche können durch weitere Aufträge konkretisiert werden, z.B.:

- ❑ *Finde für ca. 3 der Stimmungsgesichter eine Situation zu unserem Thema.*
- ❑ *Was an unseren Zielen ruft bei dir welches Gefühl hervor, was freut dich, was macht dir Sorgen? Gibt es etwas, das dich ärgert oder deinen Widerstand weckt?*

ARBEITSBLATT

Leistungsfreude stärken

Übung Die eigene Motivation klären

nach: Paul Lahninger „leiten · präsentieren · moderieren", Münster 2003, S 102
Absicht: Motivationskonflikte bearbeiten
Arbeitsform: Einzelarbeit oder Paarinterview
Dauer: 10 – 20 min. je Person

Die Beteiligten finden selbst Lösungen, ihre Motivation zu klären.

1. **Situation**

   Beschreibe eine Aufgabe, bei der du Unlust (einen inneren Widerstand) spürst:

2. **Widerstand**

   Beschreibe diese Unlust/diesen Widerstand. Was sagt diese Stimme in dir:

3 **Widerstandsmotive**

Was fehlt dir in dieser Situation?

Was ist das Gute, das der Widerstand möchte:

4 **Bewältigungsstrategien**

Wie kannst du die Situation verändern, die Aufgabe umorganisieren, sodass du dabei mehr Freude hast:

Wann und wo ist die nächste Gelegenheit, bei der du die „Widerstandsmotive" erfüllen kannst, mit welchen Gedanken kannst du dich trösten:

5 **Aufgabendisziplin**

Mit welchen Gedanken kannst du dir den Sinn, das Ziel, den Nutzen der Aufgabe bewusst machen und dich selbst innerlich anspornen:

„Mein Leitgedanke"

Ich selbst bin Chef/Chefin meiner Einstellung und mache das Beste aus der Situation.
Ich selbst schaffe das innere „Programm" meiner Gedanken.

Beispiele

Die eigenen Motivationen klären

Praxisbeispiele

	Routinearbeit[1]	Altpapier entsorgen	Dringende Angelegenheit
1. Situation	*Kartons mit Prospekten sollen eingeordnet werden.*	*Ein Lehrling muss eine Woche lang Altpapier in den Reißwolf schieben (so viel hat sich angesammelt).*	*„Ich hab viel zu tun, ein Kollege braucht dringend etwas von mir."*
2. Widerstand	*„Ich hätte andere, wichtigere Arbeit. Das Einordnen ist langweilige Routinearbeit."*	*„Idiotisch – was hat das mit meiner Ausbildung zu tun?"* *„Wieso lassen die so viel zusammenkommen?"*	*„Verflixt – ausgerechnet jetzt macht der mir zusätzlich noch Stress."*
3 Widerstandsmotive	*„Ich möchte wichtige Arbeit tun, die Erfolg zeigt, möchte zeigen, was ich kann.* *Ich möchte Abwechslung und Herausforderung."*	*„Ich möchte was lernen. Ich möchte, dass meine Arbeit sinnvoll organisiert wird."*	*„Ich möchte eine passende Zeiteinteilung, und so viele Aufgaben, wie ich gut erfüllen kann."*
4. Bewältigungsstrategien	*„Ich hole mir Hilfe von einem Kollegen und biete ihm an, danach auch bei seiner Arbeit zu helfen."* *„Ich nehme mir einen Teil der Prospekte vor, erledige dann eine andere Arbeit und dann wieder einen Teil des Einordnens."*	*„Ich kann neben dieser Arbeit Berufsschulstoff lernen oder mir alle wichtigen Vorgänge im Betrieb durchdenken."* *„Ich kann ab jetzt täglich hier vorbeikommen und mit einem einzigen Handgriff den kleinen Stapel von aktuellem Altpapier entsorgen."*	*„Ich plane meine Arbeit und fixiere eine bestimmte Zeit für Unerwartetes."* *„Ich rufe den Kollegen an, zeige Verständnis für sein Anliegen und teile ihm mit, bis wann ich seinen Auftrag erfüllen kann."*
5. Aufgabendisziplin	*„Ich nehme jeden Prospekt bewusst wahr und merk mir gleich, was es Neues gibt. Dadurch kann ich Kunden rasch Informationen zu ihren Fragen geben."*	*„Ich unterstütze den Betrieb auch durch diese kleine Routinearbeit und denke mit, um Aufgaben sinnvoll einzuteilen."*	*„Ich sehe, dass ich in jeder Situation etwas lernen kann, mach eine Verschnaufpause und gehe mit Vollgas an meine Arbeit."*

1 erfunden und erfolgreich umgesetzt von Auszubildenden der Baustoffringakademie.

Selbstorganisation

Es gibt immer mehr zu tun, als machbar ist. Die Fülle der Möglichkeiten ist tatsächlich unbegrenzt. Indem wir auf das schauen, was uns gut möglich ist, sind wir „bei der Sache".

Dazu ein einfacher Vergleich:

Beim Jahrmarkt bekommt ein Kind 5 Fahrkarten für das Ringelspiel geschenkt. Das Ringelspiel bietet 20 verschiedene Figuren: Bagger, Hubschrauber, Straßenbahn, Flugzeug, U-Boot, Rennauto, ...

Das Kind läuft zu der Figur, die ihm am attraktivsten erscheint, genießt die Fahrt da, wo es gerade ist, und wechselt danach auf eine andere Figur. Nach den 5 Fahrten fragt es glücklich: „Darf ich noch einmal?"

Was dieses Kind spontan bewältigt, spiegelt die Grundfrage von Prioritätenmanagement. Als verantwortungsvolle Erwachsene geraten wir öfters in Situationen, in denen wir diese Aufgabe als überfordernd erleben, z.B.:

- ❑ Wir meinen, wir müssten jede einzelne Figur des Ringelspiels benutzen und zählen all die Figuren, die wir nicht nutzen können.
- ❑ Wir sitzen im U-Boot und kommen in Stress, weil wir uns angestrengt überlegen, mit welcher Figur wir als nächstes fahren sollen.
- ❑ Wir haben die 5 Fahrten aufgebraucht, sind nicht im Bagger gesessen und denken uns: „Wär' ich nur mit dem Bagger gefahren, dann hätt's gepasst."

Übung — Zeit und Prioritäten managen

Idee: Paul Lahninger
Absicht: eigene Motivationskonflikte bearbeiten, Prioritäten als Ansatz für Selbstorganisation klären
Arbeitsform: Einzelarbeit oder Paarinterview, coachend begleitet
Dauer: 20 – 60 min. pro Person, je nach Intensität

Unser Leben ist komplex. Eine Fülle von Anforderungen kreist um uns. Viele Entscheidungen der Lebensgestaltung haben nachhaltige Folgen: Partnerschaft zu leben, Eltern zu sein, konkrete berufliche Aufgaben zu wählen, Kredite aufzunehmen, sich in Gemeinschaften zu engagieren. Viele dieser grundsätzlichen Entscheidungen sind wie Abonnements: Der Bagger im Ringelspiel ist fix dabei, ruft uns jedes Mal. Möglicherweise haben wir langfristig mehr Engagement gewählt als uns gut tut: Wir brauchen täglich unsere 5 Fahrten auf, und es bleibt keine Zeit für uns selbst zu sorgen oder für entspanntes Familienleben.

Langfristige Verpflichtungen wieder abzuwählen, um sich zu entlasten, ist oft eine beachtliche und beachtenswerte Herausforderung. (Zum Beispiel das Arbeitsausmaß zu verändern, den Arbeitsplatz zu wechseln, den Lebensstil zu verändern, auf Auto oder anderen Besitz zu verzichten ...)

Wenn ich genau 5 Fahrten am Ringelspiel habe, welche Figuren wähle ich?

❑ Welche 5 Aufgaben sind mir am wichtigsten:

....

....

❑ Wie viel Zeit und Energie verwende ich für diese Aufgaben:

....

....

❑ Bei welchen Aufgaben bin ich voll bei der Sache:

....

....

❑ Welcher Aufgabe wende ich mich ab jetzt mehr zu:

....

....

❑ Wie kann ich eine Aufgabe, die weniger wichtig ist, so verändern, dass mir mehr Zeit und Energie für meine Prioritäten bleibt:

....

....

❑ Was passt gut so und bleibt wie es ist:

....

....

Ansprüche und Werte koordinieren

Prüfen Sie Ihre Zustimmung zu folgender Behauptung:

„Jeder Mensch hat gleich viel Zeit.
Zeit ist immer da,
die Frage ist, was ich mit dieser Zeit mache."

Je heftiger der Widerspruch zu dieser Behauptung, umso wahrscheinlicher werden innere Antreiber aktiv sein. Bewusste Selbstorganisation beachtet diese Ansprüche, ohne sich ihnen auszuliefern. Wenige Minuten Selbstreflexion erhöht Effizienz im Ablauf und fokussiert Energie, indem ich mich im Sinne meiner Ziele entscheide. Weniger Wichtiges kommt danach oder es fällt weg.

Übung Tagesplanung konkret

Idee: Paul Lahninger
Absicht: Motivationskonflikte in der Tagesgestaltung reflektieren.
Arbeitsform: Einzelarbeit oder Paarinterview, coachend begleitet
Dauer: 20 – 60 min. pro Person, je nach Intensität

Ich stelle mir Zeitgestaltung wie Kofferpacken vor. Der leere Raum des Koffers, sind die Stunden, die mir jeder Tag von neuem schenkt.

Arbeitgeber, Familie, Zeitgeist bieten mir unendlich viel an, geben mir Aufträge, wie ich den Koffer füllen soll. Verpflichtungen sind Förderbänder, auf denen ständig Nachschub kommt. **Dennoch**: Was ich einpacke, ist meine Entscheidung!

Je lauter diese Angebote rufen „Nimm mich, ich bin ein Muss!", umso mehr bekomme ich das Gefühl, keine Zeit zu haben, getrieben, eingespannt zu sein. – Ich werde gearbeitet (statt zu arbeiten), werde gelebt, werde mich als Opfer fühlen.

Was da ruft, sind die Stimmen meiner inneren Ansprüche: „Ich muss perfekt sein, darf niemanden enttäuschen, darf nicht Nein sagen."

Was pack' ich in den Koffer?

Wenn ich jeden Tag mehr hineinzustopfen versuche, als „im Koffer" Platz hat, wenn ich mich draufsetzen muss, um ihn zu verschließen, und ich dann vielleicht noch merke, dass Wichtiges übrig bleibt, dann braucht es ein entschiedenes Innehalten, um neu zu klären:

Was pack' ich gewohnheitsmäßig in jeden Tag hinein:

Wann habe ich „die Luft" dazwischen, die ich brauche:

Was tue ich, weil ich mich dazu verpflichtet fühle, ohne dass es mich erfüllt:

Wie gehe ich mit den Anforderungen und Aufträgen anderer um:

Welche Tätigkeiten, die mir als „Soll" oder „Muss" erscheinen, kann ich reduzieren oder streichen:

Wann gelingt es mir gut, den Tag so zu füllen, wie es meinen Werten entspricht:

Wie viel Zeit gebe ich Tätigkeiten, die mich im Sinne meiner Werte erfüllen:

Wie viel Zeit gebe ich Tätigkeiten, die dem „du sollst" meiner Ansprüche folgen:

Was lasse ich für zuletzt über, falls noch Platz ist:

Jeden Augenblick ist Zeit für mich da.
Es ist meine Wahl, was ich damit mache.

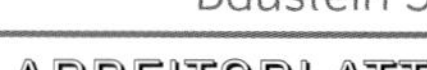

Coachend begleitete Selbst-Reflexion

Idee: Paul Lahninger
Absicht: Arbeitsblatt zum Einstieg ins Seminar oder eine Team-Klausur
Arbeitsform: Interview
Dauer: 2-mal 15 bis 20 Minuten

Die coachende Person stellt die Fragen, hört aktiv zu und schreibt in Stichworten mit (ohne Antworten zu kommentieren oder Ratschläge zu geben!).

Danach übergibt sie die Mitschrift – die Rollen und die Stühle werden getauscht.

1. Auf welchen Arbeitserfolg, auf welche Stärke bist du stolz:

2. Welche Rückmeldung würde dich treffen / ist dir unangenehm:

3. Welche Situation erlebst du als besonders herausfordernd:

4. Welche Kompetenz möchtest du weiterentwickeln:

5. In welchen (anderen) Situationen lebst du etwas von dieser Kompetenz:

6. Was ist die kleinste Möglichkeit, diese Kompetenz professionell mehr zu nutzen:

7. Welche Unterstützung wünschst du dir HIER:

Team-Figurationen

Idee: Paul Lahninger
Absicht: Konkrete Darstellung und Bearbeitung von Positionen, Beziehungen und Sichtweisen der Teammitglieder, Klären von Spannungen.
Gruppengröße: bis 8 Personen, als Variante auch für Gruppen bis ca. 12 Personen
Arbeitsform: Einzelarbeit und Gruppengespräch
Dauer: 60 – 90 min

1. Vorbereitung

Material: je Teammitglied 1 Stück farbige Knetmasse (z.B. Plastilin), 1 Unterlage (Karton oder Brett) und 1 Messer

Jede Person im Team wählt eine Farbe der Knetmasse und trennt diese in so viele Stücke wie Personen im Team sind (z.B. für 8 Teammitglieder 8 gleich große Stücke Knetmasse).

Auf die Unterlage („Spielbrett") schreibt jede Person ihren Namen.

Im weiteren Prozess soll nicht mehr gesprochen werden. Die Zeit kann vorher festgelegt werden.

2. Modellieren

- ❑ Jedes Teammitglied formt nun aus dem ersten Stück Knetmasse sich selbst in diesem Team. Die Form der Gestalt kann symbolisch oder konkret sein und Rolle, Befinden, Bedeutung im Team ausdrücken. (z.B. eine Säule für Standfestigkeit, eine platt gedrückte Scheibe für Energielosigkeit, eine gebeugte Figur für Unterordnung ...)
- ❑ Reihum reicht danach jede Person ihre Gestalt auf dem Spielbrett weiter an die nächstsitzende im Kreis.
- ❑ Somit hat jeder das Spielbrett und die aus Knetmasse geformte Gestalt eines anderen Teammitglieds vor sich, formt nun wieder (in der eigenen Farbe) eine Gestalt für sich selbst und setzt diese zur ersten Gestalt in Beziehung.

Dieser Vorgang wiederholt sich so lange, bis jede Person sich auf dem Spielbrett jedes anderen Teammitglieds durch eine ausdrucksvoll geformte Gestalt in Beziehung gesetzt hat:

- ❏ Es sind unterschiedliche oder ähnliche Bilder des Teams entstanden.
- ❏ Jedes Bild stellt symbolisch Teamaspekte dar – durch Nähe und Distanz, Größe der Figuren und durch deren Formen.

3. Auswertung

Jedes Teammitglied hat nun wieder das eigene Spielbrett vor sich.

Reihum erklärt jede Person wie sie die eigene Befindlichkeit im Team dargestellt hat und wie sie die Position der anderen Teammitglieder zu sich selbst deutet.

Andere können dazu Stellung nehmen und ihre eigene Gestalt auf dem Spielbrett der betreffenden Person erklären.

Variante für die Auswertung in Gruppen über 8 Personen

In größeren Gruppen wird es nicht möglich sein, dass für jede Person eine andere Farbe zur Verfügung steht. Auch der Feedbackprozess geschieht besser in wechselnden Paargesprächen.

Wenn in einem Team von 12 Personen jedes Teammitglied mit jedem anderen Teammitglied spricht, dauert dieser Prozess 60 – 90 min. Der Prozess des Modellierens bleibt auch bei 12 Personen gleich.

Die Knetmassen bilden auch hier einen wirksamen, anschaulichen Einstieg.

Klare Feedbackregeln sind wichtig!

Person A spricht über sich selbst:

1) *„Meine Position auf deinem Spielbrett ..."*
2) *„Ich schätze an dir ..."*
3) *„Ich wünsche mir von dir, dass du im Team mehr ..."*

Person B hört zu, ohne Stellung zu nehmen.

Danach spricht Person B, ausgehend vom Spielbrett der Person A zu denselben Themen.

Lösungsfindungs-Pool

Strukturierte Problembearbeitung

Idee: nach: Königswieser Roswitha und Exner Alexander: Systemische Intervention, Architekturen und Designs für Berater, Stuttgart, 1998, (Klett-Cotta), S. 273) erweitert von Paul Lahninger und Reinhold Rabenstein. Originaltitel: Problemlösungszwiebel
Absicht: Problemlösung, Entscheidungshilfe: Sichtweisen erweitern
Arbeitsform: Es wird in 2 konzentrischen Kreisen – Innenkreis und Außenkreis – gearbeitet. Manche nennen diese Struktur „Zwiebel", üblicherweise wird sie jedoch „Pool" genannt.
Hinweis: Eingrenzung: Die Methode ist wenig geeignet für die Moderation heißer Konflikte der Anwesenden.
Dauer: ab 1 Std., je nach Gruppengröße
Gruppengröße: 6 bis 24 Personen

3 Schritte werden arbeitsteilig und gleichzeitig vollzogen:

Problembeschreibung – Hypothesenbildung – Lösungsfindung

Einzelne Gruppen konzentrieren sich jeweils auf einen bestimmten Schritt im Problemlösungsprozess. Die klare Trennung der 3 Schritte fördert wesentlich die Lösungsqualität.

1. Gruppenbildung 10 min.

Einteilung in **3 Gruppen**:

A die Problembeschreibungsgruppe

B die Hypothesenbildungsgruppe

C die Lösungsfindungsgruppe

Jede Person überlegt, wie sehr sie sich von der Problemsituation betroffen fühlt. Günstig ist, wenn die am meisten emotional betroffenen Personen in der Problembeschreibungsgruppe tätig sind, die am wenigsten Betroffenen in der Lösungsfindungsgruppe.

Gruppe A sitzt im Innenkreis, darum herum die anderen beiden Gruppen.

Openchair: Im Innenkreis wird zusätzlich ein freier Stuhl bereit gehalten, auf dem jeweils eine Person aus dem Außenkreis für die Dauer einer Wortmeldung Platz nehmen kann.

2. Problembeschreibung 20 min.

Gruppe A **spricht**, um die Situation – auch emotional – zu beschreiben.

Die Moderation kann zur Vertiefung des Verständnisses förderliche Fragen stellen: *Was ist die kleinste, was die größte Schwierigkeit dabei? Wie nehme ich die Problemsituation wahr?*

Gruppe B **hört zu** und formuliert bereits während dieser Phase Hypothesen, also mögliche Gründe dafür, warum das Problem besteht bzw. aufrechterhalten wird.

Wichtig ist zu betonen, dass Hypothesen nur Annahmen und Konstruktionen sind.

Gruppe C **hört ebenfalls zu** und notiert bereits Lösungsansätze.

3. Hypothesen veröffentlichen 20 min.

Gruppe B sitzt im Innenkreis und tauscht Hypothesen aus:

- ❏ *Wie kam es zur Problemsituation?*
- ❏ *Was steckt dahinter?*
- ❏ *Was hält das Problem aufrecht?*
- ❏ *Welchen Nutzen bietet das Problem?*

Gruppe A und C im Außenkreis hören zu.

4. Lösungsideen veröffentlichen 20 min.

Gruppe C sitzt im Innenkreis und tauscht ihre Lösungsansätze aus, die auf den Äußerungen der anderen beiden Gruppen aufbauen: Was alles ist denkbar, um die Situationen zu verbessern/zu lösen?

Gruppe A und B im Außenkreis hören zu.

- ❏ *Welche Alternativen zu handeln sehen wir?*
- ❏ *Welche Impulse können eine Veränderung bewirken?*

5. Lösungen auswerten 20 min.

Alle gemeinsam werten nun die Lösungsvorschläge von Gruppe C aus und können diese noch ergänzen. Dann bestimmen die zur Entscheidung Autorisierten, was getan wird.

Variante Team und Teamleitung in 2 Phasen

Für die Moderation eines Teams inklusive der Führungskraft hat sich folgende Variante bewährt:

In jeder Phase kommen zunächst alle Teammitglieder zu Wort, danach die Teamleitung.
Das bedeutet, dass die Teamleitung in allen 3 Phasen zu Wort kommt.

Die Moderation hat die herausfordernde Aufgabe, die Führungskraft jeweils anzuleiten, aus eigener Sicht Problembeschreibung, Hypothesenbildung und Lösungsideen zu formulieren – und in jeder Phase ausschließlich die entsprechenden Fragen zu beantworten und zugleich die Sichtweisen und Ideen der Teammitglieder gelten zu lassen.

Beispiele

Lösungsfindungspool

Praxisbeispiel

Kritische Clique

An einem Managementlehrgang nahmen Personen mit stark unterschiedlichen Erwartungen teil, insbesondere zwei Trainer für Erlebnispädagogik hatten deutlich andere Erwartungen als der Großteil der Gruppe.

Diese beiden bildeten mit 2 bis 3 anderen Personen eine Art Clique – oft in kritischer Distanz zum Seminargeschehen – und beteiligten sich bei manchen Aufgaben nur halbherzig oder betont zurückhaltend. Dies führte zu Spannungen in der Gruppe.

Ein Ansprechen der Situation durch die Trainer brachte wenig. Die Stimmung in einem der Lehrgangsseminare war deutlich getrübt, sodass das Schlussfeedback mancher Personen unangenehm ausfiel.

➨ externe Moderatorin

Die Trainer entschieden sich, eine Kollegin als externe Moderatorin zu bitten, die Situation zu bearbeiten. Sie luden alle Personen im Lehrgang zu einer freiwilligen, zusätzlichen Arbeitseinheit direkt vor Beginn des nächsten Seminars ein.

Fast alle nahmen dieses Angebot wahr und kamen zwei Stunden früher zum Seminar.

➨ Methode Lösungsfindungs-Pool

Die externe Moderatorin bat die Lehrgangstrainer die Situation und das Anliegen zu benennen und leitete die Lehrgangsgruppe mit der Methode Lösungsfindungs-Pool.

- ❑ Die Unzufriedensten oder von der Spannung in der Gruppe am meisten Betroffenen beschrieben die Situation aus ihrer Wahrnehmung. Danach nahm das Leitungsteam Stellung.
- ❑ In der zweiten Phase sammelten weniger stark Betroffene Hypothesen zur Situation.
- ❑ In der dritten Phase erfanden die am wenigsten betroffenen Personen Lösungsideen für die Situation in der Lehrgangsgruppe, unter anderem wurden als Ideen engagierte Beteiligung, klares und sofortiges Ansprechen von Störungen genannt sowie der offene Kontakt zu anderen Personen in der Lehrgangsgruppe.
- ❑ Diese Ideen wurden in der Form ausgewertet, dass jede der anwesenden Personen mit Unterschrift zu der Idee an der Pinwand öffentlich deutlich machte, welche dieser Lösungsideen sie selbst durchführen werde.

Die Situation war deutlich entspannt, die Rückmeldung zu dieser Intervention ausgezeichnet und das nächste Seminar verlief ohne weitere Störungen und mit sichtbarem Engagement, gerade der Personen, die vorher eher distanziert geblieben waren.

Praxisbeispiel

Hohe Belastung verkraften

Eine weitere erfolgreiche Anwendung des Lösungsfindungs-Pools moderierte ich in einem Team, das durch besondere Rahmenbedingungen in den letzten Monaten mit Überforderung zu kämpfen hatte und in dem sich viele Personen an der Grenze ihrer Energien empfanden.

Auch hier wurde arbeitsteilig gearbeitet: die Situation beschrieben, Hypothesen gesammelt und Lösungsideen aufgelistet, die danach ausgewertet wurden, wobei hier eine Prüfung der Ideen bezüglich der Realisierungsmöglichkeit vor der persönlichen Prioritätensetzung wichtig war.

Ideen, sich zu entlasten, Prioritäten in der Arbeit anders zu reihen, manche Arbeiten auf einen späteren Zeitpunkt zu terminisieren, wurden so gemeinsam beschlossen.

Die Mitglieder empfanden diese Arbeitseinheit als klärend und motivierend.

Auch in einem aktuellen Energie- und Stimmungstief hat sich der Lösungsfindungs-Pool, spontan und zügig eingesetzt, erfolgreich bewährt.

ARBEITSBLATT

Lösungsfindungsimpulse

Kreative Lösungssuche in spannungsgeladenen Situationen

Idee: Paul Lahninger
Absicht: Konfliktlösungen durchdenken
Arbeitsform: Einzelarbeit
Dauer: 10 Minuten

Oft hilft es in spannungsgeladenen Situationen weiter, die Positionen zu verändern. Auch den realen Blickwinkel zu wechseln, indem wir den Sitzplatz tauschen, kann zu neuen Lösungsideen beitragen!

1. Schreib möglichst vielfältig deine Interessen auf, die von dem Konflikt berührt sind / die du in Bezug auf die andere Konfliktpartei hast:
2. Sammle möglichst vielfältig die Interessen der anderen Konfliktpartei:
3. Welche witzige, närrische Idee würde euch einen Impuls geben:
4. Wenn eine gute Fee dir einen Wunsch gewähren würde, um die Situation zu verbessern, was würdest du dir wünschen:
5. Was, meinst du, wünscht sich die andere Partei von der Fee für den Konflikt:
6. Wenn ein kleiner Teil dieser Wünsche erfüllt wird, wie äußert sich das:
7. Welche Lösung würde ein Kind finden / welche eine weise „erleuchtete" Persönlichkeit:
8. Welche Lösung könnte / würde die andere Konfliktpartei vorschlagen, wenn sie sich von dir verstanden und wertgeschätzt fühlt:
9. Welche Lösung entspräche einem neutralen, weisen Schiedsrichter:
10. Welche Idee erfüllt möglichst viele Interessen *beider* Parteien:

Auswertung der Ideen und Entscheidung:

Was ist hilfreich:

Was traust du dir zu:

Was ist dein erster Schritt:

ARBEITSBLATT

U-Prozedur – Vision und Lust auf's Ziel

Konkrete Verbesserungsschritte erarbeiten

Idee: Paul Lahninger
Absicht: Selbstreflexion und kollegiale Beratung, um konkrete neue Impulse zu setzen
Arbeitsform: Gruppenarbeit
Dauer: 30 – 60 min.
Material: Plakatpapier, Stifte oder Pinnwand und Moderationskärtchen. (Auch in einer Kleingruppe von 3 Personen unterstützt plakatives, für alle gut sichtbares Festhalten aller Beiträge die konstruktive Lösungsfindung.)

Die Idee der U-Prozedur[1] bedeutet: Sich in ein Thema vertiefen und nach dem Wendepunkt dann hocharbeiten bis zur Entscheidung. Für die Präsentation der Gruppenarbeit im Plenum bitte die wichtigsten Stichworte auswählen und damit ein Plakat gestalten!

1. Konkrete Situation
Als Schlagzeile kurz benannt wie auf der Titelseite einer Zeitung:

2. Ziel
Was will ich verbessern:

3. Lust auf Veränderung
Auf welche Neuansätze habe ich Lust:

4. Vision
Wie stelle ich mir eine positive Veränderung vor:

5. Widerstände
Welche hinderlichen, hemmenden Faktoren in mir und in anderen sind wahrscheinlich:

6. Werte der Widerstände
Welche Werthaltungen wirken dem Veränderungsimpuls entgegen:

7. Kreative Ideen
Welche Chancen sehe ich, Widerständen Raum zu geben, sie in ungewohnten, auch paradoxen Ansätzen einzubeziehen:

8. Unterstützung
Wie kann ich freudvolle Energien für eine Veränderung stärken:

9. Strategien
Welche Wege sehe ich, realen Spielraum für Veränderungen zu nutzen:

10. Entscheidung
Was ist mein erster konkreter Schritt:

1 Idee der U-Prozdur: nach Friedrich Glasl: siehe auch „Leiten · präsentieren · moderieren", S. 105

Konflikte als Lernchance

Idee: Paul Lahninger, nach systemischen Ansätzen
Absicht: selbstkritische Reflexion im Zusammenhang mit einem konkreten Konflikt
Arbeitsform: Einzelarbeit oder Interview durch coachende Begleitung. Empfohlen ist das Nachdenken in Bewegung, z.B. bei einem Spaziergang.
Dauer: 20 – 30 min
Hinweis: Sie können sich auch auf eine oder mehrere ausgewählte Fragen aus diesem Interviewleitfaden beschränken, insbesondere, um dieser Frage mehrmals – z.B. im Zeitraum von 3 Tagen – nachzugehen.

Wenn andere uns nerven, kann die folgende herausfordernde Hypothese uns erstaunliche Perspektiven eröffnen:

Ein Konflikt ist eine gemeinsame Erfindung der Beteiligten.

- ❏ Was hast du dazu beigetragen, um die jetzige Situation gemeinsam mit der Konfliktpartei zu erschaffen:

- ❏ Welchen Vorteil, welchen direkten und indirekten Nutzen hast du und welchen Vorteil haben andere durch diesen Konflikt (und sei es ein noch so indirekter Nutzen):

- ❏ Wenn du dir vorstellst, es gibt eine Entsprechung des äußeren Konflikts in deinem Inneren: Welche deiner Bedürfnisse, Interessen, Motive, sind die inneren „Streitparteien“:

- ❏ In welchen Situationen wählst du selbst ein Verhalten, das dir jetzt an der Konfliktpartei unangenehm ist:

- ❏ Erinnere vergleichbare Situationen, in denen du einen ähnlichen Konflikt erlebt hast – was hast du damals gelernt:

- ❏ Welchen Sinn kannst du heute dieser Erfahrung geben:

- ❏ Worin liegt die Herausforderung, an der Veränderung der Situation zu arbeiten, und worin, die Situation so anzunehmen, wie sie ist: Welche der beiden Varianten ist für dich schwieriger:

- ❏ Angenommen, das Leben hat dich in genau diese Situation geführt, damit du etwas daraus lernst, was könnte das sein:

Körperübungen mit Widerstand

New Dance – Experimente zur Contact Improvisation

Idee: Tradierte Übungen aus New Dance, beschrieben von Judith Kirchmayr-Kreczi, AGB
Absicht: Körperwahrnehmung von Widerstand
Arbeitsform: Paarübung
Beschwingte Musik unterstützt das Bewegungsexperiment.
Dauer: je nach Intensität und Offenheit der Gruppe für Berührung 5 bis 20 min.
Hinweis: In Gruppen, in denen die Erfahrung, einander körperlich zu berühren neu ist, können die Beteiligten im Paar klären, welche Körperteile sie in die Übung einbeziehen wollen.

1.

Person A legt eine Hand an einen beliebigen Punkt von Person B.

z.B. auf einen Ellbogen

Person B beantwortet die Berührung mit Widerstand in einer Gegenbewegung ausgehend von dem berührten Körperteil.

z.B. der Ellbogen drückt gegen die berührende Hand nach hinten, der Oberkörper pendelt mit.

Nach ein paar Bewegungen wechseln A und B die Rollen.

2.

Person A gibt Impulse durch Berührungen wie oben.

Person B beantwortet die jeweilige Berührung mit einer nachgebenden Bewegung ausgehend von dem berührten Körperteil.

z.B. der von hinten berührte Ellbogen schwingt nach vorne.

Nach ein paar Bewegungen folgt ein kurzes Paargespräch über die Erfahrung, z.B.: *War es mir angenehmer, der Berührung zu folgen oder mit Widerstand zu reagieren?*

3.

Person A gibt Impulse durch Berührungen.

Person B reagiert beliebig: einmal nachgebend, einmal mit Widerstand.

Indem die Bewegungen ausladender werden, kann daraus eine Art Tanz entstehen.

Abschluss: Kurzer Austausch in der Gruppe.

Statuenarbeit zur Unlust

Idee: Paul Lahninger und Reinhold Rabenstein
Absicht: Stärkung der Körperwahrnehmung für die Bewältigung von Situationen mit Unlust
Arbeitsform: Paare verteilt im Raum
Dauer: 2-mal je 5 – 7 Minuten

Die Anwesenden werden eingeladen, sich je eine Situation zu vergegenwärtigen, in der sie etwas tun und zugleich Unlust empfinden.

Beispiel: Ich erledige einen Stapel von Büroarbeit, möchte jedoch schon längst etwas anderes tun.

Person **A** beginnt und zeigt B eine Körperhaltung, die diese Situation der Unlust symbolisch ausdrückt.

Beispiel: *Ich beuge mich über einen fiktiven Schreibtisch, halte die Hände wie Scheuklappen, während die Füße wie zum Sprint in eine andere Richtung verdreht sind.*

Person **B** betrachtet diese Körperstatue und übernimmt diese dann.

Person **A** richtet sich auf und betrachtet B von mehreren Seiten.

A kann eventuell den Ausdruck von B noch verstärken und darum bitten, dass B einen Körperteil verändert, um die Spannung dieser Unlustsituation noch deutlicher auszudrücken.

Person **B** beschreibt daraufhin die Wahrnehmung der Körperempfindung.

Beispiel: *Ich fühle mich gekrümmt. Mein Rücken beginnt zu schmerzen, ich habe wenig Ausblick und fühle mich zerrissen zwischen den Beinen, die weg wollen, und dem Kopf, der sich nach unten neigt.*

Person **A** dankt für diese Beschreibung und nimmt nun selbst wieder die symbolische Haltung der eigenen Unlustsituation ein.

Person **B** betrachtet diese Körperstatue und klärt, ob sie A berühren darf.

Wenn ja dann modelliert B die Körperstatue von A ein wenig um, sodass sich eine Erleichterung oder Verbesserung ergibt.

Wenn nein dann beschreibt B die Verbesserung und A verändert aufgrund von diesem Impuls die eigene Körperstatue.

Beispiel: *„Richte dich ein wenig auf und nimm die Hände von den Augen."*

Person **A** beschreibt nun die Verbesserung der Statue in Form von Körperwahrnehmung.

Beispiel: *„Ich habe einen besseren Stand und gewinne Überblick."*

Nun beendet Person A die Körperstatue und bespricht mit Person B, was diese Verbesserung der Körperhaltung in der Realität bedeuten kann.

Beispiel: A: *„Die Beine am Boden – das kann für mich heißen, mir die Bedeutung, das Ziel meiner Aufgabe bewusst zu machen, sozusagen festen Boden unter den Füßen zu bekommen, indem ich weiß, was ich tue.*

Die Hände vom Gesicht nehmen, das kann bedeuten, mir Überblick zu verschaffen, was alles zu tun ist und das in eine Ordnung zu bringen. Ich denke, Prioritäten setzen ist eine wichtige Möglichkeit. Gut, ich werde mehr auf Prioritäten achten, wenn ich wieder in diese Spannung am Schreibtisch gerate, danke für deine Unterstützung."

Wechsel: Nun beginnt B eine Unlust-Situation darzustellen und A unterstützt die Wahrnehmung und das Erfinden einer Erleichterung.

In einer **Gruppe** kann zum Abschluss reihum jede Person einen Aspekt des Erarbeiteten in einer Körperstatue und in einem prägnanten Satz ausdrücken.

Beispiel: A steht mit den Händen als Scheuklappen vor den Augen, nimmt diese weg und sagt dazu: *„Ich gewinne Überblick über meine Tätigkeiten und setze mir klare Prioritäten."*

Schiebekampf zur Zielsetzung

Ergebnisse von Selbstreflexion verstärken

Idee: Paul Lahninger
Absicht: Verstärkung von persönlicher Zielorientierung durch spielerischen Kampf mit einem möglichen, eigenen Widerstand.
Arbeitsform: Paare, am besten in 2 Reihen als Gasse aufgestellt.
Dauer: 3 bis 5 Min.

Auswertungsfragen zum persönlichen Nutzen der Zusammenarbeit orientieren sich an den Zielen Eigenmotivation und Autonomie.

Hilfreiche Fragen zielen auf den individuellen Schwerpunkt und verstärken die positive Auswahl und Verarbeitung von Gelerntem bzw. gemeinsam Erarbeitetem.

Eine lustvolle Möglichkeit, Ergebnisse von Selbstreflexion zu verstärken, bietet die folgende Körperübung:

- ❏ Paare stehen einander in zwei Reihen so gegenüber, dass die Gesamtgruppe eine Gasse bildet. Auf einer Seite stehen Personen (A) in einer Reihe – ihnen gegenüber Personen B, ebenfalls in einer Reihe. Diese Doppelreihe soll so aufgestellt sein, dass hinter der Reihe B einige Meter Raum frei ist.

- ❏ Die Personen in der Reihe A beginnen und formulieren gegenüber B ihre persönliche Auswertung in einem möglichst prägnanten und knappen Satz, positiv und in der Gegenwart formuliert.

  Beispiel: In einem Motivationsseminar könnten diese Sätze beispielsweise lauten: *„Ich beachte Widerstände als Bedürfnisse der Beteiligten."* oder: *„Ich sehe die Fülle der Interventionsmöglichkeiten und wähle passende Formen für mich und die Zielgruppe."* oder: *„Ich spreche mit meinem Team über Autonomie und das Ausmaß der Eigenverantwortung und hole Wünsche ein, dieses Ausmaß zu verändern."*

- ❏ Nachdem jede Person in der Reihe A ihren Leitsatz zur Umsetzung gefunden hat, legt sie ihre Hände in Schulterhöhe gegen die Hände von Person B.

  Person **A** hat jetzt die Aufgabe ihren Zielsatz mehrmals kraftvoll auszusprechen und dabei Person B weg zu schieben.

  Person **B** hat den Auftrag, Widerstand zu leisten und diesen je nach Wunsch auch zu formulieren.

Folgende **Spielregel** ist dabei unbedingt einzuhalten: Es geht nicht um Kräftemessen, sondern darum, Widerstand zu Spüren. Person B setzt Kraft ein und weicht dabei langsam zurück, sodass sich Person A vorwärts bewegt, während sie ihren Zielsatz ausspricht. Wenn Person B auch Worte verwendet, so kann dies einfach ein „Nein, das tust du ja doch nicht." oder ein Gegenargument sein.

Daraus entwickelt sich ein spaßiger Kampf, der üblicherweise laut wird. Die Person A spürt dabei ihre Kraft und bestärkt sich auf sinnliche Weise in ihrem Ziel. Danach werden die Positionen gewechselt und nun sind die Personen der Reihe B dran, ihren Zielsatz zu formulieren und diesen kraftvoll und gegen den Widerstand ihres Gegenübers in der Vorwärtsbewegung auszudrücken.

Positionen im Raum als Input

Die Beziehung von Menschen zueinander wird oft in der räumlichen Anordnung sichtbar: Nähe und Distanz, Zuwendung und Abwendung drücken wir unbewusst durch die Position aus, die wir zueinander einnehmen.

Umgekehrt bekommen wir Informationen über ein soziales System, wenn wir die räumliche Anordnung der Beteiligten beachten. Das ist auch das Prinzip der Aufstellungsarbeit, die sehr hilfreich ist, systemische Dynamik sichtbar und bearbeitbar zu machen.

Die Bedeutung der Anordnung im Raum wirkt auch in einfachen Übungen: Durch Einnehmen und Verändern von Positionen beziehen wir eine zusätzliche Ebene.

Beschreibung aus der Metaebene

Idee: Paul Lahninger, nach: AGB-Tradition
Absicht: Zusammenhänge aus der Distanz beschreiben
Arbeitsform: in unterschiedlichen Settings einsetzbar, z.B.

- ❑ um Widerstände anzusprechen
- ❑ um eine festgefahrene Diskussion weiterzubringen
- ❑ um am Ende einer Besprechung eine Rückmeldung zu geben
- ❑ um nach einer Lerneinheit persönliche Vertiefung anzuregen

Dauer: 1 min. pro Person oder je nach Vorgabe

Im Verlauf oder am Ende einer thematischen Auseinandersetzung werden die Beteiligten aufgefordert aufzustehen, sich hinter ihren Stuhl zu stellen und sich kurz Zeit zu nehmen, mit etwas Abstand zum Thema hinzuschauen.

Zum Beispiel: *„Genieße es, von außen einen guten Blick auf die Vorgänge zu gewinnen, vielleicht gelöst, mit Überblick hinzuschauen: Was siehst du aus dieser Distanz, das hier drinnen abläuft?"*

Dann werden die Beteiligten gebeten, der Reihe nach jeweils mit wenigen Worten ihre „Außensicht" darzustellen, ohne darüber zu diskutieren.

Positionen wechseln

Idee: Paul Lahninger, nach: AGB-Tradition
Absicht: neue Sichtweisen begünstigen
Arbeitsform: im Kreis oder um einen Tisch sitzend
Dauer: 1 min. für den Wechsel

Diese Methode regt an, durch Wechsel der Position im Raum die eigene Sichtweise neu zu betrachten.
Zum Beispiel:

- ❏ um heftige Konfrontationen zu unterbrechen
- ❏ um Widersprüche zu lockern
- ❏ um weitere Ideen anzuregen
- ❏ um Konfliktlösung zu begünstigen

Im Verlauf einer Diskussion oder Lösungssuche werden die Beteiligten gebeten aufzustehen, ihre bisherige Position bewusst zu verlassen, ein paar Schritte zu gehen, um eine neue Sicht auf das Thema zu gewinnen und von dort weitere Ideen/Lösungsvorschläge einzubringen.

Hinweis: Nachdem jede Person einen neuen Platz eingenommen hat, ist es günstig, wenn sich alle noch kurz Zeit nehmen, um die neue Blickrichtung bewusst wahrzunehmen und darauf zu achten, was sich durch den Wechsel der Position verändert hat.

Diese Sichtweisen können in kleineren Gruppen stehend, im Raum verteilt eingebracht werden. In Gruppen ab etwa 9 Personen wird es günstiger sein, wenn die Beteiligten sich wieder in den Gesprächskreis setzen, jedoch bewusst auf einen anderen Stuhl als vor dieser Unterbrechung.

Am besten beginnt die Weiterarbeit mit einer „Runde", indem jede Person ein paar Sätze sagt, die zunächst nicht diskutiert werden, sodass jede Person gleichermaßen gehört wird.

Zustimmungs-Aufstellung

Idee: Paul Lahninger, nach AGB-Tradition
Absicht: Auseinandersetzung strukturieren, heftiges emotionales Hin und Her unterbrechen, alle Anwesenden einbeziehen, Überblick über die Zustimmung der Anwesenden bekommen
Arbeitsform: im Kreis stehend
Dauer: je nach Zielsetzung und Teilnehmer-Zahl, für die Beantwortung einer konkreten Frage z.B. 2 bis 10 min pro Person

Die Anwesenden werden gebeten, sich im Kreis aufzustellen, und aufgefordert einzuschätzen, wie sehr sie sich von einer konkreten Fragestellung betroffen fühlen.
(Unterstützend für diese Aufgabe kann z.B. eine Skala von 0 bis 10 gedacht werden.)

Mögliche Anleitung:

- ❏ Nachdem du dich entschieden hast, zeige das Ausmaß deiner Zustimmung mit einer Hand vor deinem Körper auf einer imaginären Skala: 0 ist in der Höhe des Bauchnabels, 10 ist Augenhöhe.
- ❏ Nun stellt euch bitte der Reihe nach so auf, dass die Person, die die wenigste Zustimmung anzeigt, hier als erste links neben mir steht, und die Person, die die höchste Zustimmung anzeigt, hier rechts neben mir steht.
- ❏ Alle anderen bitte ich, sich je nach eigener Einschätzung der Reihe nach von links nach rechts einzuordnen.

Sie können auch ein anderes Aufstellungskriterium wählen, z.B. die Frage, wie sehr sich Beteiligte von einer Veränderung betroffen fühlen.

Verschiedene Möglichkeiten der Weiterarbeit sind jetzt möglich, z. B. ein Paargespräch mit einer Person vom anderen Ende der Skala oder ein Spiral-Gespräch ...

Für eine längere Auseinandersetzung werden sich die Anwesenden nun in dieser Formation niedersetzen.

Konflikt-Gegner hören von außen

Idee: AGB-Tradition
Absicht: Unterbrechung einer Auseinandersetzung zweier Teammitglieder, um Entspannung, Klärung und Lösung zu begünstigen
Arbeitsform: Gespräch im Kreis
Dauer: je nach Gruppengröße und Thema

Nachdem bei einer Auseinandersetzung zweier Teammitglieder beide Konfliktparteien im Kreis gehört wurden, werden diese aufgefordert, sich außerhalb des Kreises eine gute Position zu wählen, von der sie dem weiteren Gespräch zuhören und etwas mehr Überblick und Distanz gewinnen können.

Die anderen Personen sprechen im Kreis über den Konflikt der beiden, die nun außerhalb des Kreises stehen und zuhören.

Danach werden diese beiden Personen wieder hereingebeten, um in der Runde darzustellen, was das Zuhören bei ihnen ausgelöst und was sich in dieser Zeit für sie verändert hat.

Diese Übung dient dazu, die eigene Position zu klären und Positionen anderer wahrzunehmen, um z. B.:

- ❑ zu einem gemeinsamen Projekt Stellung zu nehmen,
- ❑ Widerstände zu deklarieren,
- ❑ persönlichen Austausch zu vertiefen,
- ❑ einen Standpunkt detailliert darzustellen,
- ❑ eine Entscheidung vorzubereiten.

Spiral-Gespräch

Idee: Paul Lahninger, nach AGB-Tradition
Absicht: Positionen klären, alle einbeziehen
Arbeitsform: im Kreis sitzend
Dauer: je nach Situation und Gruppengröße

Es geht in dieser Übung nicht darum sich zu einigen, sondern darum, die eigene Position zu klären und Positionen anderer wahrzunehmen.

- ❑ Jede Person kommt der Reihe nach zu Wort.
- ❑ Alle sollen gleichermaßen gehört werden.
- ❑ Jede Person so oft wie sie möchte.

Je nach Emotionalität des Themas kann es günstiger sein,

- ❑ die weniger Betroffenen zuerst zu Wort kommen zu lassen, um eher sachliche Stellungnahmen an den Anfang zu setzen oder
- ❑ den am meisten Betroffenen zuerst das Wort zu erteilen, um emotionale Standpunkte rasch auf den Tisch zu bekommen.

Gesprächsregel

- ❑ Der Reihe nach kommt jede Person zu Wort. Dies wird so lange reihum fortgesetzt, bis die Frage in allen Details beantwortet ist. So ergeben sich mehrere Runden hintereinander, die wie in einer Spirale Vertiefung, Deeskalation, Klärung unterstützen.
- ❑ Jede Person, die nichts (mehr) sagen möchte, kann das Wort an die nächste Person in der Runde weitergeben, die Reihenfolge ist jedoch immer einzuhalten!
- ❑ Ein direktes Antworten auf andere ist nicht erlaubt, erst wenn Beteiligte wieder an der Reihe sind, können sie sich auf andere Wortmeldungen beziehen.

Normalerweise werden die meisten nach zwei bis drei Durchgängen ihre Position ausreichend dargestellt haben, sodass dann nur mehr Einzelne etwas hinzufügen wollen, so werden die Runden immer kleiner.

4-Spiralen-Gespräch

Beschreibungen + Hypothese + Lösungsideen + Auswahl = Entscheidung

Entsprechend der Idee des Lösungsfindungs-Pools werden vier Spiral-Gespräche durchlaufen:

1. Was nehmen wir wahr? ...
   (z.B. in Bezug auf einen konkreten Konflikt)
2. Welche Vermutungen haben wir über die Hintergründe? ...
   (Hypothesen sammeln)
3. Welche Lösungsideen finden wir? ...
   (kreativ, zunächst ungeprüft vorschlagen)
4. Welche Idee bevorzugt jeder einzelne der Beteiligten? ...
   (eventuell mit Begründung)

Nach diesen vier Spiral-Gesprächen wird je nach Teamkultur eine Entscheidung getroffen, z.B. durch Mehrheitsabstimmung oder durch Delegieren an Verantwortliche.

Die Vorgabe, jede Person könne so oft zu Wort kommen, wie sie möchte, wirkt für manche ermutigend. Die Zielsetzung des Gesprächs, jede Person zu hören, jede Sichtweise darzustellen, ohne sich dabei auf eine Position einigen zu müssen, wirkt meist entspannend.

Diese Regeln begünstigen offenen Austausch und effektiveres Weiterkommen wesentlich mehr als in einer üblichen Pro und Kontra Diskussion, die oft von emotionalen oder durchsetzungsstarken Personen bestimmt wird.

Positionenspiel zur Nachhaltigkeit

Umsetzung konkretisieren und verstärken

Idee: Paul Lahninger
Absicht: Persönliche Ziele konkretisieren und Nachhaltigkeit unterstützen, z.B. am Ende eines Seminars oder einer Team-Klausur
Arbeitsform: einzeln, abschließend Bericht in einer Kleingruppe
als Variante auch in Paararbeit
Dauer: 5 bis 7 min. plus Austauschzeit im Gespräch je nach Gruppengröße

Das Auffinden, Spüren und Nachdenken in jeder Position wird plenar angeleitet: ruhig, leicht meditativ.

Suche für jeden der 3 Schritte eine passende Position im Raum. Stell dich dorthin und lass Ideen und Regungen zu der entsprechenden Fragestellung auftauchen.

Position 1: *Welcher Arbeitsschritt hier war für dich besonders hilfreich? ...*

Position 2: *Was ist die kleinste Veränderung, die dir diese Arbeit bringen wird? ...*
In welche Richtung geht es von dort weiter? ...
Worauf schaust du, wenn du an erfolgreiche Umsetzung denkst? ...

Position 3: *Gib dir selbst einen Tipp für nachhaltiges Weiterkommen in diese Richtung.*

Einsatz oder Ausweg – Aufstellung

Idee: Paul Lahninger
Absicht: Klären und Deklarieren individueller Motivationen
Arbeitsform: Beteiligte bewegen sich im Raum
Dauer: 1 bis 3 min. für die Aufstellung, dann etwa 2 min. pro Person

In diesem Experiment nehmen die Beteiligten Stellung zu einem aktuellen Projekt / Arbeitsthema. Die Moderation beschreibt die beiden Pole:

Einsatz Das Beste aus der Situation machen: Du investierst deine Energien um mitzuwirken und deine Interessen einzubringen.

Ausweg Sich gegen das Projekt / Thema entscheiden:
Du möchtest dich nicht beteiligen.
Du investierst deine Energien, um die Situation zu verlassen, um einen Ausweg zu finden.

Die beiden Pole „Einsatz" und „Ausweg" werden mit je einem beschrifteten Blatt Papier am Boden markiert. Nun werden die Beteiligten aufgefordert, eine Position im Raum zu wählen, die ihren Motiven entspricht.

Nahe am Pol **„Einsatz"** bedeutet: Motivation für das Projekt.

Nahe am Pol **„Ausweg"** bedeutet: keine Motivation für das Projekt.

Dazwischen gibt es eine Bandbreite von Abstufungen.

Wer Überblick braucht, kann sich auch entsprechend weiter weg stellen, z.B. um auf beide Pole gleichermaßen hinzusehen. Es ist wichtig, Zeit zu geben, damit die Beteiligten in Ruhe ihre individuelle Position finden können.

Das Gesamtbild dieser Position ist wesentlich eindrucksvoller als verbale Zustimmung oder Ablehnung. Meist ist es sinnvoll, jede Person zu bitten, einen Satz zur eigenen Position zu sagen.

Für die weitere Bearbeitung kann jede Person einen Gegenstand oder ein Namenskärtchen an die gewählte Stelle legen, um im Gesprächskreis Platz zu nehmen. Das Gespräch kann beispielsweise mit folgender Fragestellung begonnen werden:

- *„Was sagt dir das Gesamtbild der Position. Hat dieses einen Einfluss auf deine eigene Motivation?"*
- *„Was müsste/könnte geschehen, damit sich deine Position der Zustimmung verändert?"*
- *„Was wünschst du dir vom Team, das Einfluss auf deine Zustimmung hätte?"*
- *„Was kannst du selbst verändern, um deine Zustimmung zu erhöhen bzw. um zu einer eindeutigen Entscheidung zu kommen?"*

Praxisbeispiel

Lehrlinge im Betrieb

Lehrlinge im letzten Ausbildungsjahr wurden aufgefordert, sich bezüglich ihres Wunsches, nach der Lehre im Betrieb zu bleiben, auf der Skala „Einsatz oder Ausweg" aufzustellen.

Danach wurden die Jugendlichen nach

- guten, hilfreichen Erfahrungen,
- schwierigen und zugleich lehrreichen Erfahrungen sowie
- unangenehmen, veränderungswürdigen Erfahrungen im Betrieb gefragt.

Die Ergebnisse wurden aufgelistet, diskutiert und an die Ausbildungsverantwortlichen weitergeleitet.

Leben, leisten, lernen – Leitfaden für einen Teamprozess

Idee: Hermine Steinbach-Buchinger, Toni Wimmer, Paul Lahninger
Absicht: Klären von Bedürfnissen, Aussprechen von Aspekten der Zufriedenheit und Verhandeln von Wünschen für die Zusammenarbeit
Arbeitsform: Die Beteiligten bewegen sich frei im Raum, einzeln, paarweise, dann im Plenum.
Dauer: 45 – 60 min. für 8 Personen

leben

Stimmungen und Vertrauen im Team, Gefühls- und Beziehungsebene

Ergebnisse, Zusammenarbeit, Herausforderungen, Aufgaben organisieren

leisten

gemeinsame Weiterentwicklung, Visionen, Wissensaustausch, Einsichten gewinnen

lernen

3 Pole werden vorgestellt und im Raum dargestellt: Ein Dreieck am Boden, markiert mit einem Klebeband, unterstützt das Empfinden eines Kraftfeldes.

Hier eine Abfolge von Arbeitsschritten, für einen prägnanten Reflexionsprozess im Team:

1. Die Beteiligten werden eingeladen, zwischen den 3 Polen zu promenieren, dabei zu spüren: *Wie geht es mir mit der Qualität leben / leisten / lernen im Team?* *Welche Bilder tauchen dazu auf?*
2. Jede Person malt in jeder der drei Ecken für jeden Pol ein einfaches symbolisches Bild zu den eigenen Assoziationen: z.B. ein Piktogramm.
3. Paare finden sich zusammen. Eine Person beginnt und zeigt die eigenen Bilder, die andere Person äußert Vermutungen zu dem, was sie sieht. Danach werden die Bilder erklärt und die zweite Person im Paar zeigt ihre Bilder.
4. In der Gesamtgruppe des Teams werden zwei Fragen durch eine Aufstellung beantwortet:
   - *Womit im Team bin ich zufrieden?*
   - *Wo wünsche ich mir etwas?*

   Jede Person wählt einen Platz im Dreieck der Polaritäten, der ihre Zufriedenheit darstellt.
   Nachdem alle ihre Position der Zufriedenheit eingenommen haben, sehen sie sich um, um das Gesamtbild dieser Aufstellung wahrzunehmen.
   Ebenso sucht jede Person eine Position für ihren Wunsch:
   Zum Beispiel direkt beim Pol „lernen" – für den Wunsch nach mehr gemeinsamer Fortbildung – oder z.B. in der Mitte des Raumes – als Ausdruck des Wunsches, das Zusammenspiel der drei Aspekte zu verstärken.
5. Reihum formuliert jede Person zwei prägnante Sätze zur Zufriedenheit und zum Wunsch.
   Je nach Gruppengröße kann es sinnvoll sein, dazu im Kreis Platz zu nehmen. In einem kleinen Team kann das Aussprechen der Zufriedenheiten und Wünsche auch vom Platz aus in der Aufstellung passend sein.
6. Reihum spricht jede Person aus, was sie bereit ist, in Bezug auf die offenen Wünsche anzubieten und einzubringen.
   Mit diesen Aussagen kann der Prozess beendet werden.

Hinweis: Die Übungsabfolge ist auch zielführend für den Einstieg in eine Teamklausur, in der die Zufriedenheiten, die offenen Wünsche sowie die Angebote dazu schriftlich festgehalten werden. Im weiteren Verlauf werden sie aufgearbeitet, z.B. um konkrete Neuansätze zu entscheiden, neue Aufträge zu verhandeln oder Abläufe zu verbessern.

FÜHRUNGSKOMPETENZ TRAINIEREN

Mein Inneres Team

Idee: Reinhold Rabenstein, nach Schulz von Thun, Friedemann: Miteinander reden 3. Das innere Team und situationsgerechte Kommunikation, Hamburg, 8.Aufl. 2001 (rororo)

Wir nehmen unser Innenleben als Zusammenspiel unterschiedlicher Bedürfnisse wahr.
In vielen Situationen erleben wir diese verschiedenen Tendenzen, Gefühle und Absichten als verwirrend, selten bewerten wir innere Widersprüche als Reichtum.
Wir erleben uns komplex und möchten nicht kompliziert erscheinen. Doch auch der Anspruch, eindeutig zu sein, ist eine Stimme in unserem inneren Team.
Es ist hilfreich, davon auszugehen, dass Menschen ambivalent organisiert sind. Es gehört zu unserem Wesen, zu fühlen: „Einerseits möchte ich ... andererseits aber ..."

Ich moderiere mein „Inneres Team"

Die Idee des „Inneren Teams" kann in dieser Komplexität helfen.
Stellen wir uns vor, dass unterschiedliche Gefühle und Absichten in uns Dialoge, Streitgespräche führen.
Eine besondere Figur des inneren Teams ist die Figur der Gesprächsleitung.
Diese moderiert das Streitgespräch zwischen den Teilen und achtet darauf, jedem Teil Platz und Gehör zu verschaffen:

***Indem wir jede Stimme in uns wahrnehmen und achten
löst sich der innere Konflikt
und wir entwickeln Entscheidungsalternativen zum „Entweder-Oder".***

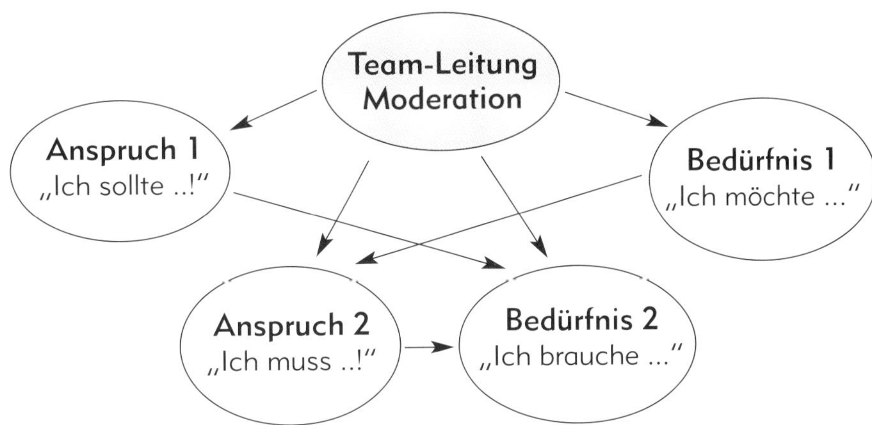

Übung Zusammenspiel von Ich-Instanzen

Idee: Paul Lahninger, nach: Schulz von Thun, Friedemann: Miteinander reden 3, Das innere Team, Hamburg 2001,
Absicht: Selbst-Coaching-Übung zum Bündeln innerer Energien
Arbeitsform: Einzelarbeit oder Paarübung: eine Person begleitet coachend
Dauer: 10 – 20 min für eine Person

Verschiedene innere Stimmen und Impulse widersprechen sich manchmal. Hier werden vier wichtige „Figuren" des inneren Teams konkret benannt und eingeladen aufzutreten.
Mit dieser Übung lassen sich konkrete Situationen bearbeiten, in denen wir mit uns selbst unzufrieden sind.

These:

Wer das eigene innere Team gut leitet, kann auch reale Teams wirksam leiten und fördern.

1. Situation und Positionen

- ❏ Benenne dein Anliegen ...
- ❏ Finde zu diesem Anliegen 4 Standpunkte im Raum für 4 Aspekte in dir selbst:
  Anspruch · Lust · Ziel · Moderation
- ❏ Nimm diese Positionen jeweils kurz ein und probiere typische Körperhaltungen ...

2. Impulse klären

- ❏ Frage aus der Position der Moderation die 3 anderen Positionen nacheinander um ihre Meinung.
- ❏ Nimm dann jede der Positionen ein und sprich in Ich-Form aus, was diese will:

Anspruch Ich soll ...

Lust ... Ich möchte ...

Ziel Ich werde ...

Kehre nach den Positionen Anspruch, Lust, Ziel jeweils in die Position der **Moderation** zurück und wiederhole das Gesagte (aktiv zuhören).

3. Koordinieren

Frage aus der Position der Moderation die 3 Positionen Anspruch, Lust, Ziel, wie diese noch besser zusammenwirken können.
Antworte als Anspruch, Lust und Ziel, wie du deine inneren Kräfte nutzen kannst.
Bedanke dich bei ihnen.

Viel Erfolg!

Beispiele Zusammenspiel von Ich-Instanzen

Beispiel A

1. Situation

Ich bin unzufrieden mit der Organisation meines Büro-Alltags!

2. Impulse klären

Anspruch: *„Ich muss alles schnell und gründlich erledigen."*

Lust: *„Ich möchte mich in kreative neue Aufgaben vertiefen."*

Ziel: *„Ich werde eine gute, realistische Einteilung erstellen."*

3. Koordinieren

Anspruch: *„Verschaff dir einen Überblick über alle deine Aufgaben! Wichtiges zuerst!"*

Lust: *„Wähle für Planungsarbeiten entspannte Zeiten, mit guter Stimmung. Achte neben Dringlichkeiten auch darauf, immer Arbeit einzuplanen, die Spaß macht.*

Ziel: *„Mach dir deine Arbeitseinteilung gut sichtbar. Finde eine gute Form Erfolge darzustellen!"*

Beispiel B:

1. Situation

Ich bin Team-LeiterIn; eine Person X mit großem Geltungsbedürfnis spricht dauernd.

2. Impulse klären

Anspruch: *„Ich muss doch allen gerecht werden."*

Lust: *„Ich möchte Person X am liebsten den Mund stopfen."*

Ziel: *„Ich werde eingreifen!"*

Moderation: *„Wie wirst du, Ziel, eingreifen?"*

Ziel: *„Ich werde Regeln für Redezeiten aufstellen."*

Moderation: *„Ich bitte euch, ihr drei Energien, noch besser zusammenzuwirken!"*

3. Koordinieren

Anspruch: *„Sag freundlich und bestimmt, was du zur Redezeit sagen willst."*

Lust: *„Steh auf und deute Person X mit beiden Händen, ruhig zu sein!"*

Ziel: *„Sag schon am Beginn des Teamgesprächs, dass du willst, dass sich alle etwa gleich stark beteiligen und schreib diesen Appell auf. Wenn Person X wieder so lange spricht, dann stehe entschieden auf, gestikuliere kräftig und bitte sie, anderen gleich viel Zeit zu geben."*

Moderation: „Danke, ihr 4 Energien, für euer Zusammenwirken!"

Metaphern als Ressource

Idee: Paul Lahninger und Reinhold Rabenstein
Absicht: Lösungs-Input für eine Rat suchende Person oder für ein gemeinsames Gruppenthema
Dauer: 20 – 60 Min., auch abhängig von der Gruppengröße

Diese Übung bietet spannenden Lösungs-Input für eine Rat suchende Person oder für ein gemeinsames Gruppenthema. Viel Erfolg!

1. **Jede-R wählt eine Kompetenz** (ca. 5 min.)
   Paargespräch: Beschreibe mit sinnlichen Wahrnehmungen eine Situation der freudigen Kompetenz etwas, was du gut kannst und gerne tust. Diese nennen wir hier **„Freak-Position"**. – Freak-Tätigkeiten, die möglichst weit vom Arbeits-Thema entfernt sind, sind günstiger!
2. **Problem-Beschreibung** (3 – 5 min.)
   Eine Rat suchende Person erzählt kurz von einem Problem, das sie lösen möchte, z.B. einen Konflikt. Auch ein Anliegen der Gruppe kann gemeinsam bearbeitet werden.
3. **Das Problem als Metapher beschreiben** (5 – 10 min.)
   Jede Person versetzt sich in ihre „Freak-Position" und nimmt diese sinnlich wahr. Aus dieser Position beschreibt nun jede Person das Problem als Metapher, so als hätte sie jetzt das Problem bei dieser Beschäftigung.
4. **Feedback** (3 – 5 min.)
   Die Rat suchende Person wählt aus den metaphorischen Situationsschilderungen jene aus, die sie besonders ansprechen.
5. **Lösungs-Metaphern** (5 – 10 min.)
   Jede Person veröffentlicht eine Lösungsidee – in der Sprache der eigenen Metapher. Die Moderation schreibt in Stichworten mit.
6. **Feedback und Abschluss**[1] (2 – 5 min.)
   Die Rat suchende Person wählt Metaphern aus, interpretiert diese. Die Übung kann ein blitzartiges Erkennen bewirken.

7 **Prozessreflexion** (3 – 5 min.)
   Die Beteiligten nehmen kurz zum Prozess Stellung.
   Dank an die Erfinderinnen und Erfinder!

Beispiele

	Eltern-Sohn-Konflikt	Zuspätkommen
1.	Schwimmen: *„Ich spüre, wie das Wasser mich trägt und freue mich über die Kraft meiner Arme."*	Kochen: *„Ich rieche die Gewürze und Zutaten. Ich koste und summe ein überzeugtes: Mmm, guut!"*
2.	*„Mein Sohn ist sehr mürrisch bei der Mitarbeit im Haushalt."*	*„Manche Teammitglieder kommen häufig zu spät zu unseren Sitzungen."*
3.	*„Das Wasser ist zu seicht, meine Knie scheuern am Boden!"*	*„Ich habe nicht die richtige Hitze erwischt, jetzt wird mir das Gericht zu breiig!"*
5.	*„Versuch nicht im seichten Wasser zu schwimmen und spring dorthin, wo es tief ist!"*	*„Leere die breiige Soße weg und beginne von vorne mit größerer Hitze!"*
6.	*„Das Thema ist keinen Streit wert. Pubertierende müssen auch mürrisch sein dürfen. Wie geht's uns in tieferen Dimensionen unserer Beziehung?"*	*„Wir brauchen einen neuen Impuls, um unsere Regeln zu vereinbaren, diese mit viel Energie zu beachten und Konsequenzen/Sanktionen einzuführen."*

1 **Hinweis:** Manchmal ist die Übertragung der Lösungs-Metapher in die reale Situation nicht so einfach. Auch dann soll die Übung hier beendet werden!
Die Metaphern wirken stark auf unser kreatives Potential und helfen dem Unterbewussten, selbstständig Lösungen zu finden. Bewusstes, rationales Nachdenken kann diesen Prozess stören. Es ist kontraproduktiv, an dieser Stelle das Problem erneut zu beschreiben.
Die Übung wird in der Wahrnehmung kreativer Ansätze abgeschlossen!

Mal-Übung: kreative Tipps

Für ein gemeinsames Thema – z.B.: Ein Team leiten – werden kreative Tipps gesammelt.

1. Paargespräch zur Freakposition
   (wie oben)

2. Jede Person erzählt, worauf es bei dieser Tätigkeit ankommt.
   ➠ Beispiel Surfen: *Nutze die Kraft des Windes ohne dagegen anzukämpfen, finde dein Gleichgewicht zwischen Schwerkraft und Wind.*

3. Jede Person malt diese Situation abstrakt: Farben und Linien als symbolischer Ausdruck.

4. Runde: Reihum zeigt jede Person ihr Bild, gibt den Tipp so abstrahiert, dass nicht mehr erkennbar ist, um welche Situation es geht.
   Alle Tipps werden mitgeschrieben.
   ➠ *Nutze die vorhandenen Kräfte und achte auf Ausgewogenheit.*

5. Diese Tipps werden nun auf das Thema übertragen und besonders hilfreiche Ideen ausgewählt.
   ➠ *„Beim Leiten eines Teams ist es wichtig auf ein Gleichgewicht der Kräfte zu achten und Energien der Gruppe zu nutzen und nicht dagegen zu arbeiten."*

ARBEITSBLATT

Querdenken als Quelle von Neuansätzen

Übung

Neue Lösungen finden

Idee nach: Kibéd, M. Varga von : „Ganz im Gegenteil", (Edition) München 1996
Absicht: differenzierte Analyse für Herausforderungen
Arbeitsform: einzeln, in Paaren oder Kleingruppen
Dauer: ab 30 min.

Diese U-Prozedur eignet sich gut für die Bearbeitung von Motivationskonflikten, auch bei stark unterschiedlichen Interessen.

1. **Die Situation**
   Worum geht's?

2. **Mein Anliegen**
   Was ist es, was ich möchte, (das „Gute") das Eine:

3. **Widerstände**
   Positiv, als Nutzen formuliert, (das „andere Gute" im Unangenehmen):

4. **Meine Gefühle**
   Was ist es, was mich irritiert, kränkt, verletzt:

5. **Übliche erfolglose Lösungsversuche**
   Was habe ich bis jetzt schon probiert:

6. **Verstärkte Misserfolgsstrategien**
   Wie könnte ich alles (noch) schlimmer machen:

7. **Abgrenzungs-Ideen**
   Wie kann ich mich schützen, nur für mich sorgen:

8. **Entgegenkommen**
   Wie kann ich den Widerständen Raum geben:

9. **Integration**
   Wie kann ich mein Anliegen (das „Eine") erreichen und zugleich ein Maximum an Widerstand (des „anderen") zulassen:

10. **Konkrete Entscheidung**
    Was tue ich, welchen Lösungsansatz plane ich:

ARBEITSBLATT

Beispiel

Neue Lösungen finden

Kibéd, M. Varga von : „Ganz im Gegenteil", (Edition) München 1996

Praxisbeispiel: Schulwandertag

1. **Die Situation**

   Schul-Wandertag.
   Die Jugendlichen bilden eine endlose Karawane, der Lehrer verliert den Überblick.

2. **Mein Anliegen**

   Was ist es, was ich möchte, (das „Gute") das Eine:

   Sicherheit durch Kontrolle.

3. **Widerstände**
   Positiv, als Nutzen formuliert, (das „andere Gute" im Unangenehmen):

   Die Jugendlichen wollen:
   sorglos plaudern, die Clique genießen, im eigenen Tempo gehen.

4. **Meine Gefühle**
   Was ist es, was mich kränkt, verletzt:

   Ich als Lehrer fühle mich und meine Anweisungen missachtet.

5. **Übliche erfolglose Lösungsversuche**
   Was habe ich bis jetzt schon probiert:

   belehren,
   ermahnen,
   schimpfen.

6. **Verstärkte Misserfolgsstrategien**
   Wie könnte ich alles (noch) schlimmer machen:

   Von vorne nach hinten joggen, grinsen und jammern.

7. **Abgrenzungs-Ideen**
   Wie kann ich mich schützen, nur für mich sorgen:

   Sofort die Spitze stoppen und zusammen warten, sobald die letzten Schülerinnen weiter zurückbleiben.

8. **Entgegenkommen**
   Wie kann ich den Widerständen Raum geben:

   Aufgaben an Teilgruppen übertragen, Freiheiten geben und Ziele vereinbaren, wann wir uns wieder treffen.

9. **Integration**
   Wie kann ich mein Anliegen (das „Eine") erreichen und zugleich ein Maximum an Widerstand (des „Anderen") zulassen:
   Auf sicheren Wegstrecken übergebe ich Karten oder Wegbeschreibungen und schicke selbständige Schülergruppen auf den Weg.

10. **Konkrete Entscheidung**
    Was tue ich, welchen Lösungsansatz plane ich:

    Ich vereinbare, dass es gemeinsame, kontrollierte und selbständige Wegstrecken gibt.

Situativ führen

Rollenspiel

Train the Trainer

Idee: Paul Lahninger
Absicht: Interventionstechniken im Rollenspiel trainieren
Arbeitsform: Gesamtgruppe bis etwa 12 Personen, möglichst mit Videokamera
Dauer: 10 bis 20 Minuten pro Person, ohne Videotraining wesentlich kürzer (Videoanalyse dauert 2- bis 3-mal so lange wie die aufgezeichnete Sequenz.)

Rollenspiele kommen realen Herausforderungen nahe.

Sie bieten oft eine erstaunliche Echtheit und geben reiche Möglichkeiten zur Selbstreflexion und gemeinsamen Analyse von wirksamer Kommunikation und hilfreicher Haltung.

Das hier beschriebene Rollenspiel hat sich in vielen Train-the-Trainer-Seminaren sowie Moderationsausbildungen bewährt. Es fordert in hohem Maß heraus und fördert zugleich eine lustige, offene Stimmung.

Anleitung für die Übungsgruppe

Eine Person aus der Lerngruppe zieht eine Rollenspiel-Vorgabe (siehe nächste Seite) für die Gruppe, ohne diese anzusehen und verlässt dann den Raum.

Die Gruppe stimmt sich nun auf die in der Rollenvorgabe beschriebene Situation ein und beginnt, diese zu spielen.

Die Person, die den Raum verlassen hat, wird hereingebeten und spricht in der Leitungs-Rolle die Gruppe an.

Die Angesprochenen spielen aufgrund der Rollenvorgabe und reagieren dabei möglichst realistisch auf die Interventionen der leitenden Person.

So kann es sein, dass die Situation im Spiel rasch geklärt ist und eine Lösung vereinbart wird.

Nach einigen Minuten wird das Spiel jedenfalls abgebrochen – meist bringt eine längere Spielsequenz wenig Neues.

Ohne Zwischenreflexion dieses Spiels bewegen sich alle kräftig, schütteln die Rollen ab und atmen ein paar Mal tief durch, bevor die nächste Person aus der Gruppe eine Rollenvorgabe zieht und den Raum verlässt.

Nach Beendigung der Rollenspiele werden die Videoaufzeichnungen besprochen und jede Person erhält Rückmeldungen für ihre Leitungsrolle im Spiel.

Rollenvorgaben

Die Rollenvorgaben kopieren und auseinander schneiden.

A kontaktscheu/inaktiv

Neustart, beliebiges Setting

Die Gruppe setzt sich aus Personen zusammen, die keine Gruppenerfahrung haben.

Die meisten fühlen sich unwohl mit den fremden Menschen im Raum, sind interessiert am Thema, jedoch passiv.

E energielos

Abendkurs, verschiedene Vortragende hintereinander

Nach dem Arbeitstag kamen Interessierte zum Abendkurs. Die ersten beiden Stunden sind ohne Begründung entfallen. Lustlos und müde verbrachte der Großteil der Gruppe die Wartezeit im Buffet und findet sich jetzt „pflichtbewusst" zum zweiten Kurs um 20.00 Uhr ein. Das Aktivierungsniveau ist auf dem Tiefpunkt.

B verärgert

Die Beteiligten kennen einander gut, die Leitung jedoch wenig.

Die Gruppe wurde gerade von jemand anderem unangenehm konfrontiert, z.B. durch eine unliebsame Terminänderung.
Der Ärger behindert die Konzentration auf das Thema, bezieht sich jedoch nicht auf die derzeitige Leitung.

F unwillig

Neustart: externe Moderation kommt zum ersten Mal in ein bestehendes Team.

Eine Führungskraft „vergattert" das Team zu einer Klausur. Die Teammitglieder sehen selbst keinen Sinn darin und sind unwillig, „unmotiviert" erschienen.

C betroffen

Eine fortlaufende Gruppe kommt nach 14 Tagen wieder zusammen

Eine beliebte Teilnehmerin aus der Gruppe ist in der letzten Woche bei einem Verkehrsunfall schwer verletzt worden und schwebt in Lebensgefahr. Die Anwesenden haben soeben davon erfahren.

G von Dauerredner-in genervt

Neustart in einer Team-Diskussion (beliebiges Thema)

Ein Coach wurde ins Team geladen. Eine Person des Teams mit großem Geltungsbedürfnis spricht dauernd, andere sind verärgert ohne es zunächst zu sagen, zeigen ihren Ärger jedoch nonverbal.

D unterschiedliche Erwartungen

Kommunikative Schulung, nach der Pause am ersten Tag

In einer Schulung für kommunikative Fähigkeiten, (z. B. Präsentations-, Verkäufer-Teamtraining) erwartet sich ein Teil der Gruppe vor allem Theorie und lehnt Rollenspiele ab. Der andere Teil der Gruppe wünscht sich Rollenspiele und hat genug von Theorie.

H gestresst

Kursteil in einer Ausbildung mit Diplomabschluss (z.B. Maturakurs oder ein Uni-Lehrgang)

Die Gruppe ist nach einer Prüfung noch voll „auf Hochtouren", unruhig, aufgeregt, überaktiv.
Diese Stimmung hat jedoch nichts mit dem Kurs zu tun, der soeben beginnt.

I gesellig

Fortlaufender Kurs, der erste Kursabend nach den Ferien

Die Teilnehmerinnen und Teilnehmer freuen sich, einander wieder zu sehen und wollen in erster Linie über Urlaube erzählen.

Die Stimmung ist fröhlich und lebendig.

M spannungsgeladen

Fortlaufender Lehrgang nach etwa 2 Monaten

Die Teilnehmerinnen und Teilnehmer sind in einem Lehrgang viel beisammen und gewissermaßen in zwei Lager gespalten.

Soeben haben zwei Personen heftig miteinander gestritten (z.B. über Prüfungsvorbereitung/Vorwurf: „Ihr Streber").

J ausgebrannt

Innerbetriebliche Fortbildung – Start zu motivierendem Teamtag

Ein Teamleiter hat einen Motivationstrainer/eine Trainerin engagiert: Das Team soll motiviert werden.
Tatsächlich fühlen sich alle mehr oder weniger erschöpft und hoffen auf Entlastung: Auf Motivationstheorien oder Gruppenspiele reagieren sie gereizt.

N aggressiv

Der/die Vortragende kommt laut Stundenplan zum ersten Mal in eine bestehende Lerngruppe

Der/die Vortragende war beim ersten Kursabend nicht erschienen und kommt jetzt um 30 min. zu spät. Die Gruppe fühlt sich missachtet.
Als sich herausstellt, dass der Leitende einen anderen Stundenplan hat, bleiben einige misstrauisch und reserviert.

K aufgekratzt

Zweiter Arbeitstag in einer Landgemeinde

Die Veranstaltung findet in einem Ort am Land statt. Der erste Tag ist gut gelaufen. Am Abend war dann Gemeinderatsitzung. Einschneidende Maßnahmen wurden beschlossen und werden jetzt diskutiert z.B.: der Bau einer neuen Straße ... Die Moderatorin/der Moderator ist nicht aus dem Ort und weiß nichts von der Sitzung.

O Leitungskonkurrenz

Beliebige Situation mit kritischer Person, Start am zweiten Seminartag

Eine Person in der Gruppe, die immer wieder als sehr kritisch aufgefallen ist, setzt sich provokativ auf den Trainer-Sessel. Die Gruppe schaut neugierig zu.
Die kritische Person möchte die Reaktion der Leitung testen.

L erotisch

fortlaufender Kurs

Die Kursleiterin/der Kursleiter ist sehr beliebt. Einige Interessierte sind wohl vor allem deswegen im Kurs. Heute sind einige in der Gruppe besonders gut drauf und himmeln den Vortragenden / die Vortragende an.
Der nonverbale Flirt prägt die Atmosphäre.

P Verweigerung

Erster Seminartag, aktivierende Körperübung nach der Pause

Der Trainer/die Trainerin wählt unbekannte Methoden.
Nach der Pause wollen 3 Personen bei diesen Körperübungen nicht mehr mitmachen.

ARBEITSBLATT

Selbstbild und Feedback für das Rollenspiel

Idee: Paul Lahninger
Arbeitsform: 3er Gruppen bilden Feedback-Teams
Dauer: 10 – 15 min.

Rollenspiele bieten die Chance für realitätsnahe Rückmeldungen.
Wichtig ist, diese auf die konkrete Situation zu beziehen und wohlwollend kritische Beschreibungen zu finden.

Zunächst schätzt jede Person ihre eigene Wirkung im Rollenspiel ein (Selbstbild), dann die der beiden anderen im Feedback-Team (2 Streifen für Rückmeldungen).

SELBSTBILD

1. Wodurch bin ich auf die Situation der Gruppe und ihre Stimmung eingegangen?
2. Was waren meine Ansätze, die Gruppe zu führen?
3. Wie schätze ich meine Wirksamkeit ein?
   Kann ich diese noch erhöhen?

hier abtrennen

RÜCKMELDUNG von .... für ....

1. Wodurch hast du mich (in meiner Rolle) erreicht/angesprochen?
2. Inwiefern hast du Stärken gezeigt, die Gruppe zu führen –
   welche Interventions-Ansätze hast du gewählt?
3. Wie schätze ich die Wirksamkeit deiner Ansätze ein?
   Wodurch könntest du deine Wirksamkeit noch erhöhen?

hier abtrennen

RÜCKMELDUNG von .... für ....

1. Wodurch hast du mich (in meiner Rolle) erreicht/angesprochen?
2. Inwiefern hast du Stärken gezeigt, die Gruppe zu führen –
   welche Interventions-Ansätze hast du gewählt?
3. Wie schätze ich die Wirksamkeit deiner Ansätze ein?
   Wodurch könntest du deine Wirksamkeit noch erhöhen?

hier abtrennen

Motive verhandeln im Team

Rollenspiel Reiseveranstalter „Holiday"

Idee: Paul Lahninger, angeregt durch Übungsaufträge aus Assessment-Centern von Franz Biehal: Personalentwicklungswerkstatt, Trigon Wien 1995
Absicht: Training und Feedback für Motivationskonflikte
Arbeitsform: Gruppendiskussionen für 6 Personen, möglichst mit Videoaufzeichnung
Dauer: Vorbereitung ca. 10 min., Rollenspiel beliebig: 10 bis 30 min., Auswertung mit Videoanalyse 30 bis 60 min., ohne Videoanalyse ab 30 min. sinnvoll

Anleitung für die Teamdiskussion

Der Reiseveranstalter „Holiday" mit ca. 50 Mitarbeiter-Innen ist bisher vor allem mit Sommer-Pauschalreisen erfolgreich. In diesem Marktsegment sind Rückgänge aufgetreten, sodass sich der Inhaber von „Holiday" entschieden hat, Konzepte für Neuorientierung einzuholen.

Sie sind Führungskraft. Ihre Aufgabe ist, sich getreu Ihrer Rollenvorgabe konstruktiv einzubringen und an gemeinsamen Strategien zu arbeiten.
Mehrheitsabstimmungen gelten nicht, es geht um die Auseinandersetzung im Gespräch.

Hier 3 Konzepte eines Unternehmensberaters:

1. Hotelbau

Sie können in einem bevorzugten Urlaubsgebiet selbst ein Hotel bauen.
Ein Reiseveranstalter, der eigene Hotels betreibt, kann Reiseangebote auch an andere Reiseveranstalter weiter verkaufen und hat ein gutes Image. Ein gut geführter Hotelbetrieb bringt Stammkunden. Weiters gibt Ihnen ein Hotel die Möglichkeit für ein Gesamturlaubsangebot, mit größeren Wertschöpfungsmöglichkeiten – von der Organisation kleinerer Ausflüge bis zum Tanzabend an der Hotelbar.
Vermutlich haben Sie mit Hotelbau langfristig die größten Gewinnchancen. Ihre Bank ist bereit, die Finanzierung zu übernehmen.
Die größte Herausforderung ist, den Bau im Ausland zu organisieren. Der Betrieb des Hotels könnte voraussichtlich in drei Jahren aufgenommen werden. Wechselnde Attraktivität der Urlaubsziele könnte allerdings den Standort gefährden. Andererseits würden Sie mit relativ günstigen Arbeitskräften im Süden arbeiten und den Mitarbeiterstand im Heimatland reduzieren.

2. Alternativtourismus

Sie können Ihr Angebot erweitern und speziell für junge und alternativ denkende Kunden besondere Angebote schnüren: preisgünstige Reisen, Erlebnisurlaube oder Kultur-Begegnungs-Reisen. Dadurch sprechen Sie neue Zielgruppen an und geben sich das Image eines ökologisch denkenden Betriebes.
Die Investitionen, die dieser unternehmerische Schritt erfordert, sind gering und liegen vor allem im Marketing, was eine Neuorientierung der Unternehmensphilosophie und interne Fortbildung notwendig macht.
Das unternehmerische Risiko liegt darin, dass Zielgruppen, die Alternativurlaub machen, in rezensionsschwachen Jahren eher weniger Reisen buchen.
Die Gewinnspannen in diesem Marktsegment sind eher gering, jedoch könnten Sie diese Angebote bereits ab der nächsten Reisesaison platzieren.

3. Cluburlaub

Sie können mit bestehenden Hotelanlagen in Urlaubszielen zusammenzuarbeiten und ein umfassendes Angebot für Freizeitaktivitäten erstellen. Dadurch bieten Sie bisherigen Kunden Neues. Sie würden Reiseleiter- und Mitarbeiter-Innen umschulen und bestehende Kompetenzen nutzen. Das Angebot in einem Cluburlaub kann rasch auf wechselnde Kundenbedürfnisse abgestimmt werden.

Die Gewinnchancen liegen im mittleren Bereich und können in etwa zwei Jahren erwartet werden. Notwendig für diesen unternehmerischen Schritt ist eine ausführliche Marktforschung, um eine individuelle Variante des Cluburlaubs maßzuschneidern.

Im Bereich des Cluburlaubs haben Sie starke Konkurrenz, es läge an Ihnen, sich durch besondere Angebote von diesen zu unterscheiden. Der größte Nachteil dieses Angebotes liegt darin, dass Sie sich von bisherigen Partnern trennen müssten, denn Sie verkaufen jetzt bereits Cluburlaube anderer Reiseveranstalter und diese würden dann nicht mehr in Ihrem Angebot aufgenommen werden.

Rollenvorgaben

Jede mitspielende Person erhält eine Rollenkarte, auf der Motivationen vorgegeben sind.
Sobald sich alle auf die Rolle eingestimmt haben, beginnt der Teamprozess im Rollenspiel.

Rolle **A**rtemis / Konzeption

Sie sind für rasches Reagieren auf Marktveränderungen, Sie möchten Angebote maßschneidern, vielleicht auch dadurch ihre eigene Position im Unternehmen durch Konzeptideen stärken. Sie möchten Ihren bisherigen Kunden etwas grundsätzlich Neues bieten. Sie sind gegen Großinvestitionen, insbesondere bei der unsicheren wirtschaftlichen Lage und befürchten, dass das Unternehmen durch Alternativurlaub seinen guten Ruf verliert.

Rolle **D**elait / Finanzen

Sie sind entschieden für langfristig höchste Gewinnchancen. Sie möchten das Vertrauen der Bank nutzen und kräftig investieren und erwarten sich von einem großen Investitionsschub auch Motivation Ihrer Teammitglieder. Sie kennen Bauunternehmer in möglichen Zielländern, denen Sie vertrauen können. Sie fürchten, dass der Rückgang im Trendtourismus bereits wieder eingesetzt hat.

Rolle **B**ernstein / Verkauf

Sie schätzen das Image eines Reiseveranstalters, der ein eigenes Hotel betreibt. Sie möchten Stammkunden halten und möglichst viel Wertschöpfung an einem Produkt bzw. an einzelnen Kunden erzielen. Sie halten nichts von Billigurlauben und von einer Angebotserweiterung in Bereiche, in denen Ihnen der Markt bereits als gesättigt erscheint.

Rolle **E**rheiter / Personalentwicklung

Sie finden es attraktiv, mehr im Reisezielland zu arbeiten und schätzen, dass dies auch für viele Teammitglieder interessant ist. Sie möchten Mitarbeiterkompetenzen nutzen. Sie erwarten einen Motivationsschub im Team durch Einbeziehung in Marktforschung und Entwicklung. Cluburlaubsanbieter, mit denen Sie bisher zusammen gearbeitet hatten, halten Sie für unverlässlich. Es hat Überbuchungen und Abrechnungsfehler gegeben.

Rolle **C**äsius / Marketing

Sie freuen sich über die Möglichkeit einer umfassenden Marketinginvestition. Sie sind selbst sehr ökologisch orientiert und vertrauen auf das steigende Bewusstsein Ihrer Kunden im Bezug auf ökologische Werte. Sie haben großes Interesse, neue Zielgruppen anzusprechen. Sie fürchten die Konkurrenz der mächtigen Clubanbieter und Hotelbetreiber.

Rolle **F**reudental / EDV und Logistik

Sie stehen für ein umfassendes Angebot und möchten dieses gerne durch neue Ideen erweitern. Sie möchten möglichst rasch neue Erfolge bzw. neue Strategien umsetzen und auch die EDV für neue Konzepte und neue Zielgruppen nutzen. Sie schätzen die Investition vor allem im Marketingbereich. Ein Hotel zu bauen betrachten Sie als „Mehr vom Gleichen".

Führungs-Check

nach Goldstein Charlotte: Führungskonzepte für soziale Dienstleister: Regensburg 2000.

Fragebogen zur Einschätzung von Führungskompetenzen

Schätzen Sie sich zunächst selbst ein.

Bitten Sie anschließend Kollegen/Kolleginnen und Teammitglieder um Rückmeldung.

	fast immer	häufig	manchmal	selten	fast nie
fördernd					
Die Führungskraft sorgt für Informationsfluss und Weiterbildung, ...					
01 unterstützt Teammitglieder sich auszutauschen.	☐	☐	☐	☐	☐
02 informiert vollständig über alles, was für die Arbeit wichtig ist.	☐	☐	☐	☐	☐
03 sorgt dafür, dass sich Teammitglieder weiterbilden.	☐	☐	☐	☐	☐
04 achtet darauf, dass Neue im Team gut eingearbeitet werden.	☐	☐	☐	☐	☐
unterstützend					
Die Führungskraft führt wertschätzend, ...					
05 führt regelmäßig Gespräche mit jeder Person im Team.	☐	☐	☐	☐	☐
06 gibt Anerkennung und kritisches Feedback.	☐	☐	☐	☐	☐
07 unterstützt Teammitglieder bei der Korrektur von Fehlern.	☐	☐	☐	☐	☐
08 nimmt sich auch für persönlichen Kontakt Zeit.	☐	☐	☐	☐	☐
delegierend					
Die Führungskraft führt einbeziehend und herausfordernd, ...					
09 überträgt Verantwortungsbereiche, nicht nur Teilaufgaben.	☐	☐	☐	☐	☐
10 übergibt Aufgaben, die den Kompetenzen entsprechen.	☐	☐	☐	☐	☐
11 fordert Selbstständigkeit und berät, wenn notwendig.	☐	☐	☐	☐	☐
12 respektiert auch abweichende Meinungen.	☐	☐	☐	☐	☐
zielorientiert					
Die Führungskraft setzt Ziele und überprüft diese, ...					
13 setzt sich selbst Ziele und vermittelt diese.	☐	☐	☐	☐	☐
14 spricht Zielsetzungen genau und klar ab.	☐	☐	☐	☐	☐
15 vereinbart herausfordernde und erreichbare Arbeitsziele.	☐	☐	☐	☐	☐
16 gibt Rückmeldung über die Zielerreichung.	☐	☐	☐	☐	☐
einfühlend					
Die Führungskraft gestaltet Beziehungen achtsam, ...					
17 kann gut zuhören und gezielt nachfragen.	☐	☐	☐	☐	☐
18 nimmt Stimmungen im Team schnell und differenziert wahr.	☐	☐	☐	☐	☐
19 ist einfühlsam für unterschiedliche Charaktere.	☐	☐	☐	☐	☐
20 begegnet jeder Person respektvoll und wertschätzend.	☐	☐	☐	☐	☐

ARBEITSBLATT

konfliktlösungsorientiert

Die Führungskraft sorgt für Lösungen, ...	fast immer	häufig	manchmal	selten	fast nie
21 spricht Konflikte im Team möglichst bald an.	☐	☐	☐	☐	☐
22 ist interessiert an sachlicher Kritik.	☐	☐	☐	☐	☐
23 erarbeitet Konflikt-Lösungen gemeinsam mit den Beteiligten.	☐	☐	☐	☐	☐
24 äußert Kritik unter vier Augen und bleibt sachbezogen.	☐	☐	☐	☐	☐

entschieden

Die Führungskraft bietet kraftvolles Management, ...	fast immer	häufig	manchmal	selten	fast nie
25 kann Leistung gut verkaufen, Meinungen nach „oben" vertreten.	☐	☐	☐	☐	☐
26 kann wichtige Entscheidungen schnell und autonom fällen.	☐	☐	☐	☐	☐
27 sorgt für effektive Zusammenarbeit im Team.	☐	☐	☐	☐	☐
28 teilt Zeit effektiv ein und zeigt Optimismus.	☐	☐	☐	☐	☐

veränderungsbereit

Die Führungskraft begleitet Weiterentwicklung und Innovationen, ...	fast immer	häufig	manchmal	selten	fast nie
29 ist offen für Neuerungen.	☐	☐	☐	☐	☐
30 entwickelt Ideen zur Verbesserung der Arbeit.	☐	☐	☐	☐	☐
31 unterstützt neue Idee, auch wenn sie sinnvolles Risiko eingehen.	☐	☐	☐	☐	☐
32 sieht Regeln als Orientierungshilfe, diskutier- und veränderbar.	☐	☐	☐	☐	☐

❑ In welchen Bereichen weichen Rückmeldungen vom Selbstbild ab; bestehen hier blinde Flecken, idealisierte Selbstbilder?

Wesentliche Abweichungen von Selbst- und Fremdbild sind oft Ursache von Widerständen.

....

....

....

❑ In welchen Bereichen sind Stärken deutlich, wo liegen Lernmöglichkeiten?

....

....

....

❑ Was tun Sie konkret, um Qualitäten weiterzuentwickeln?

....

....

....

Gestaltungsräume nutzen

Schritte zu einer guten Lösung

Idee: Paul Lahninger
Absicht: Bearbeiten einer unangenehmen Situation.
Die Methode hat sich gut gewährt, um als Führungskraft eine Situation durchzudenken, in der der eigene Handlungsspielraum eingeschränkt ist.
Arbeitsform: Einzelreflexion oder Paarinterview
Dauer: 20 – 30 min

1. Wähle eine Situation, in der im Team Unmut oder Widerstand auftaucht:
2. Finde einen Filmtitel für diese Situation, auch witzig übertrieben:
3. Welche Bedürfnisse/Interessen werden als beeinträchtigt erlebt:
4. Übliche, gewohnte Reaktion:
5. Wie könntest du die Situation noch schlimmer machen:
6. Wie groß schätzt du deinen Gestaltungsspielraum (Skala 0 bis 10):

   1 ☐ 2 ☐ 3 ☐ 4 ☐ 5 ☐ 6 ☐ 7 ☐ 8 ☐ 9 ☐ 10 ☐

7. Kreative Ideensammlung: Liste möglichst viele Möglichkeiten auf, deinen Gestaltungsspielraum zu nutzen und zu erweitern; ohne die Ideen noch zu bewerten.
8. Wie würde eine Person handeln, die die Situation bestens im Griff hat:
9. Auswertung der Ideen. Reihe die Ideen:
   - ❏ Welche würden viel bewirken:
     ➨ großer Nutzen
   - ❏ Welche sind dir gut möglich:
     ➨ realistischer Preis
10. Entscheidung: Was tust du konkret:

ALLE GUTEN WÜNSCHE!

Eine sehr schöne Möglichkeit, mich auf Menschen, mit denen ich arbeite, einzustimmen, ist, ihnen alles Gute zu wünschen, noch bevor wir einander begegnen. Auf diese Weise stimme ich mich auf die Personen und auf ein fruchtbares Beisammensein ein.

Gute Wünsche sind Energien und wirken als Teil meiner Ausstrahlung.

Ich arbeite daran, gerade in schwierigen Situationen, im Konflikt, in Unsicherheiten, grundsätzlich wohlwollend zu sein.

Nach einem Konflikt kann ich z.B. zunächst einmal über die Situation schimpfen, Stress abreagieren. Danach übe ich mich darin, mir die Menschen, mit denen ich zu tun habe, glücklich oder zufrieden vorzustellen: Ich pflege liebevolle Gedanken – auch als Ritual für jede Begegnung mit Menschen und sei es mit dem Bäcker oder der Friseuse.

Als Vorbereitung auf professionelle Arbeit mit Menschen kann ich mir das, was ich zu geben habe, auch als Geschenk vorstellen, das anderen gut tut.

Diese Vorstellung verstärkt eine gebende Haltung, Offenheit, Großzügigkeit. Diese Idee sich vor einem professionellen Auftritt in dieser Weise einzustimmen, wurde in einer Reportage über den faszinierenden und höchst erfolgreichen Cirque du Soleil aus Kanada gut nachvollziehbar dargestellt.

Achten Sie darauf, andere Impulse genauso zuzulassen und nicht etwa Wut mit positivem Denken zu überdecken: Es bringt nichts, sich selbst etwas vorzumachen. Die aggressiven Impulse finden Umwege, sich auszuleben, wenn wir sie auszutricksen versuchen. Ebenso wird der innere *Anspruch*, ich *muss* positiv denken, wenig hilfreich sein. Dazu die Geschichte eines Indianers zu inneren Impulsen:

Zwei Tiere in meinem Herzen

Ein alter Indianer saß mit seinem Enkel am Lagerfeuer. Es war schon dunkel geworden und das Feuer knackte, während die Flammen in den Himmel züngelten. „Wie ist das mit den guten und bösen Menschen?", fragte der Junge seinen Großvater. Der Alte sagte nach einer Weile des Schweigens: „Weißt du, wie ich mich manchmal fühle? Es ist, als ob da zwei Tiere in meinem Herzen miteinander kämpfen würden. Eines der beiden ist rachsüchtig und grausam. Das andere hingegen ist liebevoll, sanft und mitfühlend." „Welches von beiden wird den Kampf gewinnen?", fragte der Junge. „Das Tier, das ich füttere!", antwortete der Alte.

(anonym)

Das aufrichtige Wohlwollen pflege ich neben all den anderen Stimmen in mir. So kann es noch stärker zu einem stimmigen Teil meiner Persönlichkeit werden:

Alle guten Wünsche den Menschen, denen ich begegne!

ANHANG

LITERATURTIPPS

Publikationen von Paul Lahninger

leiten* präsentieren* moderieren, Arbeits- und Methodenbuch für Teamentwicklung und qualifizierte Aus- und Weiterbildung, Münster 4.Aufl. 2003, Ökotopia Verlag/AGB

DVD Seminarkollektion, 3 ausgewählte Kernbotschaften auf Video
- Konflikte lösen: Selbstsicher und achtsam
- Motivation fördern: fördernd führen
- Selbstwert stärken: ein Blick nach innen

Bergisch Gladbach 2005, Breuer&Wardin-Verlagskontor

Nährende Zeilen, Persönlich und spirituell wachsen, Gedichte und Bilder, Linz 2007, Denkmayr-Verlag

Affirmationen: Wohltuende Leitsätze , 144 Kärtchen zur Selbstwertstärkung, Linz 2007, Denkmayr-Verlag

Motivation

CSIKSZENTMIHALYI, Mihaly: Flow - Das Geheimnis des Glücks. Konzentration auf Kompetenz, Bedingungen für Hochstimmung, Selbststärkung - Stuttgart 2001, Klett-Cotta

GOLDSTEIN, Charlotte: Führungskonzepte für soziale Dienstleiter - Praxis-Handbuch zur Mitarbeitermotivation. Visionen leben, Veränderungsprozesse gestalten, Führungstypologie - Regensburg 2000, Walhalla Fachverlag

LIST, Karl-Heinz: Der faire Chef. Der Dialog Vorgesetzter - Mitarbeiter. Wie Vorgesetzte durch Gespräche eine positive Beziehung zu ihren Mitarbeitern herstellen, das Engagement fördern, Konflikte fair lösen. - Köln 1991, Datakontext Fachverlag

MANN, Rudolf: Die Neue Führung - Vom Kampf um Anerkennung zum authentischen Sein. Inneres Bewusstsein, Fehlerakzeptanz, Selbstliebe, Eigenverantwortung -Mannheim 2004, Korter-Verlag

SPRENGER, Reinhard K.: Mythos Motivation: Wege aus einer Sackgasse - Frankfurt a. M. 1991, Campus-Verlag

SPRENGER, Reinhard K.: Vertrauen führt - Worauf es im Unternehmen wirklich ankommt. Selbstvertrauen, Risikobereitschaft, Logik der Kooperation, Verpflichtung durch Vertrauen - Frankfurt/New York 2002, Campus Verlag

Widerstand

BÖNSCH, Marion; POPLUTZ, Katrin: Stolpersteine meistern, schwierige Seminarsituationen in den Griff bekommen. Erste Hilfe mit Lösungsangeboten. Beispiele schwieriger Situationen mit Analysen und Erfahrungsberichten - Hamburg 2003, Windmühle-Verlag

HÄCKER, Thomas: Widerstände in Lehr-Lern-Prozessen, Eine explorative Studie zur pädagogischen Weiterbildung, Wissenschaftlich - Frankfurt 1999, Lang Peter-Verlagsgruppe

KEMPE, Hans-Joachim; KRAMER Rolf: Mitarbeiter-Motivation. Wunsch und Wirklichkeit - Bergisch-Gladbach 1993, Heider

STUMM, Pritz: Wörterbuch der Psychotherapie, kompakte Definition zu den Fachbegriffen - Wien 2000, Springer Verlag

Selbstmanagement

LASSEN, Arthur: Heute ist mein bester Tag: Positives Denken, Bilder, Slogans, Zitate, das eigene Unbewusste positiv zu beeinflussen - Bruchköbel 2001, LET-Verlag

LEVINE, Robert: Eine Landkarte der Zeit. Wie Kulturen mit Zeit umgehen - München 1998, Piper

ROSSI, Ernest, NIMMONS David: 20 Minuten Pause. Die seelisch-körperlichen Rhythmen der Selbstregulierung, Stressbewältigung, Burn-out-Vorsorge - Paderborn 2004, Junfermann

SEIWERT, Lothar: Wenn Du es eilig hast, gehe langsam. Das neue Zeitmanagement in einer beschleunigten Welt. - Frankfurt/New York 2001, Campus Verlag

VON MÜNCHHAUSEN, Marco: So zähmen Sie Ihren inneren Schweinehund! - Vom ärgsten Feind zum besten Freund, Selbstorganisation und Selbstmotivation durch bewussten inneren Dialog mit Widerständen - Frankfurt/Main 2002, Campus Verlag

Kommunikation

DE SHAZER, Steve: Der Dreh: - Heidelberg, 1989; Carl-Auer-Systeme

FOERSTER, Heinz von; PÖRKSEN Bernhard: Wahrheit ist die Erfindung eines Lügners, Gespräche für Skeptiker - Bonn 2001, Carl-Auer-Systeme

SCHULZ VON THUN, Friedemann: Miteinander reden 3, Das innere Team und Situationsgerechte Kommunikation, Hamburg 1998, Rowohlt

SIMON, Fritz: Zirkuläres Fragen - Heidelberg1999; Carl-Auer-Systeme

WATZLAWICK, Paul: Wie wirklich ist die Wirklichkeit? Wahn, Täuschung, Verstehen, Konfusion, Desinformation, Kommunikation - München 2001, Piper

Moderieren und Seminare leiten

BESSER, Ralf: Transfer: damit Seminare Früchte tragen. Strategien, Übungen und Methoden die eine konkrete Umsetzung in die Praxis sichern, Weinheim, 2001, Beltz

HECKMAIR, Bernd: Konstruktiv lernen. Projekte und Szenarien für erlebnisintensive Seminare und Workshops - Weinheim 2000, Beltz

KÖNIGSWIESER, Roswita, KEIL Marion (Hrsg.): Das Feuer großer Gruppen. Konzepte, Designs, Praxisbeispiele für Großveranstaltungen - Stuttgart 2000, Klett-Cotta

KUHNT, Beate, MÜLLERT, Norbert R.: Moderationsfibel: Zukunftswerkstätten verstehen, anleiten, einsetzen. Das Praxisbuch zur Sozialen Problemlösungsmethode Zukunftswerkstatt - Münster 1997, Ökotopia Verlag

LAHNINGER, Paul: leiten * präsentieren * moderieren - Arbeits- und Methodenbuch für Teamentwicklung und qualifizierte Aus- & Weiterbildung, Münster 4. Aufl. 2003, Ökotopia Verlag/AGB

LUMMA, Klaus: Die Team Fibel - Oder Das Einmaleins der Team- & Gruppenqualifizierung im sozialen und betrieblichen Bereich - Ein Lehrbuch zum Lebendigen Lernen - Hamburg, 2000, Windmühle Medien-Verlag

RABENSTEIN, Reinhold, REICHEL, René, THANHOFFER, Michael: Das Methoden-Set. 5 Bücher für Referenten und Seminarleiter-Innen. 1. Anfangen, 2. Themen bearbeiten, 3. Gruppen erleben, 4. Reflektieren, 5. Konflikte - Münster 1995, Ökotopia Verlag/AGB

REICHEL, René, RABENSTEIN, Reinhold: Kreativ beraten. Methoden, Modelle, Strategien für Beratung, Coaching und Supervision - Münster 2001, Ökotopia Verlag/ AGB

Führungskompetenz

FRANCIS, Dave /YOUNG, Don: Mehr Erfolg im Team - Hamburg 1996, Windmühle

GOLDSTEIN, Charlotte: Führungskonzepte, siehe „Motivation

PECHTL, Waldefried: Zwischen Organismus und Organisation. Wegweiser und Modelle für Berater und Führungskräfte - 1991 Linz

CUBE, Felix von: Lust an Leistung, die Naturgesetze der Führung. Soziale Kompetenz, Verantwortung, Fitness und Gemeinschaft statt Irreführung durch Verwöhnung - München 2003, Piper

SPRENGER, Reinhard K.: Aufstand des Individuums, Unsicherheit als Chance, hohe Ansprüche, Kritik an Führungsinstrumenten - Frankfurt 2000, Campus

WALTER, Henry: Die Führungsfalle - Von der Sucht, erfolgreich zu sein, Intuition und Gefühlsstärke statt Selbstdarstellung, ehrliches Feedback und Realitätssinn, Sinnorientierung - Frankfurt/Main 1995, Campus

Coaching

FISCHER-EPE, Maren: Coaching: miteinander Ziele erreichen, Werkzeugkoffer für Kompetenz und Qualität - Reinbek bei Hamburg 2002, roror

HABERLEITNER, Elisabeth; DERSTLER, Elisabeth; UNGVARI, Robert: Führen fördern coachen. So entwickeln Sie die Potentiale Ihrer Mitarbeiter. Grundhaltungen und Werkzeuge - eine Gebrauchsanweisung - Frankfurt/ Wien 2001, Ueberreuter-Verlag

VOGELAUER, Werner: Methoden ABC im Coaching - Neuwied 3. Auflage 2002, Luchterhand-Verlag

WHITMORE, John: Coaching für die Praxis, eine praktische Anleitung für Manager, Trainer, Eltern und Gruppenleiter, mit Gesprächsauszügen und Hinweisen zu Gruppen-Coaching - Frankfurt 1996, Campus

Konflikte managen

FISCHER, Roger; URY, William; PATTON, Bruce: Das Harvard Konzept: Sachgerecht verhandeln, Überblick über Konzepte, Grundqualität, Allparteilichkeit, Projektberichte aus unterschiedlichsten Rahmenbedingungen - Frankfurt am Main 2000, Campus

GEIßLER Peter, RÜCKERT Klaus (Hrsg.): Mediation - die neue Streitkultur: kooperatives Konfliktmanagement in der Praxis. Überblick über Konzepte zur Gesprächs- und Streitkultur und die Grundqualität der All-Parteilichkeit in unterschiedlichsten Rahmenbedingungen mit Kontaktadressen - Gießen 2000, Psychosozial-Verlag

GLASL, Friedrich: Selbsthilfe in Konflikten. Konzepte, Übungen, Methoden - Bern 1998, Verlag Paul Haupt

KÖNIGSWIESER Roswita, EXNER Alexander: Systemische Interventionen. Architekturen und Designs für Berater und Veränderungsmanager - Stuttgart 1998, Klett-Cotta

REDLICH, Alexander: Konfliktmoderation. Handlungsstrategien für alle, die mit Gruppen arbeiten, mit 4 Fallbeispielen - Hamburg 1997, Windmühle

SCHWARZ, Gerhard: Konfliktmanagement - Wiesbaden 5. Aufl. 2001, Gabler-Verlag

STICHWORTVERZEICHNIS

Methoden (Übungen, Arbeitsblätter, Meditationen) sind **fett** hervorgehoben

AGB-Trainerinnen und AGB-Trainer

bieten Seminare, Lehrgänge, Coaching und Moderation mit Qualitäten:

* persönlich - wertschätzende Begleitung
* beteiligende Team- und Gruppenprozesse
* kreative und ganzheitliche Methodenvielfalt
* herausfordernde Lern- und Leistungsziele
* lösungs- und ressourcenorientierter Zugang

Mag. Wilhelm Baier, 5020 Salzburg, +43(0)662 - 87 44 14 baier.wilhelm@arbeitspsychologie.com
Arbeitspsychologe - Betriebliche Gesundheitsförderung - Gesundheitscoaching

Magª. Bärbel Büchel-Ceron, 1130 Wien, +43(0)699 – 104 38 660 baerbelb@gmx.at
Schulentwicklung – Gestaltpädagogik – Aufstellungsarbeit - Kommunikation

Mag. Gajdusek-Schuster Daniel, 2512 Tribuswinkel, +43(0)664 - 531 0542 daniel.gajdusek-schuster@gmx.at
Gestaltpädagogik - Spielpädagogik - Jonglage - Zauberei, www.morelli.at, www.perspektiven.or.at

Robert Graf, 1230 Wien, +43(0)664 - 41 56 57 0 coaching@robert-graf.at
Führungskräftecoaching und Teamentwicklung - Moderation - Persönlichkeitsentwicklung www.robert-graf.at

Magª. Helga Gumplmaier, 4893 Zell am Moos, +43(0)6234 - 7264 gumplmaier@lebenundraum.at
Coaching und Laufbahnberatung - Visionsarbeit - LebensberaterInnenausbildung, www.lebenundraum.at

Magª. Katrin Haugeneder, 4642 Sattledt, +43(0)699 - 1988 1967 k.haugeneder@gmx.at
Stimmentfaltung von innen nach außen - AAP-Stimmtrainer/innenausbildung, www.stimmentfaltung.at

Judith Kirchmayr-Kreczi MSc, 4291 Witzelsberg, +43(0)699 - 116 99 925 jkk-kommunikation@aon.at
Sozial und Beratungskompetenz - Supervision - Alexandertechnik, www.jkk-kommunikation.at

Magª. Lisa Kolb-Mzalouet, 1070 Wien, +43(0)676 - 347 37 01 office@lisa-kolb.at
Theaterpädagogik-Forumtheater - Interkulturelle & Diversitäts Kompetenz, www.lisa-kolb.at

Magª. Margit Kühne-Eisendle, 6830 Rankweil, +43(0)664 - 264 56 01 mke@zoom-vision.com
Supervision & Coaching - Organisationsentwicklung - Systemisches Management, www.zoom-vision.com

Paul Lahninger, 5020 Salzburg, +43(0)662 - 824 777 paul.lahninger@topseminare.at
Train the Trainer - Moderation - Leiten und Führen, www.topseminare.at

Magª. Peischer Alexandra, 6020 Innsbruck, *43(0)650 - 560 5802 info@peischer.net
Supervision - Coaching - Organisationsentwicklung - Schreibcoaching www.peischer.net

Reinhold Rabenstein, 4040 Linz, +43(0)664 - 58 60 914 r.rabenstein@agb-seminare.at
Beteiligung organisieren - kreative Lösungen - ganzheitliche Methoden, www.agb-seminare.at/rabenstein

Dr. Eva Scala, 8074 Raaba/Graz, +43(0)316 - 40 16 15 eva.scala@uni-graz.at
Gestaltpädagogik - Systemisches Management - Aufstellungsarbeit

Michael Thonhauser, 1070 Wien, +43(0)650 - 50 34 861 mt@wegezumziel.at
Schauspielpädagogik - Forumtheater - Strukturaufstellungen - Supervision, www.wegezumziel.at

Dr. Bernhard Weiser, 6130 Schwaz, +43(0)5242 - 667 382 bernhard.weiser@uibk.ac.at
Lehrerbildung und Schulentwicklung - Tanzpädagogik - Psychotherapie, www.integrativer-tanz.at

Toni Wimmer, MSc, 2392 Sulz im Wienerwald, +43(0)676 - 5299049, office@toni-wimmer.at
Systemische Pädagogik - Beratung - Spielpädagogik - Veranstaltungsgestaltung, www.toni-wimmer.at

Hier finden SeminarleiterInnen, Referenten und TrainerInnen Anregung und Sicherheit:

leiten, präsentieren, moderieren

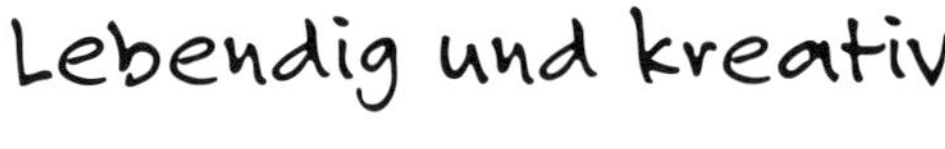

Arbeits- und Methodenbuch für Teamentwicklung und qualifizierte Aus- und Weiterbildung

Paul Lahninger leitet seit vielen Jahren TRAIN-THE-TRAINER-Lehrgänge für LehrerInnen an berufsqualifizierenden Schulen und Universitäten, DozentInnen an Erwachsenenbildungseinrichtungen, ReferentInnen in Jugendleiterschulungen und Lehrerfortbildungen, TrainerInnen aus Arbeitslosenprojekten, Führungskräfte und TeammoderatorInnen aus privaten Unternehmen, TrainerInnen in der betrieblichen Aus- und Weiterbildung.

Aus den umfangreichen Materialien zur Vor- und Nachbereitung und Durchführung dieser Veranstaltungen wurde ein Arbeits- und Methodenbuch entwickelt, das zum Selbststudium auffordert, zur Selbstreflexion der Arbeit anregt und Handwerkszeug an die Hand gibt, um selbst erfolgreich Gruppen zu leiten bzw. Bildungsarbeit zu betreiben.
Kompakt und praxisnah, klar und übersichtlich gegliedert werden einzelne Themen wie Bausteine zusammengeführt:

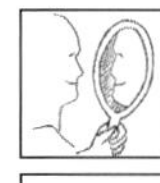
Autorität wahrnehmen:
initiativ, zielorientiert, fordernd leiten und zugleich wertschätzend, einfühlsam fördernd begleiten

Kommunikation verbessern:
Gesprächsverhalten – Selbstwert – Entschiedenheit

Motivation fördern:
Motivationsanalysen durchführen, förderndes Führungsverhalten trainieren – Energiepotentiale nutzen

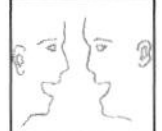
Konflikte managen:
Verständnis für das Wesen von Aggression und Konflikteskalation – kreative Lösungskompetenz

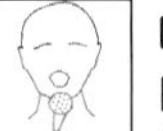
Rhetorik entfalten:
prägnante Sprachgestaltung – individuelles Training – Atem- und Körperübungen

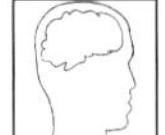
Gezielt vorbereiten:
ganzkörperliche Aktivierung – gezielter „Input“ über unterschiedliche Wahrnehmungskanäle – flexible Lernkonzepte – zielgruppenspezifische Planung

Methodisch gestalten:
Auswahl optimaler Unterrichtsformen – kreative Möglichkeiten Gruppen und Teams zu aktivieren, zu moderieren, Inhalte auszuwerten.

ISBN: 3-931902-20-X

Das Methoden-Set

Fünf Bücher zum Vorbereiten und Gestalten von lebendigen Lernsituationen in kleinen und großen Gruppen.

Handlich, klar und umfassend bildet dieses Set das sinnvolle Werkzeug ganzheitlich arbeitender Multiplikatoren in Schulen wie in der Erwachsenenbildung.
Aufbau und Inhalt:

Band 1: Anfangen.
Vor dem Seminarbeginn – Eintreffen und Orientieren – Kennenlernen und Lockern – Einstieg in Themen – Klärung der Bedürfnisse.

Band 2: Themen bearbeiten.
Erfahrungen darstellen – Lebendig informieren – Diskussionsmethoden – Ergebnisse austauschen – Entscheidungshilfen – Konsequenzen klären.

Band 3: Gruppe erleben.
Autorität – Klima im Gruppensystem – Kommunikationsmethoden – Konkret Zusammenarbeiten – Festliches Gestalten.

Band 4: Reflektieren.
Auswertungsmethoden – Aufarbeiten fördern – Umsetzen – Transfer – Aufhören.

Band 5: Konflikte. Ursachen – Situationen während der Veranstaltung – Was Ihnen passieren kann – Strategien und Methoden.

ISBN 3-925 169-21-0

Arbeitsgemeinschaft für Gruppen-Beratung im Ökotopia Verlag, Münster